精益建设
技术采纳行为
与决策模型

李书全　陈　琳　王长江/著

清华大学出版社

北京

图书在版编目(CIP)数据

精益建设技术采纳行为与决策模型/李书全，陈琳，王长江 著. —北京：清华大学出版社，2015
ISBN 978-7-302-39417-4

I.①精⋯　II.①李⋯　②陈⋯　③王⋯　III.①建筑工程—工程项目管理　IV.①TU71

中国版本图书馆 CIP 数据核字(2015)第 032515 号

责任编辑：王燊娉　　胡花蕾
封面设计：赵晋锋
版式设计：方加青
责任校对：曹　阳
责任印制：宋　林

出版发行：清华大学出版社
　　　　　网　　　址：http://www.tup.com.cn，http://www.wqbook.com
　　　　　地　　　址：北京清华大学学研大厦 A 座　　　邮　　编：100084
　　　　　社 总 机：010-62770175　　　　　　　　　　邮　　购：010-62786544
　　　　　投稿与读者服务：010-62776969，c-service@tup.tsinghua.edu.cn
　　　　　质 量 反 馈：010-62772015，zhiliang@tup.tsinghua.edu.cn
印 装 者：三河市金元印装有限公司
经　　销：全国新华书店
开　　本：185mm×230mm　　　印　张：17.75　　　字　数：343 千字
版　　次：2015 年 4 月第 1 版　　　印　次：2015 年 4 月第 1 次印刷
定　　价：58.00 元

产品编号：058268-01

前言

　　建筑业在我国国民经济中发挥的作用日益突出，建筑业的生产活动给社会带来了巨大财富，同时也产生了较大浪费问题。据不完全统计，浪费数额为项目成本的10%～20%。因此，建筑业要实现可持续发展，落实国家"十二五"期间单位GDP能耗下降17.3%的规划目标，就必须降低建筑能耗、减少或消除浪费。精益建设就是尝试解决该问题的理论、方法和技术，其核心思想是把浪费最小化、顾客价值最大化。一些国家的实践表明，精益建设确实能够减少建设生产过程中的浪费，增加收益，并提升客户价值。有些国家已成功实施精益建设，而我国建筑业无论从精益建设的应用范围，还是从精益建设的应用水平及效果，都有较大的拓展空间。因此，深入研究精益建设实施等相关问题，对推广精益建设提高生产效益，丰富和发展精益建设理论具有重要的现实意义和理论意义。

　　为深入探究精益建设实施中的技术采纳行为及其决策规律和特点，进一步探索精益建设技术采纳行为基本规律和决策的先进管理方法与工具，笔者先后申请了天津财经大学预研项目和国家自然科学基金面上项目，并在其支持下，以精益建设技术采纳行为为研究对象，较为系统、深入地分析了我国精益建设技术采纳行为的研究现状，运用系统分析、粗糙集、结构方程及网络分析等理论和方法，对精益建设技术采纳行为影响因素、精益建设技术采纳实施程度等问题进行了探讨；结合精益建设思想、计算智能等方法，对精益建设技术采纳行为及决策模型等问题进行了研究，顺利完成了课题研究任务。本书是在上述研究成果的基础上整理而成，在此，感谢国家自然科学基金委员会和天津财经大学的课题资助，感谢清华大学出版社老师们为本书出版付出的辛勤劳动，感谢参加课题研究的各位成员以及为课题研究提供帮助的同仁们。

　　本书主要由天津财经大学李书全、天津财经大学陈琳、河北银行股份有限公司人力资源部王长江负责统稿及撰写；天津财经大学研究生孙德辉、胡本哲、郝丽倩、李婧参与了初稿中部分章节的编写工作。其中，胡本哲负责第4章的编写，孙德辉负责第5章的编写，李婧负责第7章中7.3节和7.4节的编写，郝丽倩负责第8章的编写。在本书相关内容研究及校对等工作中，天津财经大学研究生胡少培、彭永芳、张凯、刘世杰、吴秀宇、郑元明、宋孟孟、王悦卉等作出了很大贡献，在此表示衷心感谢！

　　书中难免有疏漏，甚至错误之处，敬请各位读者、同行批评指正，对此，本人不胜感激。最后，对本书所参考的国内外文献作者表示深深的谢意。

作　者

2014年12月20日

目录

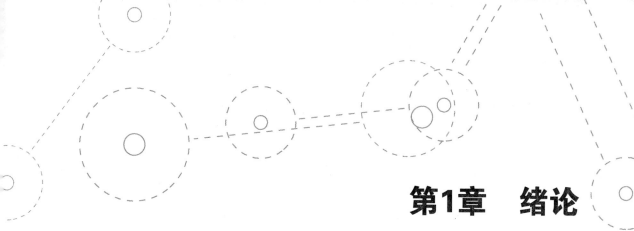

第1章 绪论

建筑业在我国国民经济发展中所发挥的作用日益突出，但与其他工业相比，其产值利润率明显偏低。建筑业的生产活动给社会带来了巨大财富，同时也产生了较大的浪费问题。据不完全统计，浪费数额为项目成本的10%～20%。因此，要实现建筑业可持续发展，落实国家"十二五"期间单位GDP能耗下降17.3%的规划目标，就必须降低建筑能耗、减少或消除浪费[1]。精益建设(Lean Construction，LC)就是人们尝试解决上述问题的重要理论、方法和技术，其核心思想是把浪费最小化，顾客价值最大化[2]。一些国家的实践表明，精益建设在建筑业的应用确实能够减少建设生产过程中的浪费和无增值活动，增加收益，提升客户价值。

◈ 1.1 研究背景

自改革开放以来，我国GDP增长速度一直保持在8%左右，现已成为第二大经济大国。目前而言，经济增长主要依靠消费、出口和投资"三驾马车"的拉动，尤其是美国次贷危机以来，政府为了刺激经济的高速发展，制订了4万亿的投资计划，高速公路、铁路、机场和港口码头等基础设施建设的速度明显加快，再加上我国城镇化的提速，建筑市场的规模不断扩大，国内建筑业总产值呈快速增长的趋势，具体如图1-1所示。

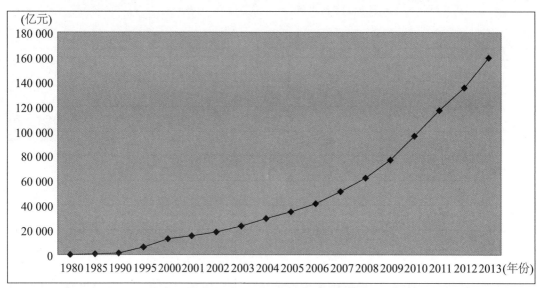

图1-1　1980—2013年建筑业总产值

资料来源：2013年《中国统计年鉴》及网络数据整理得到

从图1-1中可以看到，我国建筑业总产值一直处于增长状态，年均增长率达到48.77%。整体来看，无论从建筑业总产值，还是从增长速度，建筑业在我国国民经济发展中扮演了重要角色。2011—2013年连续3年，我国建筑业总产值分别达到了117 059.6亿元、135 303亿元和159 313亿元，分别比各自上年度增加18.0%、13.5%和15.1%，且增幅逐年上升。但是从产值利润率来看，仅增加3.6%、3.56%和3.6%，表明我国建筑业利润水平还比较低。究其原因，一是我国建筑企业大部分业务主要从事施工，处于工程产品价值链的实施阶段，其利润空间被投资方、设计方、供货方等积压；二是我国建筑企业项目管理水平比较落后，仍属于粗放式生产方式，资源浪费和环境破坏比较严重①，导致建筑成本居高不下，影响了利润水平的提高。

随着建筑市场竞争激烈程度的加剧，业主的满意度越来越得到建筑企业的高度重视，如何最大限度地提高业主满意度，寻找避免浪费、提高利润水平的有效方法是建筑企业急需解决的重要课题。英国、美国、芬兰、丹麦、新加坡、巴西、智利、秘鲁和厄瓜多尔等国外的一些建筑企业，积极地把精益思想引入到建筑项目管理中来(Ballard和Howell，2003)，以解决传统建设生产过程中存在的浪费、无增值活动和业主冲突问题，进而全面提高项目管理水平。如Garnett等人以美国的一个实例项目作为研究对象，其结果表明，

---

① 中国城市科学研究会. 绿色建筑[M]. 北京：中国建筑工业出版社，2008.

实施精益建设可以取得显著收益：施工工期减少25%；方案设计时间从11周缩减为2周；总收入增加15%~20%；老客户的订单数量增加；项目成本减少等[3]。从1992年芬兰教授Koskela提出精益建设概念到现在，有关精益建设理论、方法和技术方面的研究已经取得了很大进展，但其应用的普及性还远远落后于理论、方法和技术的研究①。就我国建筑企业采纳实施精益建设的实际情况来看，只有少数建筑企业明确提出把精益建设应用到具体项目管理工作中，譬如中铁六局所承担的天津西站建设项目，但是其采纳实施程度仍处于探索性阶段。据笔者前期实地走访调查得知，精益建设在一些建筑项目管理过程中得到了不同程度的实施，发挥了一些积极的作用，相对国外成功采纳实施精益建设的建筑企业而言，无论是应用的效果，还是应用的水平和范围，都还有很大的拓展空间。为此，基于我国建筑企业的现状，对实施精益建设的现状、实施精益建设与组织项目绩效关系、采纳精益建设影响因素及精益建设技术选择决策等进行研究具有理论和实践意义。

1.2 研究目的及意义

1.2.1 研究目的

旨在分析精益建设技术采纳实施行为影响因素与采纳意愿、决策行为、使用行为和绩效的相互关系，探究其作用机理，揭示精益建设技术与项目绩效以及行为影响因素间的变化规律，构建精益建设技术选择决策模型。研究成果对建筑企业构建先进管理模式提供理论与方法支持，进一步丰富项目管理理论，为减少建设项目浪费、实现其"十二五"能耗下降目标、提高项目管理水平提供支持。

1.2.2 研究意义

发展低碳建筑，是实施低碳经济的重要方面。我国"十二五"期间将实现单位GDP能耗下降17.3%的规划目标，建筑业要实现此目标，每年应减少的能耗约相当于其4%的产值。然而建筑业的生产活动给社会带来了巨大财富，同时也产生了很大的浪费问题。建筑业要实现低碳建筑、达到能耗下降目标、减少或消除浪费是业界及学术界关心的重要问题之一。

---

① 国际精益建设小组、精益建设协会和英国卓越建筑等组织历年研究成果。

精益建设就是人们尝试解决上述问题的重要理论、方法和技术。精益建设的核心思想是使浪费最小化、顾客价值最大化。经过20余年的发展历程，精益建设理论、方法和技术取得了很大进展，但精益建设应用的普及性远落后于其理论、方法和技术研究，是精益建设不适合建设行业环境，还是人们对其管理理念和技术采纳有障碍？一些国家的实践表明，精益建设确实能够减少浪费，提高客户价值[4, 5]。因此，目前亟待解决的主要问题之一，就是如何结合国情将精益建设很好地应用到实践中。

基于此，以精益建设技术采纳相关问题为研究对象，探究行为影响因素与精益建设技术采纳的关系、分析其作用机理、构建精益建设技术选择决策模型，对进一步丰富建设项目管理理论和方法具有积极意义。建设项目生产效率低下、生产效果不佳的问题，在一定程度上源于建设项目管理理论和方法的落后。通过研究精益建设技术采纳的行为影响因素及其作用规律，有针对性地提出改进策略，对提高建设项目管理水平、提高建筑企业生产效果具有重要的现实意义。

1.3 研究内容和框架

以精益建设技术采纳实施为研究对象，依据行为科学理论，运用技术采纳模型和多属性不确定决策方法，辨识精益建设技术采纳实施的关键行为影响因素，探究其与精益建设技术采纳实施的内在变化规律，综合考虑精益建设技术采纳的关键行为影响因素和精益建设技术与项目绩效的耦合关系，构建精益建设技术选择决策模型。具体研究内容如图1-2所示。

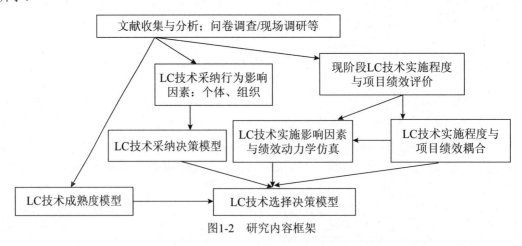

图1-2 研究内容框架

1.3.1　精益建设技术采纳行为影响因素与使用意愿关系

个人角度：①建立精益建设技术接受模型。根据精益建设技术特征、接受者特征及工作特征，结合环境等要素辨识精益建设技术采纳行为的影响因素，基于行为科学理论、创新扩散理论和任务技术匹配等相关理论，厘清行为影响因素间逻辑关系，提出假设并构建精益建设技术采纳模型。②精益建设技术采纳行为影响因素相关性检验。根据构建的技术采纳模型，分析采纳不同精益建设技术(如：末位计划者、模块化建设、准时化、6S、标准化作业流程、可视化)时行为影响因素间的相互关系及其对态度、采纳行为意向、使用行为及绩效的影响。③分析精益建设技术采纳行为影响因素权重变化对使用行为的影响。

组织角度：依据文献分析和理论诠释，结合精益建设实施组织内源的结构特征，拟采用技术本身的结构和组织外源的结构，剖析组织内源的结构——组织要素；技术本身的结构——技术要素；组织外源的结构——环境要素。辨识关键行为影响因素，确定因素测度，厘清与假设的逻辑关系，构建精益建设技术采纳决策行为影响因素的理论模型、模型分析与假设检验。

1.3.2　基于支持向量机算法的精益建设技术采纳多因素能量模型

采用先进管理技术的根本目的，就是在一定的资源约束下，使其效用最大化。先进管理技术对在用技术具有一定的比较优势，即对于潜在采用者的"效用"要大于潜在采用者在用技术的"效用"。在1.3.1节内容研究基础上，进一步剖析精益建设技术采纳影响因素的特征，考虑采纳者、任务及技术特征相互关系，确定影响因素测度准则，建立技术采纳指标体系，构建基于支持向量机算法的精益建设技术采纳多因素能量模型，为管理者提供技术采纳决策支持。该模型主要基于组织行为意愿进行决策分析。

1.3.3　精益建设技术实施与项目绩效耦合

采纳精益建设技术后是否会影响项目绩效？不同难易程度的精益建设技术分别对项目绩效有何影响？这些问题对建设项目组织实施精益建设至为重要。因此，本部分的主要任务是发现不同精益建设技术特征与项目绩效的相关关系：采用元分析方法，对文献资料梳理，筛选出技术特征与项目绩效的关系；结合现场调研，收集不同精益建设技术特征与项目绩效的实际数据；结合文献分析和实际数据，通过数据挖掘寻找其耦合关系，研究不同技术特征权重变化和不同应用程度对组织绩效的影响，为制定实施方案提供支持。

1.3.4　行为影响变量系统的动力学仿真

内容1.3.1节是利用结构方程研究行为影响因素在静态情况下的相互关系，它在一定程度上反映了影响因素间的作用规律。由于精益建设技术采纳过程是一个较为复杂的系统，受外界环境及内部要素影响，影响因素就会发生变化。因此，探究动态情况下的采纳行为的影响因素、组织绩效和精益建设技术间的相互关系显得尤为重要。通过模拟分析其变化的原因、发展的过程以及产生的结果，揭示采纳行为影响因素在动态情况下的变化规律。该部分内容根据结构方程模型分析结果、技术采纳成熟度和项目组织绩效，结合系统动力学进行模拟分析。

1.3.5　精益建设技术采纳成熟度

精益建设技术采纳成熟度指的是运用精益建设技术的熟练程度。与项目管理成熟度相似，精益建设技术采纳运用的过程，是一个从不成熟走向成熟，进而实现持续发展的过程。技术采纳的成熟程度，对项目管理绩效改善具有一定影响。围绕精益建设技术采纳成熟的过程，探求其影响要素和测度指标，构建成熟度模型。用于研究组织采纳精益建设技术的绩效分析，为管理者选择精益建设技术提供依据。

1.3.6　精益建设技术选择决策模型

在1.3.1节提到的精益建设技术多达7种(实际不止这些)，面对精益建设技术的采纳意愿不同、实施程度不同、实施绩效不同等众多不确定因素，潜在的精益建设技术采纳者如何做出科学、合理的决策，是一个必须面对和解决的重要问题。根据前面的仿真结果，耦合采纳意愿、使用行为和实施组织绩效等影响因素，辨识决策变量和其他自变量、确定测度准则和决策准则，构建决策模型；并选择典型建设项目，对上述研究结果进行验证。

第2章 相关理论基础及文献综述

2.1 相关理论基础

本章主要介绍研究中涉及的相关概念和理论。对精益生产、精益建设等概念进行说明，并从个体和组织视角详细阐述了精益建设技术采纳影响因素研究中应用到的相关理论，为后续各章的研究奠定基础。

2.1.1 精益生产相关理论

(1) 丰田屋

第二次世界大战结束以后，制造业方面，日本的生产效率只有美国的 $1/9 \sim 1/8$。丰田汽车工业公司发现，日本和美国在社会文化背景、宏观经济环境和技术基础以及市场需求等方面存在很大的差异性，因此也就无法全盘照搬美国的大量生产方式。丰田人针对汽车制造业开始了大胆的探索和试验，逐步形成了"大野式管理"，1962年才被正式命名为"丰田生产方式"(Toyota Production System，TPS)。这种方式当时并没有得到广泛的推广和应用，直至1973年石油危机以后才被大多数日本企业所采用。虽然这种生产方式的主要目的在于降低生产成本，但同时也可使资本周转率得到增加，进而提升公司整体的生产力。齐二石在多年研究丰田生产方式的基础上，提出了"丰田屋"(具体如图2-1所示)的概念和理论体系，该体系包括"一个目标""两大支柱"和"一大基础"，体现了丰田公司的经营理念。

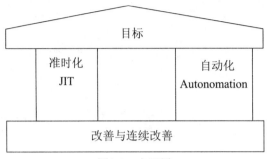

图2-1 丰田屋

资料来源：齐二石. 丰田生产方式及其在中国的应用分析[J]. 工业工程与管理，1997(4)：37-40.

"一个目标"是指希望通过低成本、高效率和高质量地进行生产，最大限度地使客户满意；"两大支柱"是指准时化(Just-in-time，JIT)和自动化(Autonomation)；"一大基础"是指改善与持续改善[6]。

后来，丰田公司原社长张富士先生借鉴齐二石的"丰田屋"理论，提出了"丰田生产方式架构屋(TPS House Diagram)"，也简称为"丰田屋"(具体如图2-2所示)，此举是为了使丰田汽车更加有效率地在供应商间推进丰田生产方式[7]。

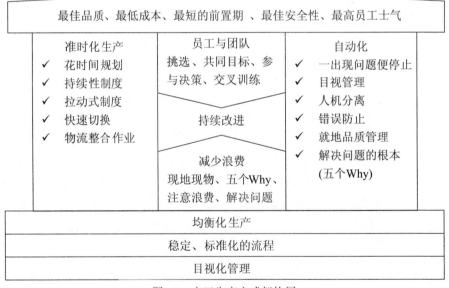

图2-2 丰田生产方式架构屋

资料来源：Liker J. The Toyota Way: 14 Management Principles from the World's Greatest Manufacturer [M]. The McGraw-Hill Companies, 2003：12.

整个架构屋是由屋顶、两大支柱、中心和地基构成。屋顶代表了一大目标，就是通过杜绝浪费以缩短生产流程，追求最佳品质、最低成本、最短的前置期、最佳安全性和最高员工士气几个目标，也是架构屋的核心原则。架构屋两大支柱分别是准时化生产和自动化，其中准时化生产是丰田生产方式最广为人知的特色，其理念为将必要的产品，在必要的时间，生产必要的数量。Zipkin指出准时化生产是日本所发展的一种制造哲学，是一种在生产效率上的艺术立项和简单的自然状态。自动化是指不要让任何一个瑕疵品进入下一个工序，任何员工在生产线上发现质量、数量和品种的问题，都有权力停止生产，主动解决问题[8]。架构屋的中心是人员与团队、持续改进和减少浪费。架构屋的地基是均衡化生产、稳定且标准化的流程和目视化管理。均衡化生产是为了使生产体系稳定，使库存降至最少，平均维持生产的数量和种类，预防单一产品产量过多。

架构屋中的每个要素本身都很重要，一个部分出现问题就会导致整个屋子出现问题，因此这些要素彼此之间相互强化是最重要的。准时化生产代表尽可能避免使用存货方式来缓冲生产过程中可能出现的问题；理想的单件作业流程是以客户需求的速率或间隔时间，一次处理一件；使用较小的缓冲，代表诸如质量瑕疵等问题必须立即显现，这将会强化自动化，使生产流程一旦出现问题便停止，也意指员工必须立即解决问题，恢复生产线的运转。

(2) 精益生产概述

精益生产方式(Lean Production，LP)是继手工单件生产方式和大量生产方式之后的第三种生产方式，是美国麻省理工学院在一项名为"国际汽车计划"(IMVP)的研究项目中提出来的。1985年该学院确立了这个项目以后，在丹尼尔·鲁斯教授的带领下，历经5年的时间，做了大量的调查与分析，并于1990年出版了巨著《机器改变世界》(*The Machine that Change the World*)，首次把丰田生产方式命名为"精益生产"。

精益生产是通过彻底避免浪费和提高效率来实现降低成本的基本目标，从而实现利润最大化的终极目标。所谓浪费是指超出增加产品价值所必要的绝对最少的物料、人力资源、场地和时间等各种资源部分[9]。大野耐一在其著作中指出了七种类型的浪费，包括：第一种，生产过剩的浪费，即制造超过现时客户所需的数量，这是最大、最严重的浪费；第二种，搬运的浪费，即消耗时间和人力，占用搬运设备与工具，可能碰坏物料，但不增加价值；第三种，库存的浪费，即原材料、产成品、在制品的库存；第四种，加工过程本身的浪费，即不必要的工序，超过客户需要的多余加工环节和流程；第五种，动作的浪费，即不增加产品价值的任何人员的移动，体现为动作的盲目性和不合理性；第六种，停工等待的浪费，即上道工序发送不能及时满足下道工序的要求，造成人员和设备的闲置；

第七种，制造不良的浪费，即错误、缺陷或缺少必要组件的返工修改工作，造成设备和人员工时的损失，以及所产生的废品等[10]。

丰田人又把浪费分为四个层次：第一层次为存在着过剩的生产能力；第二层次为生产过剩的浪费；第三层次为过剩的库存；第四层次为增加了固定资产的折旧费和间接劳务费。层次间有如下关系：层层加大的关系，如第一层次浪费会产生第二层次的浪费，第二层次浪费必然会产生第三层次的浪费，第三层次浪费产生第四层次的浪费[11]。

1996年，沃麦克和琼斯共同创作了《精益思想》一书[12]，他们在大野耐一7种类型浪费的基础上，又增加了一种浪费，即不能满足客户需求的商品和服务。同时，他们在该书中明确提出了精益的五大原则，即识别价值、价值流图、价值流动、客户拉动和尽善尽美。

Tommelein指出精益生产的一些优点，具体包括：第一，精益生产方式在遇到有质量缺陷时，立即停止装配线工作及时修正缺陷，比事后再检查、再修正的成本要低得多。第二，拉动系统(Pull System)是以客户需求为基准，而不同于预测存货方式经常因为客户需求的变化而做出错误的判断。第三，减少机器的切换时间来降低流程重复的时间。第四，生产程序同步化与各步骤紧密结合，将降低人员或机器的等待时间，使流程中没有半成品存在的阶段，进而实现零库存的目标。特别是结合2、3和4项精益技术后，能使制造商较快地制造出产品，也可迎合快速变化的市场需求。第五，清楚明了的文件和及时且经常性信息公开，能够使员工了解他人正在从事的工作，以及关于自己完成工作的质量[13]。

2.1.2 精益建设相关理论

(1) 精益建设概念

Koskela指出建设过程实际上是一个特殊的生产过程，应该把制造业生产过程中的成功理论和方法应用到建设过程中来，以改进传统建设过程中所存在的浪费问题[2]，并于1993年在芬兰召开的第一届国际精益建设小组(International Group for Lean Construction，IGLC)会议上，首次提出了精益建设(Lean Construction)概念。该概念强调最大化利用建筑材料、劳动和人力，避免浪费和任何无增值活动，同时交付价值给客户。随后，国际上众多学者、研究机构和建筑企业等纷纷投入这一领域的研究，并建立了专门研究组织，如国际精益建设小组(IGLC)、精益建设协会(Lean Construction Institute，LCI)、欧洲精益建设协会、中国精益建造技术中心等，其中国际精益建设小组和精益建设协会两大组织是精益建设研究的重要推动者和研究基地。通过对权威性组织(国际精益建设小组、精益建设协会、精益建造技术中心等)中有关文献进行整理和分析，发现国内外学者对其概念的解释大致相同，其核心思想就是避免无增值流活动和使转换活动更加高效以及实现或超越客户的需求[14]。这里选择了一些较具有代表性的研究机构和学者对精益建设概念的解释，具体如下：

美国建筑业协会(Construction Industry Institute，CII)在其研究报告中把精益建设定义为，在一个项目执行中满足或超越客户所有的需求，避免浪费，以价值流为中心，追求完美的连续过程[15]。

精益建设协会(LCI)认为，精益建设是精益生产系统目标的延伸——最大化价值和最小化浪费——在项目交付过程中的具体技术及其技术应用[16]。

英国拉夫堡大学精益建设小组把精益建设定义为：为客户持续提供更好的价值，并逐步提高企业赢利能力和市场竞争力的一种哲学。

美国加利福尼亚大学伯克利分校对精益建设给予的解释是更好地满足客户的需求以及动态改进建设过程。还指出精益建设原则包括建立稳定的工作流、减少浪费、增加建设过程的透明度、拉动式工作、减少全部过程周期和生产过程所有步骤的同步化。

中国精益建造技术中心指出，目前国内较为通用的精益建造定义为：从建筑和建筑生产的基本特征出发，基于生产管理理论、建筑管理理论以及建筑生产的特殊性，理解和管理建筑生产全过程，面向建筑产品全生命周期，尽量减少和避免浪费，最大限度地为顾客创造价值，最终实现项目成功交付的项目交付体系[17]。

Howell认为精益建设是一种生产管理的新方法，其本质特征包括一套清晰的交付目标，从设计到交付整个生命周期内，在项目层次、生产和过程的并行设计以及生产控制应用上最大化客户的绩效[18]。

Bertelsen指出，精益建设是交付项目时，顾客价值最大化和浪费最小化。把施工看成一个复杂而动态的系统同时，通过减少不确定性和控制无序因素，对过程和步骤进行合理规划，以减少错误来源，使大部分有序的系统程序能够增加[19]。

Lennartsson等人指出精益建设的核心思想之一是从最初的构想到最终产品，设计和生产一个建筑产品的过程应该持续改善，为所有客户和交付团队创造价值[20]。

谢坚勋认为精益建设是根据精益思想原则，应用并行工程、流程再造等手段，对建筑生产流程进行重新设计与建立新的建筑生产管理模式[21]。

曹吉鸣在其著作中把精益建设定义为，精益建设就是把精益思想应用到建筑业中来，以客户需求为导向，运用各种精益工具对建筑流程进行改进，避免浪费，以价值流生产为中心，追求尽善尽美，达到或超越客户需求的生产管理模式[22]。

韩美贵在文献中将精益建设定义为，精益建设是建设共生施工管理的一种新思维，它以精益思想为指导，对施工项目管理过程进行重新设计，通过转移建造过程中没有价值的任务来增加项目价值；在保证工程质量和安全的前提下，以最短工期、最少资源消耗的方式，追求零浪费、零库存、零故障、零缺陷，以达到浪费最小化、工程价值最大的目标[23]。

由此可见，到目前为止精益建设的概念没有标准的定义，本书尝试将精益建设概念定义为：精益建设是把制造业的精益生产方式引入到建设项目管理中来，从建设生命期视角出发，以客户需求为导向，避免建设过程中所存在的各种浪费和无增值活动，最大化客户价值，追求持续改善和尽善尽美，实现项目成功交付的一种崇尚节约模式。其目标是更高地满足客户要求，显著地改善建设过程和产品。

(2) 精益建设基础理论

① 在精益思想视角下，建设工程的浪费概述

从本书给出的精益建设概念中可以看到，建筑企业实施精益建设的关键目的在于避免建设过程中浪费的问题。Skoyles对英国建设业的材料浪费问题进行了研究，结果表明浪费数量占设计中所需材料数量的2%～15%[24]。Koskela指出浪费包括所有材料发生的损失和不必要工作的执行，只增加成本而不增加产品的价值[25]。Formoso等人定义浪费为依照客户的视角，产生直接或间接成本，但是不增加任何价值的活动所造成的损失，把浪费分为两种类型，即不可避免的浪费(对减少浪费的必要投资超过其产生的节约)和可以避免的浪费(浪费成本明显高于阻止浪费的费用)[26]。Formoso等人通过实证方式，测量巴西建设材料的浪费，并识别其产生的根本原因。研究结果表明，浪费成本约为总成本的8%，发生浪费在很大程度上是由于经常被现场管理者忽视的流活动造成的，如物料传递、库存和内部运输与搬运[27]。Garas等人通过对埃及建筑业在建项目承包商的访谈，识别了两种主要类型的浪费，即材料浪费和时间浪费，其中材料浪费是由多余采购、过度生产、错误加工、错误储存、生产缺陷、盗窃和故意损坏等引起的；时间浪费由闲置(等待)、停工、解释、信息变化、返工、无效工作(错误)、计划活动延迟和设备的非正常磨损等引起的[28]。Ramaswamy和Kalidindi对建设浪费进行了分类，具体如图2-3所示[29]。另外，Macomber和Howell从人的潜力视角提出了两种巨大的浪费，即不听和不说[30]。

② TFV理论介绍

Koskela对传统生产理论进行分析后，将生产管理中的精益生产方式应用于建筑工程中，建立TFV理论模型[31]。

T(Transformation，转换)观点是指建设生产从输入到输出的转化过程，输入包括原材料、图纸、机械设备、劳动等一系列内外部资源，输出就是满足客户要求的最后交付物，以分工结构图为主，对每一个必需任务给予控制，尽可能实现输入成本的最小化和转换效

率的最大化，往往忽视了任务之间的联系。

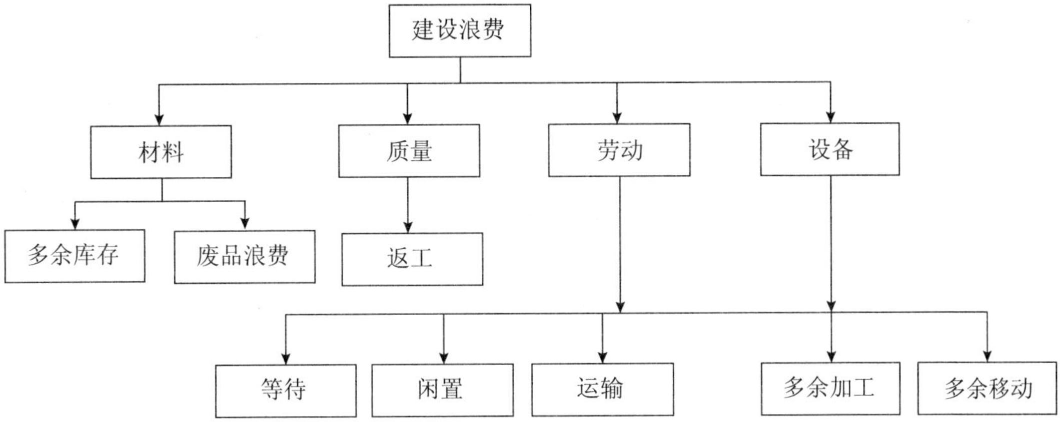

```
                         ┌──────────┐
                         │  建设浪费  │
                         └──────────┘
        ┌───────────┬────────────┬────────────┐
    ┌───────┐   ┌───────┐   ┌───────┐   ┌───────┐
    │  材料  │   │  质量  │   │  劳动  │   │  设备  │
    └───────┘   └───────┘   └───────┘   └───────┘
    ┌────┬────┐    │
 ┌──────┐┌──────┐┌──────┐
 │多余库存││废品浪费││ 返工 │
 └──────┘└──────┘└──────┘
        ┌──────┬──────┬──────┐      ┌──────┬──────┐
     ┌──────┐┌──────┐┌──────┐   ┌───────┐┌───────┐
     │ 等待 ││ 闲置 ││ 运输 │   │多余加工││多余移动│
     └──────┘└──────┘└──────┘   └───────┘└───────┘
```

图2-3 建设浪费类型

资料来源：Ramaswamy K.P., Kalidindi N.S.Waste in Indian Building Construction Projects [A]. Proceeding IGLC-17[C].Taipei, Taiwan, 2009:3-14.

F(Flow，流)观点是指从输入到输出的物流和信息流的流动过程，关注上下环节之间的衔接界面，尤其减少变化，通过强化流的管理实现减少浪费和提高价值。

V(Value generation，价值产生)观点意味着实现或超越客户需求的过程，价值只能由客户来定义。根据Bjornfot和Sardén的概述，建设的价值产生可能分为两种类型：外部价值和内部价值，其中外部价值是客户价值和项目结束的价值，包括产品价值和过程价值；内部价值是由交付团队的各参与方(客户、承包商、供应商等)确立的。

在生产管理中，需要TFV(转换—流—价值产生)三个观点的整合和平衡，因为这三个观点并不冲突，而是相互补充和完善的。每个观点的关注对象都是不同的，转换观点主要考虑如何实现转换增值，流观点主要考虑生产过程中的无增值活动，价值产生观点主要在于从客户视角如何进行生产控制，以尽可能实现或超越客户的需求。如表2-1阐述了TFV理论的概念化、原则、方法、实际贡献和实际应用的建议等。

表2-1 TFV生产理论表

	转换观点	流观点	价值生产观点
生产的概念化	视为输入、输出的转换	作为物质流，由转换、检查、移动和等待组成	通过实现客户的需求，创造客户价值的过程
主要原则	使生产变得有效率	避免浪费(无增值活动)	避免价值损失(尽可能达到最大的价值)
方法和实践(举例)	工作分解结构、MRP、组织责任图	持续流、拉动生产控制、持续改善	需求分析理论、质量功能展开

(续表)

	转换观点	流观点	价值生产观点
实际贡献	关注必须做的事情	关注尽可能少地做不必要的事情	关注以尽可能最好的方式满足客户需求
实际应用的建议	任务管理	流管理	价值管理

资料来源：Koskela L. An Exploration towards a Production Theory and Its Application to Construction [D].VTT Building Technology, Finland, 2000.

TFV生产理论的贡献就在于从这三个视角引申出建模、构造、控制和改进生产，很多原则来源于每个观点的理论或实践，具体如表2-2所示。

表2-2　生产原则

主要原则	相关原则
转换观点：更有效地实现增值活动	分解生产任务 最小化所有已分解任务的成本
流观点：减少无增值活动的份额	压缩提前期 减少变化 简化 增加透明度 增加灵活性
价值观点：提高客户价值	确保获取所有需求 确保客户需求的下一步流动 考虑所有的交付物 确保生产系统能力 价值衡量

资料来源：Koskela L. An Exploration towards a Production Theory and Its Application to Construction [D].VTT Building Technology, Finland, 2000.

Bertelsen和Koskela针对不同的项目管理目标，基于TFV理论，提出了一个三维管理模型，这三个维度相互独立但又彼此协调，具体如图2-4所示[32]。

通过与客户或总承包商合约的拟定，形成工作流程设计转换，其关联不是向上或向下的价值交付，而是不断的循环，即价值管理—合同管理—过程管理—价值管理，这三种管理相互独立、相互协调，共同实现项目管理的目标。传统的项目管理被称为合同管理，对于合同成员履行工程交付的需要，建立和保持图纸中价值和技术说明与操作(相关生产能力和材料)之间的关系；流程管理承担着生产流(信息、物料和设备)的协调作用；价值管理是传递实际价值给客户。

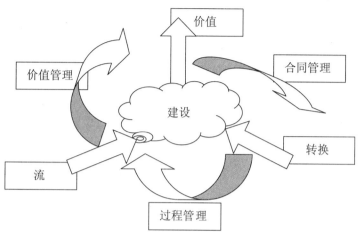

图2-4 建筑工程三阶段管理

资料来源：Bertelsen S., Koskela L.Managing the Three Aspects of Production in Construction[C]. Proceeding IGLC-10[C], Gramado, Brazil, 2002:1-10.

③ 精益建设与传统建设的区别

Howell指出在精益视角下，对建设进行管理，不同于传统建设管理，因为：首先，精益建设有一套明确的交付过程目标；其次，精益建设目标是从项目水平最大化客户绩效；再次，精益建设对生产和过程并行设计；最后，生产控制应用于项目的整个生命周期[33]。精益建设与传统建设的区别(Koskela，2000；黄如宝和杨贵，2006)[31, 34]，具体如表2-3所示。

表2-3 精益建设与传统建设的区别

	精益建设	传统建设
目标	避免浪费和无增值活动，最大化客户价值	满足合同契约内容的要求
基础理论	TFV(转换—流—价值产生)理论	转换理论
管理方式	灵活，分权制	僵硬，集权制
控制	事前防范，动态控制	事后控制与处理
执行	杜绝浪费，创造价值	完成工序上各项工作
参与程度	LPDS系统，中上游共同参与	各别独立，由项目经理整合
信息共享程度	信息透明，共享程度高	为推卸责任，隐匿信息
工作态度	主动积极，相互学习，共同分享	被动消极等待工作
生产过程	并行工程	串行工程
利益关注点	共同利益，长期利益	各自利益，短期利益
品质观念	全员参与质量控制、首次学习	事后检查

(3) 精益建设理论体系

精益建设理论体系结构，具体如图2-5所示。精益建设是在TFV理论的基础上形成的，该理论贯穿于项目的各个阶段。从应用理论的视角来看，精益建设首先应该明确客户的需求，这也是实现价值产生的基础。在此基础上，提高设计水平，减少变化和实现标准化管理。过程绩效评价对建设过程中所有活动进行评价，以发现存在的问题，提出下一步的改进方案，实现项目管理水平的持续改善和提高。要运用精益建设的基础理论和应用理论，还需要许多辅助技术给予支持，譬如最后计划者体系(LPS)、并行工程(CE)和全面质量体系(TQM)等。限于本书的研究范围，下面只对设计阶段和施工阶段的相关辅助技术进行介绍，尤其对最后计划者体系、准时化技术、模块化技术、并行工程和5S现场管理进行了较为详细的介绍。

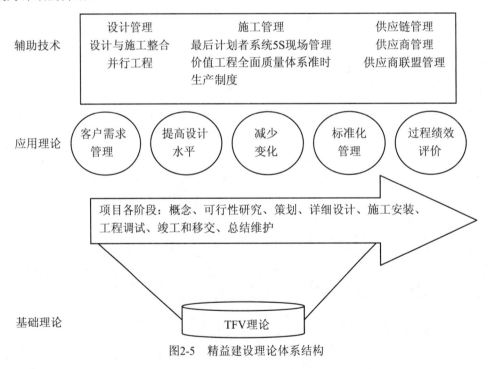

图2-5 精益建设理论体系结构

资料来源：2010年中国精益建造白皮书 [EB/OL]. http://www.jingyijianzao.org.

① 最后计划者体系(Last Planner System，LPS)

Glenn Ballard在第一届国际精益建设小组(IGLC)会议上提出了最后计划者(Last Planner，LP)概念，这仅仅只是一个雏形[35]。2000年，Glenn Ballard在其博士论文中对传统计划体系和最后计划者体系进行了对比研究，提出了一个完整的最后计划者体系[36]。

最后计划者体系是一种新型的项目计划与控制的"操作系统"，通过"拉式"工作流程设计和多级交互式计划与控制方法，确保所有计划任务在开始实施之前，使其必要的前提条件都已具备，进而可以完全按照计划未被干扰地来执行[37]。最后计划者体系的主要目标是减少变化，提高工作流的稳定性和可靠性，在后续的研究中甚至把它和精益建设等同。

对于传统的项目管理系统，最后计划者体系增加了一个生产控制部分，即最后计划者(把工作任务直接分配给工人的一线基层管理者，如领班、工头、小组长等，视情况而定)。最后计划者可以被理解为一种机制，使应该(Should)被执行的工作任务转化为能够(Can)被执行的工作任务，然后是最后计划者承诺将要(Will)完成的工作任务，这就是拉(Pull)式生产。最后计划者体系的思想是通过一线基层管理者参与项目计划和决策，使各参与方了解项目当前的状态，关注近期和基层生产计划的改进，提高计划的准确性。在项目实施过程中，任何疏忽和偏差都有可能造成后期需要支出巨大成本对不良结果进行修正和完善，这就需要在实施之前制定一个非常周密而详细可靠的计划，以发现这种疏忽和偏差，找出形成的原因，采取相应措施，防止相似情况再度发生，很明显传统的计划系统已经不能适应这个需求。最后计划者体系结合计划技术和控制技术，把项目一线的基层管理者纳入到计划编制工作中来，不断根据项目实施情况，调整具体的工作计划，控制项目的进展，使整个工作进程处于可控制的范围，具体实施流程如图2-6所示。Howell提出了成功实施最后计划者体系(LPS)的9个步骤，即明确客户项目的承诺、建立团队、确立里程碑计划和拉动计划、运用前瞻计划做好工作准备、制订周工作计划、召开首次周工作计划会议、在墙上追踪计划可靠性(PPC)、在墙上追踪计划变化的原因、建立改进的方法[38]。

② 准时化技术

准时化技术最早来源于制造业。1953年，大野耐一在大量生产和单件生产特点的基础上，建立了一种在多品种小批量生产条件下高质量、低消耗的生产方式，即准时化技术(Just-in-time，JIT)。JIT在丰田公司的应用，一个最大的收益是缩短生产周期，降低原材料、在制品和完成品的库存，提高了生产流的稳定性，实现持续的改善。JIT在建筑业的应用所带来的潜在收益与制造业是相同的，如通过减少在制品库存来缩短生产周期[39]。准时化技术是精益建设的核心技术，强调在建设过程中的每一道工序上都实现在正确的时间，以适当的数量，供应正确的材料、人员和机械设备等，严格按照下道工序向上道工序提出要求，不超前、不超量地进行建设生产，绝对不会做多余的工作，尽可能使工序间的转换接近于零，最大限度地杜绝出现停工待料或过度生产和采购等造成的浪费。实施准时化技术能够不断地缩短人员、设备等的等待时间，减少原材料的库存，逐步发现过去未曾发现的隐匿问题，并采用相应措施给予解决，实现建设过程管理的自我动态完善。其终极目标是使建设流快速而稳定地流动起来，最大限度地避免浪费，追求尽善尽美。

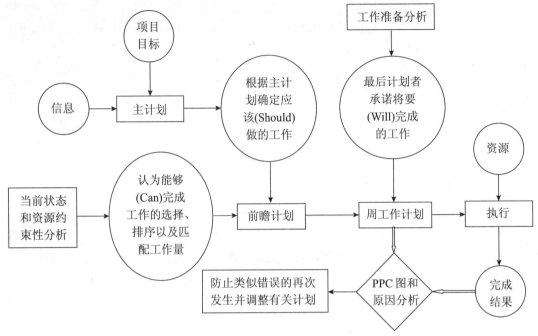

图2-6　实施最后计划者体系(LPS)流程

注：计划完成百分比 $PPC = \dfrac{实际完成的工作量}{计划完成的工作量} \times 100\%$

在建设工程项目管理中，成功实施准时化技术的关键管理工具是"看板管理系统"。看板是一种传递信号的工具，以TFV理论中的F(流)为基础，前道工序要严格按照后道工序给出的看板信息进行工作，整个过程相当于从后向前拉动(Pull)，从客户需求直到最初的原材料、人力、机械设备、技术和资本等，是一种逆向思维的方式。看板信息中只表示后道工序所需要的量，可以有效地避免过量采购或过量施工以及过量搬运，避免了浪费的发生。不合格的产品不允许交给下一道工序，这样也从源头上杜绝了次品的"牛鞭效应"，可以及时停工，使问题暴露，查清原因进行改善，防止类似问题的重复发生。但是看板管理系统不等同于准时化技术，在应用之前，需要对现有管理方法做出相应的调整。

③ 模块化技术

Bertelsen指出无论类型的大小，每个项目都形成了一个复杂而动态的系统[40]。这种复杂性来源于三个方面，即独一无二的产品、临时生产系统和社会系统对待这种复杂性，未来应该采取的应对策略，有设计更好管理复杂性的方法、减少复杂性程度以及使复杂性更容易管理[41]。

建设过程复杂性本质经常引起流的巨大变化，不仅包括工作流，而且有其他流，如信息、人员、材料和空间。Ballard提出了基于管理方法的最后计划者，用于更好地管理这种变化[36]。近来该方法对复杂性的处理展现了它们的价值[19, 30]。丹麦针对建设过程展开了讨论，提出了两种方法，分别为过程策略和产品策略。过程策略是对建设过程的复杂性进行管理和控制的策略，一个经常使用的方法是把问题分解成能被独立解决的小问题，期望这些小问题的解决方案能够为整个问题提供一个优化方案，或者接近优化方案。但是，最后计划者和过程策略或许只限于在某些程度上使过程处于可控的范围。产品策略是管理复杂性的另外一种方法，通过场外生产把更多的工作移到更稳定的生产环境中，但是所从事的工作作为交易进行的，从单个产品来看，复杂性仍然存在。

Jensen等人指出把一个系统分成较小的部分或模块，能降低系统的复杂性[42]。模块化已被成功地应用于制造业[43-45]，是把一个复杂产品分割成一些功能部件，这些部件相比于整体而言，更加容易管理。其中，部件指的是具有某些共同特征的一个实际或者概念组件分类[46]，模块可能是相同的，根据客户的需求进行配置[42]，运用于不同的系统，实现多功能的方法[47]。建设中模块化技术视建筑为一件产品[25]，把制造业中精益生产的模块化思想引入进来，使复杂的建筑系统分割成更加容易管理和清晰定义的功能模块，结合过程策略和产品的优缺点，将原来在现场生产的部分更多地移到场外生产企业中，在固定设施上，运用已确立的精益方法和工具，进行预先制造，仅在建设现场完成各模块的组装[41]，以减少生产的复杂性和实现最小化浪费[48]。其中十分重要的两个因素是部件和接口的独立性[43, 44, 47]。

④ 并行工程

Institute for Defense Analyses–IDA(1988)对并行工程(CE—Concurrent Engineering)给出了典型的定义，并行工程是对产品及其相关过程，包括制造过程和支持过程，进行集成与并行设计的一种系统化方法。这种方法意在为开发者一开始就考虑从产品构思到产品报废的全生命周期内的全部要素，包括质量控制、成本、进度和用户需求[30]。Kamara指出并行工程的两个关键原则是集成和并行，其关键特征有四个，即尽可能地使所有活动和任务的进度并行；项目生命周期内的产品、过程和商业信息集成以及项目定义期间，生命周期内问题集成；通过有效的合作、沟通和协调，集成参与交付项目的供应链；集成在项目开发过程中所使用的技术和工具[49]。实施并行工程所带的收益是降低产品的成本、缩短开发周期和上市的时间、提高产品的质量和满足客户需求[50]。要实现以上的目标，并行工程[51]应

该具备以下几点:

第一,多部门团队参与方的相互激励,强调设计协调作用;

第二,执行并行生产开发过程阶段,尤其是生产和产品设计的集成;

第三,在做设计的过程中,从产品全生命周期视角考虑多部门团队实施的问题,期望实现生产流程中不同人员的整合;

第四,客户满意定位(从客户欲望转化为设计规范),避免不增加产品价值的活动。

王宁等提出了一些建议,使并行工程得到高效地实施,其中包括运用合同方式提升项目合作;根据项目预定目标对其运行状况进行衡量,调整管理策略;持续运用目标导向推动项目;整合管理信息系统;使用动态实时计划报告工具;在决策中,使用过去的项目或其他信息来源所组成的知识库帮助获得可用信息,等等[52]。

⑤ 5S现场管理

5S现场管理起源于日本,是精益思想的一部分,是指对生产现场中的人员、材料、机器和方法等生产要素进行有效的管理,综合考虑现场生产环境的布局,制订切实可行的计划和措施,有助于减少浪费和提高生产率与安全管理水平以及促使员工实施持续的改善。5S方法是"一个地方各有其所,一切妥贴(a place for everything and everything in its place)"[53]。5S包括整理(Seiri)、整顿(Seiton)、清扫(Seiso)、清洁(Setketsu)和素养(Shitsuke)。因为这五个日文单词均以罗马字发音"S"开头,因而简称为5S。具体而言,整理是指分开需要的工具或部件,移去不需要的材料(垃圾);整顿是指整洁地安排工具和物料,以便于使用;清扫是指把工作场所收拾干净;清洁是指通过制度化和规范化的方法将整理、整顿和清扫的成果得到保持;素养是指培养员工养成良好的习惯。5个"S"之间并不是各自独立的,而是相互关联的,是一种相辅相成、缺一不可的关系。张娅指出5S源于素养,终于素养,整理是整顿的基础,整顿反过来又进一步巩固整理的成果;清扫是整理和整顿效果的体现;以上三者又成为清洁的前提条件;素养是实现整理、整顿、清扫和清洁的前提和内因,具体如图2-7所示[54]。

6S管理是5S的升级,在5S的基础上增加了安全(Security)的内容,6S和5S管理一样兴起于日本企业。后文中主要使用6S现场管理这一精益建设辅助技术。

⑥ 其他相关技术

实施精益建设的辅助技术,还包括全面质量管理、团队工作法、标准化作业流程、设计与施工整合(CM)和施工均衡化等,对这些技术给予简要概述,具体如下。

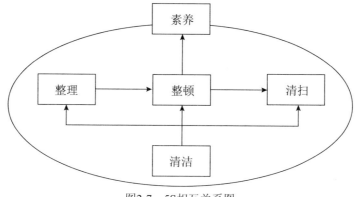

图2-7 5S相互关系图

资料来源：张娅.略论日本的5S活动[J].沈阳师范大学学报(社会科学版)，2011，35(2)：149-151.

第一，全面质量管理(TQM)

精益思想理论和实践表明，全面质量管理(TQM)方法和工具有力地改善建设项目中的转换活动和减少了不必要的流[55]，要求建设过程中的三个角色，即供应商、加工商和业主等全员参与[56]，从设计阶段到最终交付全过程的每一个工序都对质量进行严格检验和控制，强调下道工序是上道工序的客户，如若发现问题，及时处理，查清问题发生的根本原因，防止类似问题的重复发生，实现持续提高生产和过程质量的一个综合管理思想[57]。精益建设强调事前预防工作，从操作者、机器、工具、材料和施工等各个方面保证每项工程的质量，从根源上保证质量[58]。

第二，标准化作业流程

缺乏标准化可能是建设部门效率低下的一个原因[59]，精益生产方式在制造业的应用获得了巨大的成功，不仅实现部件的标准化，而且也实现了生产线和生产过程的标准化[60]。一般而言，精益建设理论中的标准化包括建设部件标准化和施工工艺标准化[61]。同样，提高建设项目的标准化，能够减少流的变化，降低不确定性，有利于现场经理对过程进行控制，进而减少成本和节约时间[59, 62]。要实现建设项目的标准化，最关键的就是制定完善的标准化作业流程文档并加以良好的实施。标准化作业文档是一个描述建设过程中各个工序的标准操作步骤和细节、实现浪费最小化的手册，包括每项工作要素的工作方法、注意事项和活动周期。这些文档并不属于任何具体项目或现场，而是一个典型通用类似项目的参考[63]。标准作业流程是指对那些在工程项目管理中重复发生的活动，可以通过建立标准化作业的方式加以控制，实现流程的持续改善[64]。但是，要求员工严格按照标准化进行工作，不利的地方就是阻碍创新[65, 66]。

第三，日常会议管理

建设中，日常会议管理应用于设计和改进作业。会议期间，员工基于一系列目标，阐述各自的工作进度[67]。每个月末，确立新的目标[68]。具体包括全部领班会议和每日会议。全部领班会议是以全部领班的非正式会议代替每周工作计划会议。这个会议以下周工作安排为中心。会议期间，讨论的重点是分析工作现场的重叠工作以及识别潜在问题。利用几分钟时间对会议达成一致的活动进行记录，并评述下周工作。

每日会议是每天在开始工作的时候召开会议，项目人员利用5～10分钟的时间来评述已完成的工作。会议期间，大部分共同问题就是进度、安全和内务处理。Salem做了一次调查得出，在会议期间，至少67%的工人发现了价值；不超过42%的工人提供了反馈意见；大部分工人更加喜欢在一天中与他们的领班进行直接交流[69]。

第四，价值工程

美国通用电气公司(GEO)的工程师麦尔斯(L. D. Miles)于20世纪40年代提出价值工程(Value Engineering，VE)概念，又称为价值分析(Value Analysis)，它在工程项目管理中的应用能够降低成本并提高经济效益。

所谓价值工程，是指通过多技能专家团队的有组织活动对系统、产品或服务进行功能分析，使用创造性思维来探究在总成本最低的情况下，可靠地实现系统、产品或服务的必要功能以及相关功能，来提高系统、产品或服务价值的一种系统化方法[70]。在这里，价值被定义为功能和成本的比率，即$V=F/C$，其中，F为Function(功能重要性系数)；C为Cost(成本系数)；V为Value(功能价值系数)。因此，提高价值的途径有五种，分别为：第一种，成本不变，功能提高；第二种，功能不变，成本下降；第三种，功能提高，成本降低；第四种，成本略有增加，功能大幅度提高；第五种，功能略有下降，成本大幅度下降。

第五，设计与施工整合

设计与施工整合，又称为CM(Fast-Track Construction Management)模式，二者进行整合的原因有：竞争的压力和业主的需求；二者分离状态导致的成本增加与工期延迟以及交易费用增加；吸取整合的优势，包括提高设计的可建造性、可运营性，信息集成和共享，较少界面管理，降低交易费，带来效率和效益的提高[71]。

设计与施工整合把项目的设计过程视为由业主和设计人员共同而连续地进行项目决策多过程，一旦某方面的主要决策形成并确定，即进行该部分的施工。整个项目不再采用传统的施工总承包模式，采取有条件的"边设计、边施工"，化整为零的思想。设计一部分，招标一部分，施工一部分，设计、招标和施工三者充分搭接，提高设计的可建造性，提前施工开始时间，进而降低成本和缩短周期。

第六，施工均衡化

施工均衡化是准时化技术实现的前提，是一种理想的状态，要求施工进度中各个环节所需材料、部件、工时、机械设备符合全部均衡，材料和部件供应准时，机械设备始终处于良好状态，工人掌握多项技能并且出勤率高而稳定，能够保证各工作小组的工作连续而又有节奏，其目的是尽量让施工进度与业主需求保持一致，做到既不提前，也不延迟。

施工均衡化有两点好处：一是有助于合理配置施工人数，二是有助于材料数量的合理供给[72]。施工均衡化，首要前提是各施工段的工程量相近或基本相等，这样就可以合理地对人员进行配置，最大限度地避免由于各施工段的工程量不均衡造成人员闲置或施工进度延迟。在实施精益建设过程中，还需要员工具有多种技能以完成多项工作以及人数具有弹性。另外，施工均衡化还保证了施工按照一定的节拍进行，有利于对各节拍所需材料数量进行较为准确的预测和控制，保证及时合理地供给，避免提前采购或延迟采购的发生。

2.1.3 采纳行为相关理论概述

(1) 基于个体视角的采纳行为相关理论概述

① 理性行为理论的介绍

理性行为认知理论(Theory of Reasoned Action，TRA)是由Ajzen和Fishbein在1975年提出的，该理论强调认知会影响个人的态度或意向而去从事特定的行为，即个人行为意向(Behavior Intention)受到主观规范(Subjective Norm)和行为态度(Attitude Toward Behavior)影响，其理论模型如图2-8所示[73]。

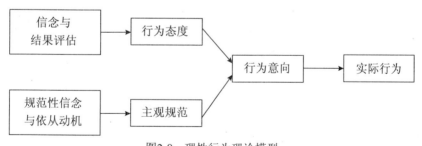

图2-8 理性行为理论模型

资料来源：Ajzen M. Fishbein.Understanding Attitudes and Predicting Social Behavior [M].NJ: Prentice-Hall, 1975.

理性行为理论模型指出，一个人某项特定行为是由其行为意向所决定的，而行为意向则是由其个人行为态度和主观规范决定的。行为意向是指衡量个人行使特定行为意向的强度；态度是指个人对于行使特定行为的正向或负向的感觉；主观规范是指一个人感知到众人对其所行使行为的看法；个人的行为态度是由其显著信念与结果评估的乘积，而主观规范是规范性信念与依从动机的乘积；信念是指个人主观上对于行使特定行为结果的可能性认知，结果评估是指个人对于结果价值的评估；规范性信念是指个人感知到众人或者群体对于其信念的期望，依从动机是指个人依从此期望的行为动机。换言之，外部环境对于个人态度的影响是通过对其信念结构的改变，而个人的行为意向则是通过态度所影响。

理性行为理论的基本假设认为，一个人的行为是基于理性的，其思考是具有系统性的，也就是一个人的行为是基于其所获得信息，通过系统性的思考而后所采取的活动。对于态度或行为模式的研究，可以针对不同行为找出其相关的信念，进而通过理性行为理论来解释。换言之，通过了解使用者的态度，可以推出某个对象在个人内心的心理接受度。

②技术接受模型的发展过程

技术接受模型(Technology Acceptance Model，TAM)是由Davis基于Fishbein和Ajzen(1975)的理性行为理论(TRA)提出的[74]，用以解释使用者接受某项信息技术或信息系统的行为，进而分析影响该行为的各种因素以及相互关系，其中两个主要的决定性因素是感知易用性(Perceived Ease of Use)和感知有用性(Perceived Usefulness)。因此，感知有用性和感知易用性两者成为衡量某项信息技术或信息系统接受度以及使用的重要指标，所谓感知有用性是指使用者相信某项信息技术或信息系统可以提高其工作效率的程度。换言之，感知有用性是基于组织对某项信息技术或信息系统的使用，基本上是为了提升工作绩效；感知易用性是指使用者相信某项信息技术或信息系统可以让他容易使用的程度。技术接受模型的发展，希望能够普遍应用于解释或预测某项信息技术或信息系统使用的影响因子，用以了解外部因子对使用者内部信念(Beliefs)、态度(Attitude)与意向(Intention)的影响，进而影响使用者的行为。技术接受模型如图2-9所示。

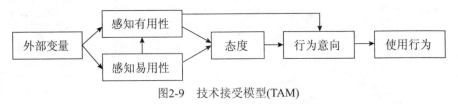

图2-9　技术接受模型(TAM)

资料来源：Davis F. D.Perceived Usefulness, Perceived Ease of Use, and User Acceptance of Information Technology [J].MIS Quarterly, 1989, (9):319-340.

在技术接受模型中，使用行为(Actual System Use)是由行为意向(Behavioral Intention Use)决定，而行为意向又受到态度(Attitude Toward Using)和感知有用性的影响。感知有用性和感知易用性又对态度产生了影响，二者也受到外部变量的影响，同时感知易用性还会影响感知有用性。Davis等基于原始技术接受模型研究成果，对其进行了修正和重构，删除了模型中的态度变量，认为感知易用性、感知有用性和行为意向能够更好地预测和解释使用者的行为[74]。精简版的技术接受模型如图2-10所示。

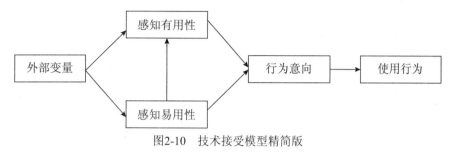

图2-10　技术接受模型精简版

资料来源：Davis F.D., Bagozzi P.R.Warshaw.User Acceptance of Computer Technology: a Comparison of Two Theoretical Models [J].Management Science, 1989, 35, (8):982-1003.

外部变量对于感知有用性和感知易用性具有影响力，针对外部变量的探讨，Szajna指出使用者特征、组织因素等都会影响技术的接受行为、信念、态度及意向[75]。Venkatesh和Davis通过社会影响和认知工具两个层面对感知有用性和行为意向的决定因素进行了探讨，提出了技术接受模型2(Technology Acceptance Model 2，TAM 2)[76]。在技术接受模型2中，社会影响类变量包括主观规范、形象(Image)和自愿性；认知工具类变量包括感知易用性、产出质量(Output Quality)和工作相关性(Job Relevance)。Venkatesh通过研究指出决定感知易用性的一般因素，即锚定因素(Anchor)和调整因素(Adjustment)两大类。其中锚定因素包括计算机自我效能(Computer Self-Efficacy)、外部控制感知(Perception of External Control)、计算机焦虑(Computer Anxiety)和计算机有趣(Computer Playfulness)；调整因素包括感知娱乐性(Perceived Enjoyment)和客观的可用性(Objective Usability)[76]。Venkatesh和Bala在Venkatesh和Davi两个人研究的基础上，综合了决定感知易用性和感知有用性的因素，提出了技术接受模型3(Technology Acceptance Model 3，TAM 3)[77]。

(2) 基于组织视角的采纳行为相关理论概述

① 组织层面的创新扩散理论

创新扩散理论(the Innovation Diffusion Theory，IDT)首先由Rogers[78]在1962年提出来，该理论将创新扩散定义为一种新思想、新产品或者新技术随着时间透过社会系统和组织传播的社会过程，认为个人是对创新具有不同程度接受意愿的个体，不同的人对创新的接受时间及接受程度是有差异的。Rogers把影响创新扩散速度的因素分为五类：相对优势(Relative Advantage)、兼容性(Compatibility)、复杂性(Complexity)、可试验能力(Trial Ability)和可观察性(Observables)。其中，相对优势表明了某种创新优于其所取代的传统技术方法的程度，兼容性是指使用创新与现有组织价值、以往的工作经验和潜在采用者的需要一致性的程度，而较高的兼容性会导致更高地采用新技术的可能性，复杂性则衡量了采用创新的难易程度。该理论自从提出以后，已被用于多种对创新的研究，并得到了很好的验证。

② 技术—组织—环境框架

技术—组织—环境(TOE)首先是由Tornatzky和Fleischer提出的一个理论研究框架[79]。它是通过对创新扩散理论模型的不断完善，结合技术采纳各影响因素的实际情况提出的。如图2-11所示。

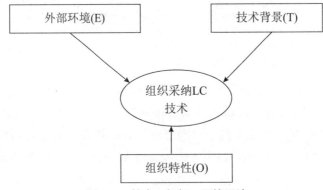

图2-11　技术—组织—环境理论

在TOE理论框架中，技术采纳者对某一项新技术的采纳最后会受到三个层面的影响，即技术自身层面特征、组织自身层面特性及外部环境。其中，技术自身层面特性主要包含的是技术自身的一些显著特征，如技术兼容性、技术复杂性、技术可试性、技术可观察性和技术成熟度；组织层面特性是指在采纳该技术时，组织自身所应该具备的特性，包括组织部门现有的资源数量、组织的结构类型与部门范围和组织应该掌握的使用某类技术的知识储备量等。外部环境指的是行业的同业竞争者的竞争行为、政府在组织采纳某项技术过程中的角色扮演以及媒体对于组织采纳行为所持有的态度和为此所做的宣传等。

目前，许多研究者们主要从组织层面、采纳者的外部环境、技术自身特征这三个影响技术采纳的因素进行研究。

第一，技术采纳者(组织层面)

组织对一项技术采纳的决策行为会受到组织自身条件的作用。在组织自身层面上，已经分析出了组织自身的三个层面，分别是：组织的规模大小、组织的创新性和组织的职能分布形式。经过进一步研究，其中组织规模的大小对技术使用者的影响最深入。而更进一步的研究表明，组织的规模大小对于组织技术的采纳有正面的影响。组织的规模越大，为了维持与促进组织不断的发展，就越需要技术的采纳创新。组织规模的大小不仅包含组织机构外在规模，而且还包含各种资源在组织中的就绪程度。Kennedy等人的研究发现，组织规模与组织结构对企业采纳信息技术具有很大的影响，规模比较大的公司比小公司更有可能采纳信息技术或信息系统[80]。Morrisson认为组织的创新性是指组织所具有的创新意识和能力，在这一过程中，组织成员的知识水平起到了关键作用。组织所具有的知识存量越丰富，组织成员的创新能力越强，这对组织采纳新技术具有很强的推动作用[81]。

第二，采纳者外部环境(环境层面)

此处涉及的环境，主要是指与行业的同业竞争者，与政府的联系以及媒体等的社会环境。社会环境通过不同的途径影响着组织对技术的采纳行为。一方面，潜在的技术采纳者会考虑已采纳的同业伙伴收到了明显的效果，同业竞争压力也可以促进组织采纳创新技术；另一方面，政府政策以及社会媒体的监督也会在不同程度上起到作用。

竞争对手的行为：研究者认为，对某技术采纳的可能性与最终采纳所创造的价值是由其他采纳者的竞争行为决定的。在组织采纳某技术之后，组织外部竞争者或者其他相关组织也会效仿采用，此时该项技术所创造的价值就会增加，就会产生良好的循环效应。Gatignon和Robertson曾指出，当前的市场竞争尤其激烈，想要占据重要的市场地位更需要争先应用创新性新技术[82]。在这样的环境中，如果对对手的采纳创新行为视而不见，可能会导致组织自身在日益激烈的竞争中处于劣势。相反，当组织竞相采纳创新技术时，会推动整个行业的进步，会使双方都获益。

社会监督指导：政府政策对企业的日常经营活动有良好的指导作用，媒体的介入也会在不同组织和企业之间起到沟通和传播信息的作用。当某一组织创新性行为收到良好效果时，其他组织也会在政府或媒体的大力倡导下纷纷效仿，成为全社会的一种发展趋势。

第三，技术自身特征

不同组织成员在应用新技术的过程中，对技术本身的理解会有所不同，这样会影响他们对技术的评价及采纳新技术的倾向。组织在采纳某一技术之前，通常自身感知到的有用性程度应该超过其他替代品所带来的益处。同时，影响组织对于一项创新技术使用行为的因素还涵盖技术复杂性、感知到的技术兼容性、可试性、技术不确定性与可观察性。

以上三个影响因素在后续的研究中将得到更广泛的扩展，其中技术层面的因素已经涉及技术的适用性、技术的成熟度、技术参与性、技术经济性等多种特性。技术的种类不同，技术所具备的典型特性也会有所不同。组织层面的特性也从原来单纯的组织规模、结构扩展到组织所具备的资源充足度、组织成员的知识储备等更微观的层面。环境层面的影响已经从整个社会系统的考虑入手，从政府职能到媒体监督，这些因素都从更广泛的层面对以上三个层面进行了补充和深化。

2.2 文献综述

本节较为系统地对国内外精益建设、精益建设技术采纳影响因素等方面的文献进行了梳理和评述，为后续研究奠定基础。

2.2.1 精益建设相关研究现状

Koskela在1992年的一份报告*Application of the New Production Philosophy to Construction*中首次提出将精益思想应用于建筑业的设想[2]。1993年，Koskela在芬兰召开的第一届精益建设国际小组会议上明确地提出了精益建设的概念。同时，Ballard也在该次大会上提出了最后计划者，并发表*Lean Construction and EPC Performance Improvement*一文[35]。在此，无论是精益建设还是最后计划者还都处于一个基本理论的雏形阶段。1997年，Ballard和Howell在丹麦创立一个对精益建设理论基础和实践应用研究有突出贡献的非营利性组织——精益建设协会(Lean Construction Institute，LCI)[83]。该协会研究和开发了以最后计划者为中心的精益项目交付体系(Lean Project Delivery System，LPDS)，将项目整个交付过程划分为四个阶段，即精益设计、精益供应、精益安装和精益交付，旨在从设计、供应和施工三个方面进行建筑生产管理的改革[84]。2004年，精益建设期刊(Lean Construction Journal，LCJ)在Ballard和Howell努力下创办，该刊物一直致力于精益建设理论基础和实践应用的研究。此外，还有英国的卓越建设和我国的精益建造技术中心等组织也对精益建设的发展作出了突出的贡献。

(1) 国外研究现状

① 理论基础研究现状

Koskela对精益生产的概念、原则和方法进行了回顾，比较了建筑业和制造业的差异性，分析了精益生产在建筑业的可适用性，认为建设过程实际上是一个特殊生产过程，应该把制造业中的成功理论和方法应用到建设项目管理中，以改进传统建设生产过程中所存在的浪费和无增值活动问题，最大限度地满足客户的要求[25]。Koskela提出精益建设的重要TFV理论，即转换、流和价值，奠定了精益生产在建设项目管理中应用的理论基础[31]。Wright从设计与建造过程两个视角，对建筑业和制造业进行了对比分析，发现二者存在很大的差异性，但是精益生产方式在建筑业中的应用可以明显提高建筑物的交付效率[85]。Salem等人对精益建设技术和精益生产技术进行了对比分析，指出二者在装配环境和生产过程中存在明显差异性，精益生产理论和实践不能完全适用于建筑业[86]。

Santos对建设生产过程中的等待、运输、检查和转换活动进行了分析，认为只有转换活动是增值的，其他活动属于无增值活动，应该减少或者避免，同时提高转换活动的效率。Koskela和Howell指出传统建筑管理方式只是关注建设生产过程中的转换活动，忽视了流和价值生成活动，提出引入"流"的观点，提高增值活动的效率，避免或减少不增值活动的发生，进而避免生产过程中的浪费[87]。Lee等人指出建设生产过程中所存在的浪费有缺陷、过度生产、不必要的加工、人员不必要的移动、物料不必要的搬运、库存和设计不满足客户的要求[88]。在对建筑生产中的浪费进行研究后，Koskela认为仓促行动也是一种浪费[89]，Macomber和Howell认为信息未被传递和信息未被接受都是浪费[30]。Josephson和Saukkoriipi对建设项目生产过程中的无增值活动进行了一个初步分类，分析了造成成本过高的成因，探讨了活动什么时候开始，由何人来承担，如何实施的问题来避免无增值活动的发生[90]。Marosszeky等人从TFV理论的流视角出发，指出工作流稳定性的提高有利于建筑成本的降低和建筑产品质量的提高[91]。

Womack和Jones对价值内涵进行了研究，指出终端客户决定一个产品(商品或服务)的价值，价值大小取决于一个产品(商品或服务)在特定时间特定价格下满足客户特定需求的程度，因而要实现价值最大化首先必须要理解客户的特定需求[12]。Bertelsen和Koskela指出TFV理论中的价值应该从客户视角对其理解[32]。Bertelsen研究结果表明，在建设生产过程中，客户身份具有模糊性，既不是某个组织，也不是某个人，认为客户内涵应该包括业主、使用者和社区等[40]。Emmitt等人提出了VPO三阶段模型来识别价值，指出通过精益设计可以提升价值[92]。Koskela等人又重新讨论TFV理论，进一步对TFV理论进行了改进和完善[93]。Erikshammar等人对价值的模糊性进行了讨论，并用格拉底悖论理论来对价值的模糊性进行解释[94]。Thyssen等人指出在项目概念化设计阶段就考虑如何提升创造客户价值[95]。Bergman和Klefsjo对价值定义内容延伸问题进行了研究，指出从客户需求到客户满意的质量，价值定义内容延伸到客户满意的获取。

自从1993年之后，许多学者围绕LPS展开了研究，促使LPS的理论不断发展和完善。Ballard和Howell对传统建设生产过程中的"推式"计划进行了分析，提出了要把精益思想的"拉式"流程引入进来，把工作分为Should-Can-Will-Did四种类型的分析思路[96]。Ballard等人指出最后计划者体系就是让具体实施者参与制订计划，提高计划的可适性和灵活性，减少工程变更[97]。Ballard和Howell从计划免受干扰的视角，提出了"屏蔽生产"的观点，促使了LPS更大的发展[98]。Ballard在其博士论文中对最后计划者体系进行了系统的研究，提出了一个完整的最后计划者体系[36]。Ballard和Howell对LPS方法进行了更新，进一步丰富了其内容，使其趋于成熟和完善[99]。Ballard和Howell对当前建设项目实践与精益建设之间的本质区别进行了分析，探讨了精益建设如何应用于建设项目中，并详细阐述了以最后计划者为中心的精益项目交付体系。Macomber等人提出"管理承诺"是LPS在实际应用中的补充和完善。

Sacks和Harel从博弈论的视角对分包商劳动力资源分配行为进行了研究，得出其行为与分包商所感知的计划可靠性水平之间存在着内在联系，提出了一个扩展形式博弈模型，指出项目经理和分包商之间的信任达到某种程度会使二者从竞争走向合作[100]。Koskela等人基于施工管理对最后计划者和关键链两种方法进行了对比分析，识别了二者的相同之处和不同之处，并指出两种方法的缺陷和不足，探讨了二者融合集成的可能性[101]。Sappanen等人指出最后计划者和位置管理系统二者的集合，可以充分发挥各自所具有的优势，增强进度安排的一致性，缩短工期，提高生产效率[102]。Rybkowski探讨了最后计划者作为概念化看板如何应用于精益建设[103]。

针对精益思想在建筑业中的应用，Stuart提出了反对的意见，他指出精益思想具有"黑暗的一面"，是以某种政治运动或意识形态来最大限度地剥削工人，从而引起了针对精益建设的一场激烈讨论。Ballard和Howell对Stuart的说法做出了回应[33]，指出Stuart没有对精益思想充分地理解，精益思想主要是关于如何改造客观事物，并不涉及如何对待人的问题。与之相反，员工在精益思想的指导下，建设生产过程中实施最后计划者体系能够使员工拥有更多的决策权，更好地保证他们自己的安全和健康[19]。

Bertelsen和Koskela基于生产理论、建筑管理理论和建筑生产过程的特殊性，以TFV理论模型为中心，建立了涵盖合同管理、过程管理和价值管理三个范畴的建筑管理模型[32]。Ballard和Howell构建了生产系统管理模型，指出精益项目管理可以通过生产系统的设计、操作和提高来实现，并重新定义了控制的概念[99]。Rooke等人指出精益思想不仅仅应用于生产和操作层面，也应该把精益思想应用于决策和组织中。由于建筑产品具有单件一次性生产、现场生产、暂时性的多组织、多变更管理等特点[93]，Bertelsen和Koskela指出建设项目本质上是动态非线性的复杂系统，该系统存在于混沌的边缘，并在项目内外部环境和项目组织方面，通过分析建筑项目的复杂性和动态性来深入地理解建筑项目，为精益建设的发展提供了新的思路和方法[40]。

② 实践应用研究现状

Alarcón指出快速跟踪(Fast Tracking)和并行工程(Concurrent Engineering)是两种缩短项目周期的方法。快速跟踪是一种实践导向型的方法，没有固定的概念和理论基础，其本质就是设计和施工的重叠；并行工程主要在于缩短工程周期，提高产品质量和减少成本。Koskela等人认为快速施工(Rapid Construction)就是持续推动缩短施工周期，探讨了快速跟踪和快速施工之间所存在的差异性，对其理论和实施问题进行了探讨，提出了一些可适性措施，并将其运用到VTT实际案例中进行了分析[104]。

Ballard指出JIT在施工和制造中的应用有本质的不同，因为与制造过程相比，施工过程呈现更加复杂而不确定的特点。减少在制品库存来缩短项目周期的前提是减少物料和信息流的变化，最后计划者就能很好地解决这个问题，促使施工走向JIT。Ballard等人对帕洛阿尔托研究中心的一个案例进行探讨，指出计划可靠性(Planning Reliability)是改进性能的关键，并把其运用到最后计划者体系中加以分析与说明，为最后计划者的进一步发展奠定了基础[92]。Koskela等人将最后计划者体系运用到VTT实际案例研究中，探讨了其在工程建设实际操作中的应用性[83]。Miles和Ballard简要讨论了目前建筑包工合同所存在的差异，构建一个用于继续探讨和行动的框架，指出如果没有对建筑包工合同的标准进行改进，精益建设概念的传播就会受到很大限制[105]。Alarcón和Mardones探讨了在设计阶段，施工和设计团队之间由于缺乏交互沟通而引起施工期间的很多问题，如不完备设计、改变工序、返工和推迟工期等。针对这些问题，进行了设计—施工界面绩效的研究，QFD是一种有效的识别工具，使得设计接口和施工接口有了很大改善，进而减少了缺陷的发生[106]。Junior等人基于案例研究的方法，对最后计划者体系的应用所取得成果进行了阐述和分析，在此最后计划者体系得到了补充和完善[107]。Bertelsen通过对丹麦住宅建设项目实施最后计划者体系的5年跟踪研究发现，实施最后计划者体系能给住宅建设项目带来客户价值提升、工期缩短、缺陷和遗漏减少等[108]。Alarcon等人以智利建筑企业为背景，研究了12家建筑企业的2～3年实施最后计划者体系所取得的成果，包括提高管理和控制、增加中层管理的参与、减少紧急要求、提高生产率、减少等待时间和良好的合作以及缩短工期等。Salem等人通过直接观察、面谈和调查问卷几种方式收集对最后计划者、日常会议(Daily Huddle Meetings)、首次运行研究(First Run Studies)、5S(The 5s Process)、质量和安全事故致因(Fail Safe for Quality and Safety)等精益建设工具进行了有效性分析，得出最后计划者体系超过期望的结果[53]。

Alwi等人对印尼和澳大利亚的非住宅建筑和基础设施项目的无增值活动进行了定量研究，识别了浪费的类型和浪费产生的原因，阐述了关键浪费类型和浪费成因，目的是促使建设管理者关注建设过程中无增值活动发生的减少[109]。Thomassen等人探讨和分析了丹麦最大的承包商MT公司从2001年开始在具体实践工作中实施精益建设的经验和所取得成果，用实例和有关数据说明了实施精益建设给该公司所带来的益处，即总利润提高了20%，工程总成本降低了15%，连续施工时间缩短了10%，与其他施工管理模型相比，生产率增加了25%[110]。

此外，随着研究的逐步深入，Degani和Cardos提出了清洁建设(Clean Construction)的概念，认为精益建设中应该注意对环境的影响问题[111]。Abdelhamid把6σ引入到精益建设中，并分析了其应用性[67]。Forbes和Ahmed指出精益技术和电子商务的结合能够解决建设过程中的错误、延迟和沟通问题，进而持续改善各种生产活动[112]。Rischmoller等人指出把CAVT技术应用到项目设计过程中以提高整个项目价值水平[113]。Sacks等人研究了精益建设与建筑信息模型之间的交互协同问题，指出二者之间具有协同效益，对建筑业产生重大影响[114]。

(2) 国内研究现状

① 理论基础研究现状

谢坚勋从转换模型、流动模型和价值生产模型三个方面探讨了建筑生产理论的发展，并根据自己的认识给出了精益建设的定义，指出精益建设的研究和应用主要集中于生产系统的设计与建立、生产特性产生的问题和解决、生产实践精益原则的应用等三个方面[21]。黄如宝和杨贵从四个方面对精益建设理论的应用进行了分析，即价值最大化、浪费最小化、流的管理和项目交付，指出目前的成果多集中于对如何减少浪费的研究，精益建设原则和顾客价值最大化方面研究的深度还不够，有待进一步加强和完善[34]。朱宾梅等基于精益建造的思想，对工程项目的质量、成本和工期三大要素之间的相互依存关系进行了讨论和分析，做出了全新的理解和认识，指出三者之间由绝对效益背反转向相对可控的效益协调关系[115]。朱蕾和杜静介绍了精益建设中持续流的定义，从价值流团队的组建和作业测定组的组建两个方面探讨了创建持续流的准备工作，提出运用价值流图和平衡生产线两种方法对其在建设业中的应用进行了分析[116]。邱光宇等从适时适量施工、缩短各工序与各分项工程转换时间、建立柔性施工机制、质量保证、模块化施工与并行施工法、施工均衡化和看板管理七个方面探讨了精益建设的基础，并阐述了精益建设的计划与控制体系，结合我国建筑业实际情况，指出了精益建设的推行要点[58]。闵永慧和苏振民对精益建造和传统建造进行了对比分析，阐述了精益建造的优势。陈勇强和张浩然通过对精益建造理论体系的分析，指出从满足客户需求、提高设计水平、减少变化提高绩效、标准化管理和项目过程绩效评价五个方面实施精益建造理论来提升工程项目管理能力[117]。刘玮等指出建立柔性拉动施工体系是精益施工的基础工作，该体系主要包括柔性合同和拉动施工两个方面的内容。实现柔性拉动施工体系就是保证执行柔性合同、前工序及时拉动、后工序无缝隙开工及施工产业供应链等内容[118]。钱军指出实施精益施工的前提条件之一就是建筑业培养"一专多能"的高素质多面手员工，有利于对施工过程中质量、进度和成本的控制，提高员工系统的柔性[119]。余明等基于项目剩余权的动态网络组织理论，提出了适应实施精益建造需求的组织构想，指出通过观念重建、流程识别、组织设计与实施反馈等流程操作的实施来实现精益建造组织[120]。陈熙和骆仁俊分析了传统模式下工程项目质量控制所存在的弊端，指出把精益建造的思想应用于质量控制过程[121]。温海洋结合TFV理论，基于传统生产管理理论的基础上，建立了一种精益建设的工程管理模式，并提出了精益建设在工程项目质量管理中实施的新措施[122]。李书全和朱孔国基于三螺旋理论，对环境、工程建设项目和精益思想之间的关系进行了分析，建立了实施精益建设的"三螺旋"模型，指出精益建设各螺旋只有协同才能确保项目成功[123]。

赵道致和陈耕基于精益思想，建立了建筑工程项目计划与控制体系，该体系能够有效地提高建筑工作流的稳定性[124]。赵道致和度磊桥对最后计划者技术内容进行了探讨，并将其与传统计划系统进行了对比分析，指出了最后计划者技术所具有的优势，提出最后计划者技术在我国实施的一些建议[125]。赵培等详细阐述了最后计划者体系的基本理论和衡量标准[126]。王俊松和叶艳兵对CPM为代表的网络技术进行了分析，冲突管理的滞后影响了计划的实施，提出应将LPS技术与现代技术相结合，提高计划的可靠性[127]。章蓓蓓等基于精益建造理论对流程的概念和分类进行了阐述，对建造流程不稳定形成的原因和对策从设计阶段、施工现场和计划与控制三个方面进行了分析，探讨了创建持续流的方法和工具[128]。冯仕章和刘伊生总结了国内外有关精益建设的研究成果，从基础理论和应用理论两个角度，归纳出精益建设的理论体系，并对最后计划者系统、价值工程和准时生产制度三种实施精益建设的辅助技术进行了探讨[61]。熊巍从最后计划者体系、准时化、标准施工操作流程三个方面对精益建设理论体系进行分析，探讨了精益建设的优越性，指出建筑企业实施精益建设从根本上保证了工期和工程质量，提高了人员素质，降低安全事故率，改善了现有管理现状，促使工程项目整体管理水平的提升[129]。徐奇升等基于精益建设和建筑信息模型，建立了基于建筑信息模型的精益建设关键技术集成模式，并从并行工程、拉动式和价值管理三个精益建设关键技术视角对该模式进行了探讨，分析了精益建设关键技术与建筑信息模型集成的主要优势[130]。陈军对精益建设中看板管理的具体实施方法进行了探讨，提出了在实施看板管理过程中应该注意的问题[131]。

陈敬武等基于精益思想和供应链思想，对精益建设在供应链环境下的实现问题进行了研究，构建了供应链环境下的精益建设模式，并对其进行了分析[132]。何阳和陆惠民从成本、质量、及时控制等几个方面探讨精益建设促进了建筑供应链管理，并提出了在精益建设下实施建筑供应链管理的一些要点[133]。温承革等构建了精益建筑供应链模型，指出把精益思想在建筑业中的应用，可以整合优化供应链资源，提升供应链的整体绩效水平[134]。王宁等分析了精益建设的内涵、优势和重要性，探讨了并行工程和供应链管理两种方法与精益思想相融合的问题，指出了实施精益建设的方法和要点[52]。此外，刘艳和陆惠民认为精益建设与可持续建设在某些方面具有相似性，探讨了精益建设对实现可持续建筑的贡献[135]。王雪青等在探讨密歇根大学的精益建设初级读本表和鲍灵格林大学的精益建设实验室授课课程的基础上，指出我国高校的精益建设教育应该包括的内容[136]。

② 实践应用研究现状

蒋书鸿和苏振民对精益建设和传统建设进行了对比分析，指出了精益建设所具有的优势，提出了在我国实施精益建设的一些建议[137]。戴栎和黄有亮建立了精益建设系统的基本框架，分析了其具体实施的方法，提出了实施精益建设过程中应注意的一些问题[138]。何阳和陆惠民对精益建筑供应链和建筑企业核心竞争力二者各自的内涵以及它们之间存在的关系进行了探讨，指出精益建筑供应链促进了建筑企业核心竞争力的提升，并从战略重视、掌握核心技术、资源整合、注重信息交流、创建学习型组织和建立战略联盟6个方面分析了精益建筑供应链下如何构建建筑核心竞争力的要点[139]。邱光宇和刘荣桂从观念、执行标准、经济性和涉及部门众多四个方面分析了我国建筑业实施精益建设的障碍。并在此基础上，提出了推行精益建设的一些要点，用案例研究佐证了我国建筑业实施精益建设的可行性问题。另外，对我国的建筑施工单位进行调研，发现精益建设已在我国许多建筑企业形成了雏形，除了个别家族企业，90%的施工承包商具备了这个方面的管理经验，在我国推行精益建设完全必要而且可行[140]。闵永慧和苏振民基于TFV理论，建立精益建造体系的建筑管理模式，采用案例验证的方法探讨了该模式的可行性问题，指出在我国运用该模式时应注意要点，即理念的转变、不断探索和有所侧重[141]。金昊结合实际案例，从精益化设计和精益化施工两个视角，提出建筑项目实施精益建设的一些方法和措施[142]。周红波等建立了绿色精益施工管理模式的理论框架，并针对2010年上海世博会的"智能化生态住宅"工程实施绿色精益施工提出了具体的方案[143]。曹真和苏振民对国外9个实施精益建造案例的精益原理和应用成效进行了分析，结合我国工程建设的实际情况，提出了一些适合我国建筑业实施精益建造的建议[144]。王伟伟和叶青对实施精益建造的核心方法，即准时化拉动式建造、最后计划者体系、标准化管理、创建持续流、并行工程和构建精益供应链，进行了阐述，并结合我国的实际情况，提出了实施精益建造的几点建议[145]。邱光宇和刘荣桂从宏观和微观两个视角分析了我国建筑业实施精益建设所带来的益处，并采用案例研究的方法对国内建筑业实施精益的可行性进行了分析。黄宇和高尚对建筑业和制造业的差异进行了比较，探讨了日式企业文化和管理与"精益"的渊源，指出在我国建筑业推行精益建造所面临的挑战，提出引入"改变/干预措施"，改变精益建造的中心，以及在高校教育中开展有关精益建造的继续教育[146]。

此外，我国一些建设项目也在积极把精益思想引入到项目实施中来。2010年上海世博会"智能化生态住宅""城市最佳实践区"等参展实物工程项目，还有中铁六局所承担的天津西站建设项目，都已经结合实际情况，把精益建设应用到实际的建设工程项目管理中来了。

2.2.2 精益建设技术采纳影响因素研究现状

通过梳理国内外研究文献，将影响精益建设成功采纳实施的因素分为个体因素、组织因素、结构和环境因素几大类。

(1) 个体因素

主要研究高管、中层管理者、技术人员和一线操作人员以及建设项目参与方的个体因素对精益建设成功实施的影响。

① 高管的支持和承诺

在成功实施创新战略中，任何组织的高层管理者都扮演着主要角色[53, 147]。成功实施精益建设需要他们设计和制订一个有效计划，提供充分的所需资源以及做出由于实施而引起管理变革的承诺。Kim和Park发现很多建设项目在实施精益思想过程中缺乏来自高层管理的支持和承诺，而这种支持和承诺对于精益建设成功实施是极其关键的。如果缺乏高层管理的支持和承诺，有关专业人员在采用精益建设思想时或许会面对大量困难，进而影响精益建设的成功实施[148]。

② 理论知识和操作技能

精益建设是制造业的精益生产方式在建设业中的应用。从表面上看，精益建设和精益生产在原则和方法方面有很多相似之处，但这些相似之处并不完全相同，不能照搬照套。精益建设需要根据精益思想在建设业中应用的适应性对其差异进行修正。此外，Bertelsen认为建设项目系统是极其复杂的[40]，Jorgensen和Emmitt指出精益建设的方法和技术与传统的工具和技术相比而言有明显的不同。因此，这些差异和不同需要充分理解，以便使它们得到最佳利用，否则将成为成功实施精益建设的障碍因素[149]。缺乏实施知识[150]、不能胜任的管理领导能力和缺乏项目团队技能[151]、精益建设概念的不理解和缺乏实践经验[152]、缺乏专业技术能力和精益应用的错误理解等阻碍了精益建设的成功实施[153]。

培训促使员工加强对精益建设概念的理解，消除障碍因素，以使他们拥有实施精益建设所需的知识和技能[53]。Alarcón等人对过去5年100多个建设项目应用最后计划者体系进行了研究，发现其概念和原理的肤浅理解以及缺乏培训阻碍了精益建设的成功实施。Kim和Park指出目前培训只是集中于改善生产率和绩效的工具上，很少以精益思想和原则为中心，这种培训在一定程度上破坏了精益建设成功实施[148]。曹真和苏振民对精益建设在建筑项目中的实践和推广提出了一些建议，包括企业员工和经理的课程培训、专题研讨会以及成立精益工作小组[144]。

③ 认可态度

员工态度因素是阻碍精益建设应用的主要因素之一，尤其是在施工阶段[19]。英国[154]和荷兰的两个调查指出，精益建设在建设项目中应用迟缓的原因之一是建设公司对采用精益原则持有不同看法，甚至持有消极的态度[155]。与此相反，对精益建设应用的过于乐观和盲目自信同样限制了精益建设的成功实施[153]。另外，建设项目中有众多参与方，包括承包商、分包商、客户/业主等，各方的态度、角色、关系、行为和沟通阻碍了精益建设成功实施[156]。Kim和Park对美国的建筑企业进行了调查，指出建设项目参与方关于精益建设的态度实际上是影响成功实施的一个敏感因素，这种态度将影响他们个人或团队的工作能力[148]。Mossman研究中也提到建设业现存的观点"我们做得很好，为什么冒这个险尝试新事物呢"以及"我们利润很少了，我们不能承担由于改变而带来的风险，它或许会使我们处于危险"，反映了该行业参与方拒绝接受新事物的态度[153]。

缺乏自我批评只能认识到一部分问题，限制了从错误中学习的能力，对于精益建设成功实施而言也是如此。也就是当人们犯了错误的时候，他们的中心思想是如何保护他们自己，而不是从错误中进行学习。如果没有学习，就没有改进；没有改进，就没有精益[153]。

另外，如果建设公司满意当前的管理水平，并达到了预期目标，他们将不愿意做出任何改变，即使这些改变或许会提高他们的生产率和产品质量水平，这种情况将造成精益建设无法得到实施[152]。因而，改变惯例和行为规范看上去是实施精益建设的一个必须的先决条件[157]。

(2) 组织因素

① 酬薪与激励

Anumba等人指出采用个人目标的激励机制，而不是团队目标的激励机制，不利于精益建设的成功实施[150]。由于团队员工需求的差异化，造成团队内或团队间的合作无法形成。建设项目中作业人员绩效报酬大部分是采用计件工资方式，如果作业人员参与了精益实施活动，一旦出现了问题影响了本人的收入，并且没有得到补偿，那么作业人员就会对精益活动产生抵触情绪[153]。此外，个人绩效测度、团队绩效测度和提升能力评价若不合理，将破坏精益建设成功实施[98, 25, 158, 159]。

② 组织结构

传统建设以利润最大化为目标，而精益建设的目标是更好地满足客户要求，同时避免浪费和使用最少资源[160]。组织结构本质是实现组织目标的手段和方式，必须随着目标的调整而调整。Kim和Park指出组织结构是否合理是影响精益建设实施的一个因素[148]。此外，员工参与管理的程度也影响了精益建设成功实施[151]。

③ 精益文化

在企业管理中，文化体现为员工的共同价值观和行为规范，其反作用表现为约束员工的行为。Common和Johansen等人分别以英国和荷兰的建设业为研究背景，发现精益建设的实施并不太理想，其中重要的影响因素就是缺乏精益文化[154]。Johansen和Walter基于对德国建设业实施精益建筑的状况进行的调查和分析，支持了上述二人的观点[157]。Johansen等人从社会学的视角研究了最后计划者的实施，认为文化是影响精益建设实施的内在障碍[161]。涉及态度、内部关系或合作几个方面的主要问题阻碍了精益建设的成功实施，但是这些障碍的形成主要是缺乏支持团队合作的组织文化、缺乏团队内部文化以及缺乏共同愿景和共同共知[158, 159]。王伟伟和叶青指出重塑企业文化促进了我国建造项目实施精益建造[145]。

④ 沟通管理

建设项目中，不同组织的众多参与方必须一起工作，尤其是业主、咨询商和承包商[162]。这些项目参与方有不同的需求和偏好，但是其共同目标是成功完成相关建设项目。在成功实施精益建设过程中，建设项目所有参与方之间需要建立和改善信息沟通，信息沟通不畅将导致一系列生产率和产品质量低下的问题[163]。信息沟通的不畅将造成各参与方不能充分认识他们的责任，出现"扯皮"现象，阻碍精益建设成功实施。同样，团队之间缺乏沟通也阻碍了精益建设成功实施[151]。Kim和Park发现良好的信息沟通和相互协调有利于成功实施精益建设[148]。Abdullah等人指出了缺乏来自其他组织的信息或帮助影响了精益建设的成功实施[152]。

⑤ 资金管理

实施精益建设活动就如同其他活动一样，也需要资金给予保障。例如，在精益建设的实施过程中，激励员工的积极参与、提供相应的设备以及聘请精益管理专家等都需要投入资金。Common、Olatunji和Mossman等人指出资金不足、实施成本、腐败、工资待遇、物质奖励以及风险规避等因素影响了精益建设的成功实施[154, 164, 153]。

⑥ 时间管理

精益建设对于建筑业而言是一个崭新的概念，对这个概念及其实施工具和方法的理解还相当有限。作为一个新概念，在实施之前，我们必须花费时间和精力去充分地了解和掌握它。例如，Kim和Park研究发现，建筑公司实施精益建设之前需要召开大量的会议并讨论大量的信息，如果管理不当，这些会议必须重复举行，进而占用大量的时间。建设项目周期都有具体的时间规定，这种情况很容易造成工期延长，从而给公司带来损失和负面影响，最终导致损害公司的声誉[148]。因而，在已经进行的项目中，实施精益建设的主要困难在于缺乏实施新实践的时间[153]。

⑦ 工具采纳

Thomas等人指出精益建设关键概念为：JIT、拉动系统、减少劳动生产率变化、改善流可靠性、避免浪费、操作简单化和标杆管理[165]。涉及的主要工具有全面质量管理、最后计划者、流程再造、并行工程、团队合作和价值管理[166]。Johansen和Walter对德国建筑业实施精益工具和方法情况进行了调查，发现TQM应用频率最高，占到了受访公司的35%，依次是标杆管理和并行工程，同时价值管理根本没有得到使用[157]。另外，76%的受访公司没有或只采用了一个精益管理工具，从而指出精益工具在德国建筑业还有很大的应用空间。

⑧ 计划和控制管理

传统建设和精益建设计划和控制方法的基本原则可能是相同的，二者不同点是，精益建设计划和控制方法除了减少浪费之外，还追求持续改善建设活动。德国建筑业大部分仍然采用传统的关键路径法(CPM)，而不是精益建设计划技术，因为CPM忽视了项目计划的重要因素，如运输、等待时间和重复工作等，造成了很多浪费[157]。

精益建设是由一系列的流和转换活动组成，生产的整体效率取决于所有执行转换活动的效率，以及流活动的数量和效率[14]。流的效率大小主要取决于流的可靠性和稳定性。Koskela指出缺乏精确的提前计划影响了流的可靠性和稳定性[167]。计划系统的相互关系[148]、计划制定不合理和不完备[156]、缺乏长期计划[151]阻碍了精益建设的成功实施。

⑨ 设计管理

在德国建设业中通常把设计工作委派给外部的设计者，倾向于把建筑过程和设计分离，这将有可能对精益建设成功实施形成阻碍[158]。Koskela指出设计的不完备性破坏了精益建设实施[167]。

⑩ 客户管理

Howell对"精益"一词定义为"给客户他们想要的，没有浪费的立刻交付"[18]，从客户偏好角度出发，决定建设项目的价值和浪费[168]。Common、Forbes、Ahmed、Alarcón和Alinaitwe等指出未以客户为中心、缺乏内外部客户需求理解、缺乏客户投诉理解等破坏了精益建设成功实施[154, 156]。

成功实施精益建设的组织因素除了以上这些之外，还有缺少设备[156]、缺乏统一实施的方法以及物品放置不合理、使用非标准化部件和缺乏预制造等[98, 167]。

(3) 结构和环境因素

① 供应链管理

供应链管理(SCM)在20世纪60年代由丰田公司首先提出[12]，要求现场快速反应、较少浪费、更加有效信息流和少量库存等[169]。精益建设是生产系统实现材料、时间和信息等浪费的最小化，以便产生价值尽可能最大化的一种方式[87]。因此，成功实施精益建设需要建设公司具备良好的供应链管理基础。Johansen和Lorenz Walter对德国的建设业进行了调查，发现对SCM的使用只占到受访公司的12%[157]。缺乏到最佳供应链中采购所需资源影响了精益建设流的可靠性[167]，造成参与者之间的冲突，进而增加建设过程中的成本和延长建设项目的时间[170]。供应链的不确定性以及生产过程的不确定性不利于JIT的实施[171]，缺乏客户和供应商的参与破坏了并行工程在建设项目中的应用[150]。另外，供应链管理集成了供应商、制造商、仓库、配送中心和渠道商等，邱光宇和刘荣桂指出涉及部门众多问题影响了精益建设成功实施。各参与方内部贯彻精益思想，在建设项目活动中实施精益建设以及在活动之间和从全局的角度实施精益建设[140]。

供应链管理中很重要的一个内容就是采购管理。采购管理内容涉及供应商管理、采购价格、采购量和采购时期等。高通货膨胀率、批量采购价格折扣和早期采购价格折扣[171]以及价格不稳定[164]等促使建筑企业提前或延期采购所需材料和设备等，形成闲置或等待的浪费，不符合精益建设实施的原则。Koskela指出采购策略合理性影响精益建设的成功实施[167]。另外，传统的采购合同破坏了精益原则的应用。因为传统的采购合同对于交易双方而言是一种对抗关系，产生了交易成本，形成了浪费，违背了精益思想[172]。从实证的角度，Johansen和Lorenz Walter指出传统的合同造成了德国建设业的大量浪费[157]。

② 需求开发

精益生产已经在制造业得到广泛的应用[173]，相比精益生产而言，精益建设应用还不普及[168]，这种情况在一定程度上表明建筑业参与方很少认识到自身对精益建设的隐性需求。英国的卓越建设、美国的精益建设协会以及国际精益建设小组等咨询研究机构积极对精益建设理论及应用展开研究，引爆了建筑公司对精益建设的隐性需求，极大程度上推动了精益建设在欧美发达国家(如美国、英国和荷兰等)建筑业的应用。尽管这些研究机构、学者和业界人士等取得了许多研究成果，但是如果不对这些研究成功加以很好的宣传和推广，使建筑公司充分地认识到精益建设应用所带来的优势，精益建设将无法得到成功实施[151]。Abdullah等人指出缺乏引爆建设公司采用精益建设概念的需求是阻碍精益建设成功实施的关键因素之一[152]。冯仕章也指出精益建设理论和应用研究的不足是精益建设实施的难点之一[61]。

Mossman指出英国的本科和研究生教育中，对精益思想和精益建设讲授的非常少[153]。德国的教育水平比较高，劳动力相当熟练，为精益建设在德国建设业的实施打下了良好的基础[157]。王伟伟和叶青认为开展精益建造教育是成功实施精益建造的前提条件之一[145]。

③ 政府政策

虽然建设业对不同国家的经济发展做出了突出的贡献，但是一些研究结果表明政府政策和社会基础设施等阻碍了精益建设在建设业的成功应用。比如，Olatunji和Alinaitwe指出官僚主义、政策不连续、缺乏社会福利设施和基础设施、材料本地市场的不可获得以及商品价格不稳定等因素影响了精益建设成功实施[164, 151]。还有，通货膨胀、专业人员工资低和腐败问题也与政府政策有关。

此外，国体体制[174]、经济性问题、国家技术发展水平[157]和专业人员技术垄断程度等也阻碍了精益建设成功实施[175]。

第3章 现阶段精益建设技术实施程度与建设项目绩效评价

随着国家政策的调整以及经济建设和科技水平迅速发展，建筑业在我国国民经济中的主导地位也日益增强。而精益建设技术作为工程建筑领域中的先进技术，使精益建设项目在国内工程建设领域中的应用越来越广。虽然国际上关于精益建设的研究已经较为成熟，但是国内关于精益建设的研究和应用还处于起步阶段。精益建设技术是否适用于国内建筑业以及在我国建筑业中的适用效果如何等问题值得关注。因此，关于精益建设技术实施程度和国内精益建设项目绩效的研究越来越重要，精益建设技术实施程度和精益建设项目绩效评价已经逐步成为建筑工程领域中项目管理方面的重要部分。但目前评价指标体系的研究尚未有比较完善、系统的指标体系，本章将对此进行探讨。

3.1 概述

绩效(Perfermance)一词最早源于人力资源管理、社会经济管理和工商管理。普雷母詹德提出绩效应包含效率、机构所作的贡献与质量、产品与服务质量及数量，还应包含效益、效率和节约。不同环境下绩效针对不同的对象会有不同的含义。有些学者认为绩效是个人的一组行为表现，这种表现与一个人工作的组织或组织单元的目标有关；也有学者认为绩效包括行为和结果。而在项目绩效的评价中，多数人则采用"绩效是一种目标达成程度的衡量"。绩效不单纯是一个政绩层面的概念，它的内涵比效益、效率的内涵更为广泛，它不仅仅是工作过程、工作态度的范畴，更包括资源支出效率、支出成本、效果性与经济性、社会进步、政治稳定、发展前景等方面的内涵[176]。其实质是分析和评价基于预期目标实施一项活动的有效性。

评价(Evaluation)指为实现特定目标，运用特定的指标，参照可行的标准，采用适当的方法，对事务进行的价值方面判断。随着社会不断进步，人类对事物及其运动规律有了客观、正确的认识，这种认识使得社会中的各项经济活动不断向前推进，人类对经济活动的价值判断的水平也不断提升。而绩效评价是指参照一定的判断标准，对组织的行为进行定期或者不定期的科学测量与评定，是评价方式、方法和结果的总称。它既包括对组织成员个体的评价，也包括对组织整体行为的评价，它的实施有利于组织将经营目标与战略转换为具有可操作性的工作计划，从而更加具体地制定组织内各成员的个体工作目标。Beer等将绩效评价的目的分为发展性目的和评鉴性目的两大类[177]；彼得·罗西等学者将项目评价的归结为完善问责、生产指示、改进项目和实现政治策略等[178]。有些学者还指出绩效评价具有以下四种目的：第一，衡量已完成目标的成功程度；第二，为组织以后的改造提供建议或修正措施；第三，反馈给管理者信息；第四，对组织内部的输入和产出进行评价。

建设项目绩效评价是一种评价活动，主要针对建设项目的决策、准备、实施、竣工和运营过程中的某一个阶段或全过程来进行。通过对项目的实施过程和结果以及产生的影响进行全面系统回顾和调查研究，同项目决策阶段制定的目标以及经济、技术、社会、环境等指标对比，找出变化和差别。通过分析原因、总结经验，从而汲取教训，得到启示，提出合理的对策，达到提高投资决策水平以及改进项目管理的目的[179]。其理论基础主要包括以下几个：

(1) 项目目标管理理论

项目目标的实现是评价项目成功的标准。因此在项目绩效评价管理的实践中，建设项目绩效评价的重要问题是如何将目标管理理论与建设项目绩效评价相结合。

根据目标管理的定义和项目管理的特殊性，将项目目标管理定义为：根据项目情况分析和环境调查结果，项目管理者协同各项目参与方确定项目的目标因素，通过详细设计和优化目标因素，对生命周期内项目所需要达到的目标体系做出决策。

(2) 项目关键绩效指标理论

通过对组织运作过程中能够实现组织战略目标的关键成功要素进行提炼和归纳就得到了关键绩效指标(Key Performance Indicator，KPI)，它一般由财务、运营和组织三个方面的可量化指标构成。

根据关键绩效指标相关理论和建筑施工项目管理相关实际，通常从成本效益管理指标、科技质量管理指标以及其他基础性管理指标等几个方面对项目绩效评价指标体系进行设计。其中成本效益管理方面一般考虑成本管理和资金效益管理等指标；科技质量管理方面一般考虑质量管理指标和科技管理指标等；还应当考虑如安全、文明施工等基础性管理指标。

(3) 项目评价过程理论

项目评价过程中最主要的环节应该是评价指标的构建、评价标准的制订以及评价方法的选择等。依据上述项目关键绩效指标相关理论，评价指标应当包括财务和非财务两个方面，并考虑如何将影响项目成功的关键指标具体体现在项目评价的指标体系上来；指标体系确定后，对于每一个评价指标都应有一个特定标准值，用来衡量不同评价对象的优劣，这一标准值即为项目绩效的评价标准，它应是一个客观值，并随着时间及环境的变化而变化；项目的评价指标和评价标准制定以后，就应该结合实际情况选择相应的评价方法，所有的评价方法都应当解决两方面的问题，即如何解决评价指标值间的量纲不一致问题和衡量评价对象综合效用的评价函数选择问题。从现阶段我国建筑企业实施精益建设实际情况来看，只有少数一些企业明确地提出把精益建设应用到具体的实践工作中，但是其实施程度仍处于探索性阶段。本章将对现阶段建筑企业精益建设技术实施程度与建设项目绩效评价，揭示我国建筑企业精益建设技术实施的现状。

回顾与项目绩效测量相关的文献发现，专门研究项目绩效测量的文献较为有限，关于精益建设项目绩效测评方面的研究更为少见。当前学术界和实务界广泛接受和应用的项目绩效评价方法和模型主要包括关键绩效指标、平衡计分卡等。邱光宇将企业权益维护、工程款到位率、相对降低成本率等影响评价客观准确性的指标引入到精益建设项目绩效评价指标中，同时运用模糊综合评价方法和群决策层次分析法进行了项目绩效的测量[180]。颜艳梅结合有关绩效评价的理论，以公共工程项目绩效评价指标的设计及其评价方法的构建为核心，对公共工程绩效评价指标进行了研究[181]。孟宪海对工程项目绩效评价体系关键绩效指标(KPI)做了相关介绍，全面考虑了生产率、利润率、进度、客户满意度、成本、质量、安全等关键绩效指标[182]，对我国建筑业相关领域的研究和实践具有重要的借鉴和指导作用。王婷静和赖友兵从经济效益、社会经济影响及其可持续发展、运营及其可持续发展、环境影响及其可持续发展、决策过程、建设过程等六方面对高速公路项目绩效评价指标进行了研究，构建了比较完善、实用的绩效评价指标体系[183]。许劲在项目绩效构架构建时，利用利益相关者理论将目标导向理论与过程导向理论综合起来，构建了以相关者为核心的，基于平衡计分卡的项目绩效测量框架[184]。

本章内容首先对精益建设技术特征以及精益建设技术实施程度的概念以及相关理论知识进行了论述，依据相关理论知识和实践，通过咨询精益建设技术专家和经验丰富的工作人员，构建了精益建设技术实施程度的初步评价指标体系并进行实证研究；然后利用因子分析方法提取主因子，根据各主因子特征以及精益建设技术相关理论对各主因子命名，通过各变量对主因子贡献率大小选择各主因子的关键变量，从而得到精益建设技术实施程度的最终指标体系；通过计算因子得分，按照主因子得分进行精益建设技术实施程度的评价，从而实现了对不同项目精益建设技术实施程度的评价。

另外，关注精益建设项目绩效的评价工作也是本章的主要内容，将平衡计分卡思想应用到精益建设项目绩效初步指标体系的构建上来；通过调研得到原始评价数据，利用因子分析法对初始指标体系提取主因子，根据主因子特征及初步指标体系相关内容对各主因子命名。通过各变量对各主因子的贡献率大小选择关键变量，从而得到精益建设项目绩效的最终指标体系，并将最终指标体系与初步指标体系进行比较，验证平衡计分卡模型在精益建设项目绩效指标构建中应用的合理性；同时计算主因子得分，并计算各主因子综合得分，通过分项指标和综合指标分别对调查对象的精益建设项目绩效进行评价。

🔺 3.2 基于因子分析法的精益建设技术实施程度评价

3.2.1 精益建设技术实施程度定义

随着我国建筑业在国民经济支柱产业中的地位日益增强，精益建设技术在建筑业的应用范围也越来越广，效果越来越好，但同许多其他国家和地区相比仍存在较大差距。精益建设技术在国外许多国家和地区的研究和实践中取得了较好的成果，然而在我国建筑业中精益技术的研究及实践体系尚未完善，因此正确、客观地评价精益建设技术在我国的实施状况及实施程度，对完善我国精益建设技术理论和实践体系具有深远意义。

精益建设技术特征不仅涵盖多种精益建设技术，还包括各种技术的实施程度。通过对各种精益建设技术特征科学合理地设置评价指标，按照评价指标的完成情况进行打分评价，其中既定指标的综合评分相对较高的精益建设技术，其实施程度相对较好，而综合评分相对较低的精益建设技术，其实施程度相对较差。因此，界定精益建设技术特征评价指标体系的综合得分即为精益建设技术的实施程度。由此可认定精益建设技术特征的评价指标体系即为精益建设技术实施程度的评价指标体系。由于评价精益建设技术实施程度的基础和前提是有一个科学合理的评价指标体系，因此首要任务是建立一个精益建设技术实施程度的指标体系。

3.2.2 精益建设技术实施程度初步指标体系构建

(1) 精益建设技术实施程度指标体系构建原则

由于精益建设技术的复杂性和特殊性,其实施程度评价与其他评价相比,内容涉及面更广、专业性更强、操作难度更大。精益建设技术实施程度评价指标体系的制定必须综合考虑各种影响因素,力求做到内容全面、适应面广、方法科学、操作简便。要保证精益建设技术实施程度评价指标体系的科学合理须遵循如下原则:

① 科学性。在各指标的设置上要充分考虑该指标是否能够真实反映精益建设技术的实施程度。

② 系统性。由于精益建设技术形式多样,内容复杂,必须站在全局的高度构建评价指标,系统地进行分析各项精益建设技术的相互联系,形成一个完整的系统。

③ 可比性。指标体系具有较强的可比性,能较为直观地反映相关的精益建设技术各方面之间的差距,有利于精益建设技术专家做出评价意见,提出针对性的改进措施。

④ 可操作性。评价指标体系要求简明科学,各层次的指标要明确,并且易得,应尽量采用容易获得数据的指标,保证评价数据来源渠道的合理性。

(2) 精益建设技术实施程度初步评价指标体系的构建

由于我国关于精益建设技术的研究还处于起步阶段,对于精益建设技术的评价指标体系的研究有限。基于以上精益建设技术特征的定义及相关内容,借鉴相关精益建设专家以及经验丰富的相关工作人员咨询结果,根据国内常用精益建设技术特征,结合精益建设理论与实践中应用情况,遵循精益建设技术实施程度指标体系构建原则,建立精益建设技术特征的初步评价指标体系,如表3-1和表3-2所示。

表3-1 精益建设技术实施程度初步评价指标体系

	1. 周计划完成百分比(PPC)
	2. 基层管理者(如领班)参与周工作计划制订
	3. 根据周工作计划完成情况调整月度(前瞻)计划
	4. 公开公布工作任务标准
	5. 进度、质量和安全信息公开张贴
精益建设技术	6. 与每个领班(员工)签订兑现工作任务承诺书
	7. 每天早晨都要碰头,讨论昨天的工作情况并安排今天的工作
	8. 基层管理者的每周例会,讨论上周工作问题,以安排下周工作
	9. 施工环节紧密衔接,环节之间没有等待,也没有多余加工
	10. 施工过程中各种规范和要求的约束管理

精益建设技术	11. 物料、人力、设备按规定时间准时送至现场
	12. 建设活动的各种作业以及作业流程标准化
	13. 并行(搭接)施工
	14. 施工小组内或小组间保持信息共享
	15. 边设计、边施工
	16. PDCA(戴明环)技术
	17. 全员参与质量控制
	18. 全过程质量控制
	19. 施工成本核算
	20. 设备故障隐患及时维护修理
	21. 拉动式生产
	22. 看板管理
	23. 构件安排到远离施工现场去生产，在施工现场完成各模块的组装
	24. 将施工过程中产生的废料、余料等与现阶段需用的部分区分开
	25. 将施工现场的工具、器材、文件等的位置固定下来，在需要时立即找到
	26. 清扫施工现场到没有脏污的干净状态，注重细微之处
	27. 清除事故隐患，排除险情，保障员工的人身安全和生产正常进行
	28. 维持施工现场的整洁的状态并进行标准化
	29. 培养员工遵守规章制度，养成良好的文明习惯及团队精神

表3-2　精益建设技术实施程度评价指标体系得分意义

等级	从不使用	偶尔使用	一般	经常使用	一直使用
得分	1	2	3	4	5

3.2.3　基于因子分析法的精益建设技术实施程度最终指标体系构建

要正确评价精益建设技术实施的整体状况，必须从不同侧面进行分析与描述。在众多综合评价方法中，因子分析方法以其独特优势越来越受到重视[185]。其基本思想是根据相关性大小对变量分组，使得同一组内变量之间相关性较高，不同组间变量相关性较低。其中每组变量表示一个基本结构，该结构称为主因子或公共因子。在实际问题统计中，从一些有错综复杂关系的要素中找出少数几个主因子，可以帮助我们对复杂的实际问题进行解释和分析。由于因子分析法能够较大限度地克服指标之间的相关性对评价结果的影响，这里选取因子分析法来找出现阶段我国应用较多的精益建设技术，并评价这几种不同精益建设技术的各项实施程度及精益建设技术实施的整体状况。

通过对全国61个城市300个项目进行实地调查，向基层管理者发放770份问卷，收回710份，经过筛选得出有效问卷667份。经过数据处理得到以上各指标的应用数据，运用SPSS 19.0 统计分析软件中的因子分析法，采用主因子分析法提取公因子，计算出相关系数阵的特征值、贡献率、累计贡献率，因子载荷矩阵等，最终求得综合评价值，并据此进行排序。

(1) 计算原始数据系数矩阵

应用SPSS 19.0对原始数据进行计算，得出相应的系数矩阵(如表3-3所示)。

表3-3　KMO和Bartlett的检验

取样足够度的 Kaiser-Meyer-Olkin 度量		0.886
Bartlett 的球形度检验	近似卡方	4 962.988
	df	406
	Sig.	0.000

Kaiser-Meyer-Olkin度量值为0.886，Bartlett 的球形度检验，近似卡方4 962.988，$P=0.000$，可以进行因子分析。

(2) 根据特征根≥1的原则选取公因子

在 SPSS 19.0 的运行中，选择以主成分法作为因子提取方法，选定因子提取标准是：特征值≥1。由表 3-4 可知，有7个满足条件的特征值，它们对样本方差的累计贡献率达到了53.252%。因子分析过程中方差贡献率理论上要达到80%以上效果较为理想，但是因素分析师吴明隆认为，萃取后保留的因子联合起来的累积解释率若能达到60%以上，表示萃取后保留的变量较为理想，50%以上也能接受[186]。因此，该数据在实际实证分析研究中已达到要求，提取7个因子便能够对所分析的问题进行较好的解释。

表3-4　解释的总方差

成分	初始特征值			提取平方和载入			旋转平方和载入		
	合计	方差的/%	累积 /%	合计	方差的/%	累积 /%	合计	方差的/%	累积 /%
1	6.609	22.788	22.788	6.609	22.788	22.788	3.288	11.339	11.339
2	2.636	9.091	31.879	2.636	9.091	31.879	2.469	8.514	19.853
3	1.709	5.893	37.772	1.709	5.893	37.772	2.463	8.492	28.345
4	1.231	4.244	42.016	1.231	4.244	42.016	2.032	7.007	35.352
5	1.141	3.934	45.950	1.141	3.934	45.950	1.975	6.812	42.164
6	1.068	3.683	49.634	1.068	3.683	49.634	1.755	6.051	48.215
7	1.049	3.619	53.252	1.049	3.619	53.252	1.461	5.037	53.252

成分	初始特征值			提取平方和载入			旋转平方和载入		
	合计	方差的/%	累积/%	合计	方差的/%	累积/%	合计	方差的/%	累积/%
8	0.975	3.363	56.616						......
......	......	......	......						
28	0.388	1.339	98.787						
29	0.352	1.213	100.000						

(3) 用主成分分析法计算成分矩阵

同样利用 SPSS 19.0 求得初始因子载荷矩阵如表3-5所示。

表3-5 初始因子载荷矩阵(部分)

	成分						
	1	2	3	4	5	6	7
1. 与每个领班(员工)签订兑现工作任务承诺书	0.545	-0.121	0.402	0.096	-0.098	-0.018	-0.077
2. 构件安排到远离施工现场去生产在施工现场完成各模块的组装	0.481	-0.066	0.158	0.335	0.075	-0.055	-0.094
3. 维持施工现场的整洁的状态并进行标准化	0.568	-0.297	-0.022	0.004	-0.044	0.126	-0.103
4. 公开公布工作任务标准	0.413	0.319	0.204	0.132	-0.196	-0.422	-0.256
5. 进度、质量和安全信息公开张贴	0.498	0.232	0.348	0.150	-0.051	-0.164	-0.104
6. 边设计边施工	0.427	0.420	-0.010	0.421	-0.039	0.209	-0.016
7. 看板管理	0.509	-0.192	0.413	0.212	0.151	0.010	-0.200
8. 将施工过程中产生的废料、余料等与现阶段需用的部分区分开	0.387	-0.539	0.162	0.112	-0.063	-0.182	0.130
9. 施工环节紧密衔接环节之间没有等待也没有多余加工	0.435	0.262	0.214	-0.072	-0.353	0.295	0.429
10. 施工过程中各种规范和要求的约束管理	0.388	0.189	-0.228	-0.184	-0.289	-0.036	-0.205
11. 物料、人力、设备按规定时间准时送至现场	0.498	0.202	0.077	0.115	-0.107	-0.052	0.286
12. PDCA(戴明环)技术	0.600	-0.023	-0.068	-0.065	0.194	-0.040	-0.244
13. 设备故障隐患及时维护修理	0.371	0.297	0.296	-0.425	-0.158	0.192	-0.120
......	......	......	......	......	......	......	......

提取方法:主成分分析法。

a. 已提取了 7 个成分。

　　由表3-5可以看出，各公共因子的典型代表变量不是很突出，各指标前几个公共因子均有相当程度的载荷值，难以合理解释其实际意义，所以要进一步进行旋转。选择方差最大化方法进行因子旋转，得到旋转后的因子载荷矩阵如表3-6所示。

表3-6　旋转后的因子载荷矩阵(部分)

	成分						
	1	2	3	4	5	6	7
1. 与每个领班(员工)签订兑现工作任务承诺书	0.372	0.532	-0.010	0.159	0.207	-0.028	0.088
2. 构件安装到远离施工现场去生产在施工现场完成各模块的组装	0.246	0.489	0.124	-0.004	-0.010	0.113	0.249
3. 维持施工现场的整洁的状态并进行标准化	0.508	0.196	0.260	0.224	0.032	-0.010	0.157
4. 公开公布工作任务标准	-0.094	0.666	0.177	0.117	0.091	0.218	-0.245
5. 进度、质量和安全信息公开张贴	0.034	0.622	0.067	0.127	0.241	0.130	0.047
6. 边设计边施工	-0.091	0.381	0.423	-0.210	0.310	0.108	0.313
7. 看板管理	0.322	0.584	-0.045	0.175	3.987E-5	-0.088	0.300
8. 将施工过程中产生的废料、余料等与现阶段需用的部分区分开	0.645	0.233	-0.158	0.051	-0.099	0.155	0.026
9. 施工环节紧密衔接环节之间没有等待也没有多余加工	0.215	0.083	0.100	-0.044	0.792	0.099	0.039
10. 施工过程中各种规范和要求的约束管理	0.059	0.113	0.488	0.235	0.160	0.077	-0.242
11. 物料、人力、设备按规定时间准时送至现场	0.161	0.263	0.129	-0.007	0.397	0.353	0.100
12. PDCA(戴明环)技术	0.184	0.299	0.320	0.423	-0.049	0.126	0.210
13. 设备故障隐患及时维护修理	-0.035	0.193	0.122	0.450	0.523	-0.185	-0.082
14. 周计划完成百分比PPC	0.136	.331	0.513	0.242	0.067	0.072	-0.026
……	……	……	……	……	……	……	……

提取方法：主成分分析法。

旋转法：具有 Kaiser 标准化的正交旋转法。

a. 旋转在 13 次迭代后收敛。

　　根据旋转后的因子载荷矩阵，可将指标集分为七个主因子，具体如表3-7所示。第一主因子在"维持施工现场的整洁的状态并进行标准化、将施工过程中产生的废料、余料等与现阶段需用的部分区分开、将施工现场的工具器材文件等的位置固定下来，在需要时立即找、清扫施工现场，直到没有脏污的干净状态，注重细微之处、清除事故隐患，排除险情，保障员工的人身安全和生产正常进行以及培养员工遵守规章制度，养成良好的文明习惯及团队精神"指标上有较大载荷，根据精益建设技术特征相关概念和内涵，定义其为6S管理技术[①]；第二主因子在"与每个领班(员工)签订兑现工作任务承诺书、公开公布工作任务标准、进度、质量和安全信息公开张贴、看板管理"指标上有较大荷载，根据精益建设技术特征相关概念和内涵，定义其为可视化管理；第三主因子在"与周计划完成百分比PPC、基层管理者如领班参与周工作计划制订、拉动式生产"指标上有较大荷载，根据精益建设技术特征相关概念和内涵，定义其为最后计划者体系(LPS)；第四主因子在"全员参与质量控制、全过程质量控制、建设活动的各种作业以及作业流程标准化"指标上有较大荷载，根据精益建设技术特征相关概念和内涵，定义其为全面质量管理；第五主因子在"设备故障隐患及时维护修理、施工环节紧密衔接环节之间没有等待也没有多余加工"指标上有较大荷载，根据精益建设技术特征相关概念和内涵，定义其为准时化管理；第六主因子在"并行(搭接)施工、施工小组内或小组间保持信息共享"指标上有较大荷载，根据精益建设技术特征相关概念和内涵，定义其为并行工程；第七主因子在"基层管理者的每周例会讨论上周工作问题以安排下周工作、每天早晨都要碰头，讨论昨天的工作情况并安排今天的工作"指标上有较大荷载，根据精益建设技术特征相关概念和内涵，定义其为会议管理。

表3-7　精益建设技术实施程度因子分析结果

精益建设技术	第一主因子：6S管理	整理
		整顿
		清扫
		清洁
		安全
		素养
	第二主因子：可视化管理	员工签订兑现工作任务承诺书
		公开公布工作任务标准
		进度、质量和安全信息公开张贴
		看板管理
	第三主因子：最后计划者体系(LPS)	周计划完成百分比PPC
		基层管理者如领班参与周工作计划制订
		拉动式生产

---

① 6S管理在5S管理基础上增加了"安全"的内容。

（续表）

精益建设技术	第四主因子：全面质量管理	全员参与质量控制	
		全过程质量控制	
		建设活动的各种作业以及作业流程标准化	
	第五主因子：准时化管理	设备故障隐患及时维护修理	
		施工环节紧密衔接环节之间没有等待也没有多余加工	
	第六主因子：并行工程	并行(搭接)施工	
		施工小组内或小组间保持信息共享	
	第七主因子：会议管理	基层管理者每周例会	
		每日晨会	

　　基于以上分析，由精益建设技术的初步评价指标体系及其得分进行因子分析，得出七个主成分，由各变量对七个主成分的方差贡献值大小确定七个主成分的关键变量。根据上述因子分析中各变量对该主成分的方差解释贡献率的大小确定关键变量指标的权重，例如，在6S管理指标上，关键变量"整理"权重的确定为：0.508/(0.508+0.645+0.521+0.698+0.637)=0.144。

　　由此得出评价精益建设技术实施程度的最终评价指标及指标权重，如表3-8所示。

表3-8　精益建设技术实施程度最终评价指标体系

精益建设技术	6S管理	整理	0.144
		整顿	0.183
		清扫	0.148
		清洁	0.198
		安全	0.181
		素养	0.145
	可视化管理	员工签订兑现工作任务承诺书	0.221
		公开公布工作任务标准	0.277
		进度、质量和安全信息公开张贴	0.259
		看板管理	0.243
	最后计划者体系(LPS)	周计划完成百分比PPC	0.272
		基层管理者如领班参与周工作计划制订	0.343
		拉动式生产	0.385
	全面质量管理	全员参与质量控制	0.315
		全过程质量控制	0.300
		建设活动的各种作业以及作业流程标准化	0.385

(续表)

精益建设技术	准时化管理	设备故障隐患及时维护修理	0.602
		施工环节紧密衔接	0.398
	并行工程	并行(搭接)施工	0.497
		施工小组内或小组间保持信息共享	0.503
	会议管理	基层管理者每周例会	0.432
		每日晨会	0.568

3.2.4　精益建设技术实施程度评价

　　根据以上指标体系，通过调查问卷各变量原始数据，计算被调查项目的各项精益建设技术特征得分。根据各项目的得分对该项目精益建设技术实施程度进行评价，具体过程以6S管理技术实施程度评价为例来说明。

　　对于6S管理技术的各调查项目实施程度得分计算如下：

$$F1=0.144×X1+0.183×X2+0.148×X3+0.198×X4+0.181×X5+0.145×X6 \tag{3-1}$$

　　其中，Xi表示被调查项目在6S管理技术6个指标上的得分；Fi表示由因子分析得到的7个精益建设技术按照式3-1得到的最终综合得分。以此类推，可计算F2、 F3、 F4 、F5、F6、 F7。

　　通过各调查项目在不同主因子指标上的得分来评价该项目精益建设技术的实施程度。由于调查项目有300个，因此选取其中各指标得分较高的项目来说明。各种技术实施程度得分较高的项目如表3-9所示。其中得分代表含义同表3-2。

表3-9　被调查项目中精益建设技术实施程度较高的项目及其得分

精益建设技术	6S管理	哈尔滨哈西万达广场项目，得分5
		北京108国道改建工程，得分5
		滨海欣嘉园一期标段，得分5
		天津财经大学教师公寓，得分5
	可视化管理	滨海欣嘉园一期标段，得分5
		天津地铁3号线，得分5
		天津华城丽苑，得分5
	最后计划者体系(LPS)	滨海欣嘉园一期标段，得分5
		北京108国道改建工程，得分5
		天津地铁3号线，得分5

(续表)

精益建设技术	全面质量管理	滨海欣嘉园一期标段，得分5
		北京108国道改建工程，得分5
		哈尔滨哈西万达广场项目，得分5
	准时化管理	滨海欣嘉园一期标段，得分5
		北京108国道改建工程，得分5
		哈尔滨哈西万达广场项目，得分5
	并行工程	滨海欣嘉园一期标段，得分5
		北京108国道改建工程，得分5
		天津华城丽苑，得分5
	会议管理	滨海欣嘉园一期标段，得分5
		108国道改建工程，得分5
		天津地铁3号线，得分5

表3-10 精益建设技术实施程度各指标得分平均值

精益建设技术	6s	LPS	可视化	全面质量管理	准时化	并行工程	会议管理
平均值	3.543 403	3.950 823	3.878 251	4.219 749	3.924 318	3.827 765	3.814 832

经过最终数据得分排序可知，被调查的300个项目中，天津滨海欣嘉园一期标段项目、北京108国道改建工程、天津地铁3号线等项目在精益建设各指标上得分均较高，部分指标得分达到5分。由此可见，市政以及其他国家投资项目和一些较有实力和影响力的私有企业在精益建设技术上的实施程度较高，这主要是由于这些项目实力较强，各方面较为规范，使其在精益建设技术的实施程度方面相对较高。

如表3-10所示，对精益建设技术特征的各指标得到的667组数据得分取平均值发现，除全面质量管理技术以外，其他技术实施程度得分均在3～4分，因此全面质量管理技术实施程度较其他技术相对高一些，这与全面质量管理模式无论在我国建筑业理论研究中还是实际应用中涉及较早、应用较广有关。

🔺 3.3 基于因子分析法的精益建设项目绩效评价

由于工程项目具有特殊性，需要界定相关概念，通过全面系统的绩效结构框架来指导精益建设项目绩效的指标选取工作。首先对精益建设项目绩效评价的内涵进行界定。

3.3.1　精益建设项目绩效评价内涵和界定

中央国家机关建设项目绩效评价管理办法(试行)及其规程中定义建设项目绩效评价为：建设项目绩效评价是指对项目决策、准备、实施、竣工和运营过程中某一阶段或全过程进行评价的活动。通过对项目实施过程、结果及其影响进行调查研究和全面系统回顾，对比项目决策时确定的目标以及技术、经济、环境、社会指标，找出差别和变化，分析原因，总结经验，汲取教训，得到启示，提出对策建议，达到提高投资决策水平、改进项目管理的目的。

根据以上关于建设项目绩效评价的定义，本章精益建设项目绩效的研究着重于项目施工阶段对精益建设技术的采纳及实施程度对项目整体实施过程、结果的影响。因此，界定精益建设项目绩效评价是指对项目施工阶段中的各项精益建设技术实施活动产生的结果及其影响进行调查研究和全面系统回顾，并从技术、经济、社会、环境指标进行评价。

3.3.2　基于平衡计分卡的精益建设项目绩效初步指标体系构建

通过上述对精益建设项目绩效评价内涵的界定可知，实施建设项目绩效评价的基础和前提是有一个科学合理的评价指标体系。由于建设项目的复杂性和特殊性，其绩效评价与其他绩效评价相比，内容涉及面更广、专业性更强、操作难度更大。而平衡计分卡模型不仅强调财务与非财务目标的平衡，还强调短期效益与长期效益的平衡。基于建设项目的特殊性，其绩效不仅体现在资金使用效益方面，在特殊情况下，建设项目质量、速度等非财务目标优于财务目标而成为绩效评价的重点。借助于平衡计分卡财务以及内部员工的学习与成长等维度，与建设项目战略性投资以及内部知识能力等内容相结合，来平衡企业当前绩效和长远绩效。鉴于此，将平衡计分卡理论模型与精益建设项目绩效相关内容结合构建精益建设项目绩效初步指标体系较为合理。

(1) 平衡计分卡思想概述

平衡计分卡(BSC)综合考虑财务、内部业务流程、学习与成长以及客户四个角度，从每个角度出发设计合理的评价指标，并用相应的权重给予赋值，构成一整套的业绩评价指标体系，如图3-1所示。它能系统地考虑企业各种业绩驱动因素，以信息为基础，从多个角度平衡指标评价因素。平衡计分卡的四个维度相互关联和影响，企业内部学习成长制度决定员工素质，而员工素质在一定程度上决定了企业产品质量，进而决定了顾客对企业的满意度和忠诚度，这些都决定了企业市场份额和财务状况。四个维度间无形资产的协调一致使得内部流程较为高效，从而驱动客户目标的最终实现。

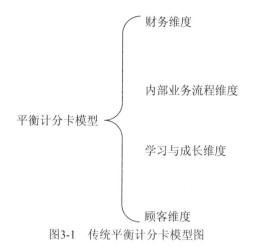

图3-1　传统平衡计分卡模型图

(2) 平衡计分卡思想在精益建设项目绩效评价中的应用

绩效评价体系中传统平衡计分卡从财务、内部管理、学习与成长以及客户方面考虑进行绩效评价。由于建设项目特殊性，根据实际情况和精益建设项目特点，结合3.3.1节中对精益建设项目绩效的界定，从施工阶段影响精益建设项目的各因素角度考虑，划分精益建设项目绩效评价指标框架为四个维度，即财务、项目管理过程、知识能力以及业主，如图3-2所示。

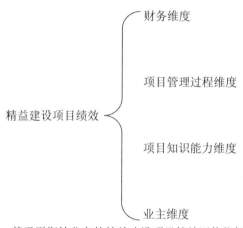

图3-2　基于平衡计分卡的精益建设项目绩效评价指标框架

第一，财务维度。建设项目的基础是经济效益评价，而经济效益维度从主要收入和主要成本两个方面出发建立指标体系，其中主要成本又包括材料、设备采购等成本和管理过程中发生的成本两方面。为了保证后期调研的评价数据可靠和真实，这里采用与同行业对比打分来搜集原始数据。

第二，管理过程维度。即施工阶段项目内部流程管理方面的评价维度，这里主要从管理、控制、协调三个方面进行评价。其中管理方面主要包括质量管理和安全管理；控制方面主要包括成本控制和进度控制；协调方面主要包括与外界的协调和与项目内部各方的协调。

第三，知识能力维度。即建设项目在施工阶段累积相关精益建设知识及经验的情况指标，这里主要从技术进步、设备持续改进以及参与方是否增加相关知识和经验指标进行详细说明。

第四，业主维度。由于建设项目施工阶段由承包商来完成，其直接客户为业主，因此将客户维度设置为业主。该部分维度指标主要由与业主交涉过程中发生的纠纷频率来解释。

通过以上分析，参照3.2.2节中精益建设技术实施程度的指标体系构建原则，列出精益建设项目绩效的初步指标体系如表3-11所示。

表3-11　精益建设项目绩效初步指标体系

精益建设项目绩效	财务指标		主要收入
			设备材料成本
			管理成本
	管理过程	控制	该项目总工程成本超支情况
			该项目分项工程成本超支情况
			总工程工程进度计划完成情况
			分项工程工程进度计划完成情况
		管理	预定技术规格和功能需求的满足情况
			重大事故发生次数
		协调	遭到过政府或公众的环境投诉
			合同执行情况
	知识能力指标		项目过程中技术突破与创新情况
			项目中实施了模板、程序、工具等的开发或持续改进
			项目完成后，参与方增加了类似项目的知识与经验
			项目完成后，参与方增加了未来合作的知识与经验
	业主方面		业主满意度
			与业主发生诉讼和索赔事件的次数
			项目期间与业主相互抱怨率

3.3.3　基于因子分析法的精益建设项目绩效最终指标体系构建

要正确评价精益建设项目绩效的综合状况，必须从不同侧面进行分析与描述。参照

3.2.3节因子分析法的特点，本部分内容仍然选取因子分析法来进行精益建设项目绩效的最终指标体系的构建。

通过向全国300个项目进行实地调查，向基层管理者发放770份问卷，收回710份，经过筛选得出有效问卷667份，经过数据处理得到以上各指标的应用数据，运用SPSS 19.0 统计分析软件中的因子分析法，采用主因子分析法提取公因子，确定项目绩效最终指标体系；按照3.2.3节流程与方法计算出相关系数阵的特征值、贡献率、累计贡献率，因子载荷矩阵，各因子关键变量权重以及按该权重与原始数据得到的因子得分等。其中各因子得分表示各调查项目在精益建设项目绩效不同维度上的得分，得分越高表明该项目在该绩效指标上表现越好；计算综合评价值，综合评价值表示被调查项目在综合绩效指标上的得分，得分越高表示该项目的综合绩效越好。

(1) 对问卷数据结果进行信效度分析

运用SPSS 19.0统计分析软件对原始数据进行可靠性分析结果如表3-12所示，Cronbach's Alpha=0.804，内部一致性较高。

表3-12　可靠性统计量

Cronbach's Alpha	项数
0.796	19

应用SPSS 19.0对原始数据进行计算，得出KMO等的系数值(如表3-13所示)。

表3-13　KMO和Bartlett的检验

取样足够度的 Kaiser-Meyer-Olkin 度量		0.814
Bartlett 的球形度检验	近似卡方	4 138.573
	df	171
	Sig.	0.000

Kaiser-Meyer-Olkin度量值为0.814，Bartlett 的球形度检验，近似卡方4 138.573，P=0.000，可以进行因子分析。

(2) 根据特征根≥1的原则选取公因子

在 SPSS 19.0 的运行中，选择以主成分法作为因子提取方法，选定因子提取标准是：特征值≥1。由表 3-14 可知，有5个满足条件的特征值，它们对样本方差的累计贡献率达到了59.692%，在实际实证分析研究中已达到要求，因此提取5个因子便能够对所分析的问题进行较好的解释。

表3-14　解释的总方差

成分	初始特征值			提取平方和载入			旋转平方和载入		
	合计	方差的/%	累积/%	合计	方差的/%	累积/%	合计	方差的/%	累积/%
1	5.105	26.871	26.871	5.105	26.871	26.871	2.761	14.530	14.530
2	2.347	12.353	39.224	2.347	12.353	39.224	2.628	13.830	28.359
3	1.536	8.085	47.309	1.536	8.085	47.309	2.276	11.979	40.339
4	1.228	6.465	53.774	1.228	6.465	53.774	1.857	9.772	50.111
5	1.124	5.918	59.692	1.124	5.918	59.692	1.820	9.581	59.692
6	0.966	5.084	64.776						
......									
18	0.308	1.623	98.625						
19	0.261	1.375	100.000						

提取方法：主成分分析。

(3) 用主成分分析法计算成分矩阵

同样利用SPSS 19.0求得初始因子载荷矩阵，各公共因子的典型代表变量不是很突出，各指标前几个公共因子上均有相当程度的载荷值，难以合理解释其实际意义，所以要进一步进行旋转。选择方差最大化方法进行因子旋转，得到旋转后的因子载荷矩阵如表3-15所示。

表3-15　旋转后的因子载荷矩阵

	成分				
	1	2	3	4	5
1. 该项目建设期实现的利润与行业平均水平相比	0.141	0.148	0.198	-0.022	0.773
2. 材料设备成本与行业平均水平相比	0.068	-0.050	0.379	-0.164	0.703
3. 由该项目引起的节省的费用与行业平均水平相比	0.264	0.387	-0.095	-0.013	0.613
6. 参与方增加了类似项目的知识与经验	0.338	0.633	-0.028	-0.087	0.153
11. 总工程工程进度计划完成情况	0.621	0.163	0.084	0.152	0.273
12. 分项工程工程进度计划完成情况	0.684	0.122	0.081	0.104	0.210
17. 该项目总工程成本超支情况	0.761	0.142	-0.013	-0.104	0.065
18. 该项目分项工程成本超支情况	0.754	-0.005	0.215	0.010	0.106
23. 该项目中重大事故发生次数	0.317	0.015	0.120	0.208	-0.149

（续表）

	成分				
	1	2	3	4	5
34. 参与方增加了未来合作的知识与经验	0.357	0.581	0.209	0.268	-0.083
35. 该项目遭到过政府或公众的环境投诉	0.421	0.367	0.330	0.108	-0.194
36. 发生合同纠纷情况	0.215	0.060	0.709	0.068	0.102
37. 项目过程中技术突破与创新情况	-0.039	0.697	0.266	-0.153	0.145
38. 项目实现了管理、技术等的开发或持续改进	0.074	0.790	0.202	-0.034	0.101
39. 预定技术规格和功能需求的满足情况	-0.037	0.507	0.590	-0.076	0.200
40. 工作中存在的问题或争议的协调、处理情况	-0.012	0.349	0.706	-0.014	0.188
41. 业主满意度	0.273	0.119	0.622	-0.176	0.073
42. 与业主发生诉讼和索赔事件的次数	0.124	-0.113	-0.073	0.882	-0.035
43. 项目期间与业主相互抱怨	0.030	-0.004	-0.063	0.898	-0.066

提取方法：主成分分析法。

旋转法：具有 Kaiser 标准化的正交旋转法。

根据旋转后的因子载荷矩阵，可将指标集分为5个主因子。第一主因子在工程总进度计划完成情况、分项工程进度计划完成情况、该项目工程总成本超支情况、该项目分项工程成本超支情况指标上有较大载荷，根据精益建设项目绩效初步指标体系的相关内容，定义其为管理过程中的控制方面指标；第二主因子在参与方增加了类似项目的知识与经验、参与方增加了未来合作的知识与经验、项目过程中技术突破与创新情况、项目实现了管理、技术等的开发或持续改进指标上有较大荷载，根据精益建设项目绩效初步指标体系的相关内容，定义其为知识能力指标；第三主因子在发生合同纠纷情况、预定技术规格和功能需求的满足情况、工作中存在的问题或争议的协调、处理情况、业主满意度指标上有较大荷载，根据精益建设项目绩效初步指标体系的相关内容，定义其为管理过程中的管理和协调指标；第四主因子在与业主发生诉讼和索赔事件的次数、项目期间与业主相互抱怨指标上有较大荷载，根据精益建设项目绩效初步指标体系的相关内容，定义其为业主方面指标；第五主因子在该项目建设期实现的利润与行业平均水平相比、材料设备成本与行业平均水平相比和由该项目引起的节省的费用与行业平均水平相比指标上有较大荷载，根据精益建设项目绩效初步指标体系的相关内容，定义其为财务指标。具体如表3-16所示。

表3-16 精益建设项目绩效提取因子结果分析

精益建设项目绩效	第一主因子：知识能力指标	项目过程中技术突破与创新情况
		项目实现了管理、技术等的开发或持续改进
		参与方增加了类似项目的知识与经验
		参与方增加了未来合作的知识与经验
	第二主因子：财务指标	该项目建设期实现的利润与行业平均水平相比
		材料设备成本与行业平均水平相比
		由该项目引起的节省的费用与行业平均水平相比
	第三主因子：业主方面指标	与业主发生诉讼和索赔事件的次数
		项目期间与业主相互抱怨
	第四主因子：管理过程中控制方面	总工程进度计划完成情况
		分项工程进度计划完成情况
		总工程成本超支情况
		分项工程成本超支情况
	第五主因子：管理过程中管理协调方面	发生合同纠纷情况
		预定技术规格和需求满足情况
		工作中存在问题或争议的协调处理情况
		业主满意度

(4) 精益建设项目绩效最终评价指标体系的构建

基于以上分析，由精益建设项目绩效的初步评价指标体系及其通过实地调研得到的原始数据进行因子分析，得出5个主成分，再由各变量对5个主成分的贡献值大小确定5个主成分的关键变量，关键变量指标的权重可根据上述因子分析中各变量对该主成分的方差解释贡献率的大小来确定，用关键变量占其总贡献值的比重计算出各关键变量的权重，计算公式为：

$$\omega_{ki} = x_i \Big/ \sum_j x_j \qquad (j=1, \cdots, n; \ i=1, \cdots, n; \ k=1, \cdots, 5) \tag{3-2}$$

其中，ω_{ki}表示第k个指标的第i个关键变量的权重；x_i表示第k个指标的第i个关键变量对该指标的方差解释率。

例如，知识能力指标中，项目过程中技术突破与创新变量的权重计算方法为：

$$\omega_{11} = 0.633/(0.633+0.581+0.697+0.79) = 0.234$$

同理可得其他各变量相对于各指标的权重值。

由此得出评价精益建设项目绩效的最终评价指标体系，如表3-17所示。

表3-17　精益建设项目绩效最终评价指标及其各指标权重值

精益建设项目绩效	知识能力指标	项目过程中技术突破与创新情况	0.234
		项目实现了管理、技术等的开发或持续改进	0.215
		参与方增加了类似项目的知识与经验	0.258
		参与方增加了未来合作的知识与经验	0.292
	财务指标	该项目建设期实现的利润与行业平均水平相比	0.370
		材料设备成本与行业平均水平相比	0.337
		由该项目引起的节省的费用与行业平均水平相比	0.293
	业主方面指标	与业主发生诉讼和索赔事件的次数	0.496
		项目期间与业主相互抱怨	0.504
	管理过程中控制方面	总工程进度计划完成情况	0.220
		分项工程进度计划完成情况	0.243
		总工程成本超支情况	0.270
		分项工程成本超支情况	0.267
	管理过程中管理协调方面	发生合同纠纷情况	0.270
		预定技术规格和需求满足情况	0.225
		工作中存在问题或争议的协调处理情况	0.269
		业主满意度	0.237

通过因子分析法验证，将最终得到的能够有效衡量精益建设项目绩效的5个分项指标以及由其各自关键变量组成的二级指标构成的指标体系与通过平衡计分卡分析得到的精益建设项目绩效评价指标体系进行对比发现，最终指标体系仅仅将初步指标体系中由管理、控制、协调三个方面组成的项目管理过程维度调整为管理协调和控制两个维度，基本保持一致。因此，平衡计分卡模型在制定精益建设项目绩效评价指标中的应用是可行的。

利用各关键变量在问卷中的原始数据和表3-14中确定的各指标关键变量权重计算出精益建设项目绩效各指标得分$F_i(i=1, 2, \cdots, 5)$；通过总方差分析表中各主因子的特征值得出各主因子的权重：

$$\omega_i = \lambda_i \Big/ \sum_i \lambda_j \qquad (i=1, 2, \cdots, 5; j=1, 2, \cdots, 5) \tag{3-3}$$

$$F = \sum_i \omega_i F_i, \qquad (i=1, 2, \cdots, 5) \tag{3-4}$$

式中：ω_i为根据各主因子的特征值得出各主因子的权重，λ_i为第i个主因子对应的特征值$(i=1, 2, \cdots, 5)$，F_i为按照3.2.4节所用的流程与方法计算得出的因子得分。

由式3-3得出：$\omega1=0.450\ 161$；$\omega2=0.206\ 946$；$\omega3=0.135\ 445$；$\omega4=0.108\ 306$；$\omega5=0.099\ 142$。

由式3-4得出各因子的综合得分F，利用各个项目的F值来对该项目的精益建设项目绩效进行综合评价。

最后通过各调查项目在不同主因子指标和最后综合评价指标上的得分来评价该项目精益建设项目绩效，并将所有项目按得分降序排序。由于调查项目达300个，因此这里仅选用综合指标和各分项指标上得分较高的项目来说明而不具体到所有项目，如表3-18和表3-19所示。其中得分意义仍然同表3-2。

表3-18　部分调查对象精益建设绩效各指标评价结果

精益建设项目绩效	知识能力指标	北京108国道改建工程，得分5
		贵州大田河落生水电站，得分5
		南京交通科技大厦，得分5
	财务指标	南京交通科技大厦，得分5
		天津2011年空港经济区供热管网工程，得分5
		石家庄美术馆，得分5
	业主方面指标	济南世纪佳缘9号楼，得分5
		天津财经大学教师公寓，得分5
		北京108国道改建工程，得分5
	管理过程中控制方面	济南世纪佳缘9号楼，得分5
		天津财经大学教师公寓，得分5
		南京交通科技大厦，得分5
	管理过程中管理协调方面	南京交通科技大厦，得分5
		厦门滨湖小区住宅，得分5
		北京108国道工程，得分5

表3-19　部分调查对象精益建设绩效综合指标评价结果

精益建设项目综合绩效指标	济南市政党校，得分4.97
	贵州大田河落生水电站，得分4.81
	济南长清朱股广场，得分4.62

由上表可知，仍然是市政或国家资助的其他项目、一些较有实力和影响力的私有企业的项目绩效相对其他一些小型企业要高一些。在绩效各指标上出现5分或接近5分的得分，这是由于这些项目较为正规，在影响项目绩效的各方面有较好的规范性，从而能够达到较好的项目绩效；分项指标上的项目绩效较好的项目中有部分企业在精益建设技术实施程度评价指标上得分同样相对较高，如北京108国道改建项目、南京交通科技大厦和天津财经大学教师公寓等项目。因此，可推测精益建设技术实施程度与项目绩效之间存在着一定关系。

第4章　精益建设技术实施与项目绩效耦合

一些国家已经证明实施精益建设技术确实能够提高建设项目绩效。然而我国关于精益建设技术理论及实践研究尚未成熟，因此结合我国国情研究精益建设技术实施与项目绩效之间的关系具有重要意义。鉴于此，本章结合我国现阶段实际情况，对建设项目中精益建设技术的具体实施情况及项目绩效进行评价，并进一步研究二者之间的耦合关系。

由第三章的第二节和第三节，得到了所调研的300个项目不同精益建设技术实施程度相关数据及其与该技术对应的项目绩效的相关数据。本章主要在第三章得到数据的基础上实现精益建设技术实施程度与项目绩效的耦合，从而判定精益建设技术实施程度与项目绩效之间的关联性，并建立精益建设项目绩效各指标以及综合指标的预测模型。

4.1　支持向量机与遗传算法简介

目前数据耦合方法较多，其中神经网络模型应用较广且其国内外研究已相对成熟，近年来支持向量机(SVM)的研究也较为深入。SVM是一种新的数据挖掘方法，是在统计学习理论基础上逐步发展和完善的。在多输入多输出的耦合模型中，神经网络研究已经较为成熟，而经典支持向量机针对多对一的组合。虽然近年来涉及SVM多输入对应多输出的研究已经越来越多，并取得相应成果，但相对来说不太成熟。由于在本部分精益建设技术实施程度对项目绩效多指标上的耦合有多个输入和多个输出，因此选择神经网络进行耦合；而精益建设技术实施程度对项目绩效综合指标上的耦合是一个多输入单输出的组合，因此为其选择支持向量机实现耦合。

支持向量机(SVM)最初由Vapnik提出,是一种有坚实理论基础的小样本学习方法。这里的小样本,并不是说样本的绝对数量少,而是说与问题的复杂度比起来,SVM算法要求的样本数是相对较少的,实际上,对任何算法来说,更多的样本几乎总是能带来更好的效果。SVM可用于非线性回归和模式分类等问题,它建立一个超平面为决策曲面,使正例和反例隔离边缘最大化。统计学习理论是支持向量机的基础,它近似实现结构风险最小化。支持向量机有如下优点:能够在各种较广的函数集中构造函数,因此具有较好的通用性;不需要进行微调,具有较强的鲁棒性;在解决实际问题中有效性较高,属于最好的方法之一;只需要利用简单的优化技术就能实现算法,计算简单;在理论上是基于VC推广性理论的框架,因此较为完善。

构造支持向量机学习算法的关键是在输入空间抽取向量x和支持向量x_i之间的内积核函数算法从训练数据中抽取小的子集从而构成支持向量机。其体系结构如图4-1所示。

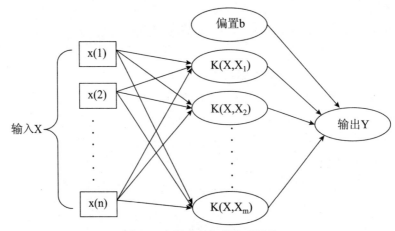

图4-1　支持向量机的体系结构

其中K为核函数,其种类主要有:

线性核函数:$K(x, x_i)=x^T x_i$; $\qquad\qquad$ (4-1)

多项式核函数:$K(x, x_i)=(\gamma x^T x_i+r)^p$, $\gamma>0$; $\qquad\qquad$ (4-2)

径向基核函数:$K(x, x_i)=\exp(-\gamma \parallel x-x_i \parallel^2)$, $\gamma>0$; $\qquad\qquad$ (4-3)

两层感知器核函数:$K(x, x_i)=\tanh(\gamma x^T x_i+r)$。 $\qquad\qquad$ (4-4)

在神经网络相关研究及应用中,前馈神经网络用的最多的是BP网络。但BP算法存在收敛速度慢、全局搜索能力弱、容易陷入局部极小等确定,一定程度上限制了其应用。而遗传法(Genetic Algorithm,GA)是一种优化搜索算法,全局搜索能力和鲁棒性较强,用GA优化神经网络权值阈值，既能弥补遗传算法局部搜索能力弱的不足，又能克服BP算法容易陷入极小值的缺陷，二者结合使用更为广泛。目前来看，用遗传算法优化BP网络模型并将其用于精益建设技术与项目绩效关系耦合方面的文献并不多见，而本书结合GA算法和BP算法的特点构建了基于遗传算法和BP算法相结合的神经网络优化方案，建立了精益建设项目绩效的GA-BP神经网络模型。仿真结果表明，GA-BP神经网络模型与单纯BP算法模型相比，无论是拟合项目绩效曲线还是预测绩效数值，结果表现都更优。

遗传算法是一种全局优化搜索算法，本章利用遗传算法优化神经网络权值阈值。首先编码神经网络的初始权值(阈值)，生成初始种群，然后利用遗传算子形成下一代种群，通过对种群中的最优个体进行解码，评价得到的权重，满足要求就将最优权值输出，不满足则继续遗传算法操作，直到出现某一代种群中满足要求的最优个体。将对应的权值(阈值)输出，并将其赋值给BP网络进行进一步优化，从而加快BP算法的收敛速度，提高预测精度。

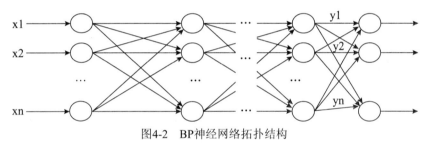

图4-2　BP神经网络拓扑结构

BP网络是一种具有三层或三层以上单向传递的前馈神经网络，由一个输入层，一个或多个隐含层(中间层)以及一个输出层构成。结构如图4-2所示。

4.2　基于GA-BP的精益建设技术实施程度与项目绩效耦合模型构建

4.2.1　算法流程

利用遗传算法优化BP神经网络，具体算法流程如图4-3所示。GA-BP算法流程分为BP神经网络结构确定、遗传算法优化和神经网络预测三个部分。依据拟合函数输入输出变量个数确定网络结构，利用遗传算法优化的权值阈值，个体适应度值依据适应度函数确定。遗传算法根据遗传操作得到最优适应度对应的个体，并将最优权值阈值赋给BP网络。BP

神经网络经过训练后进行预测得到预测函数的输出。

利用第3章得到的7个精益建设技术的实施程度数据作为网络输入，5个精益建设项目绩效指标得分作为网络输出。根据Kolmogarav定理设计神经网络隐含层数目(2n+1)，其中n为输入单元的个数，设置中间层神经元个数为15。因此，设置的BP神经网络拓扑结构为7——15——5，即输入层节点数为7，中间层节点数为15，输出层节点数为5。共有7×15+15×5=180个权值，15+5=20个阈值。遗传算法个体编码长度为180+20=200。从第3章得到的输入输出数据中选择前600个项目的数据作为训练数据，用于网络训练，选取后67个项目数据作为预测数据。把训练数据预测误差绝对值和的倒数作为个体适应度值，个体适应度值越大，个体越优。

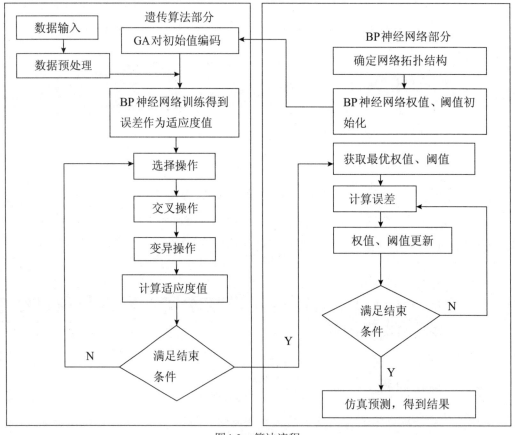

图4-3 算法流程

4.2.2　遗传算法实现

该部分内容主要是通过遗传算法的各项操作得到最优个体，为之后的神经网络训练赋值。遗传算法实现的步骤主要包括初始化种群、选取适应度函数、选择操作、交叉操作、变异操作。

(1) 初始化种群

选择实数编码方式对个体进行编码，由于神经网络全部权值和阈值都包含在个体中，因此在已知网络结构的情况下，神经网络的网络结构、权值阈值都确定。

(2) 选取适应度函数

遗传算法用适应度函数用来评价种群个体适应环境的能力强弱。一般情况下，解的适应度函数值越大，其越接近最优解，即越满足模型设计要求。适应度函数选取的形式为：

$$F = \frac{1}{D} \ , \ D = \sum_{i=1}^{n} (y(i) - t(i))^2 \tag{4-5}$$

n 表示样本数量；$t(i)$ 为第 i 个样本在网络中的期望输出；$y(i)$ 为第 i 个样本在网络中的实际输出。将GA得到的最优个体解码后，赋给神经网络最优的权值阈值，求出每个样本的实际输出，算出误差平方和，其倒数即为适应度函数值。

(3) 选择操作

选择算法主要有锦标赛法、轮盘赌法等，本部分选择采取基于适应度比例选择策略的轮盘赌法，个体 i 的选择概率 p_i 公式为：

$$f_i = kF_i \tag{4-6}$$

$$p_i = \frac{f_i}{\sum_{j=1}^{N} f_j} \tag{4-7}$$

其中，k 为系数，F_i 为个体 i 的适应度值；N 为种群数目。

(4) 交叉操作

采用实数交叉法实现交叉操作，在 j 位上，第 k 个染色体 a_k 和第1个染色体 a_l 的交叉操作方法为：

$$\begin{cases} a_{kj} = a_{kj}(1-b) + a_{ij}b \\ a_{ij} = a_{ij}(1-b) + a_{kj}b \end{cases} \tag{4-8}$$

(5) 变异操作

变异第 i 个个体的第 j 个基因 a_{ij} 的方法为：

$$\begin{cases} a_{ij} = a_{ij} + (a_{ij} - a_{max})f(g) & r > 0.5 \\ a_{ij} = a_{ij} + (a_{min} - a_{ij})f(g) & r \leqslant 0.5 \end{cases} \tag{4-9}$$

其中，a_{max}是基因a_{ij}的上限，a_{min}是基因a_{ij}的下限，$f(g) = r^2(1-g/G_{max})^2$；$r^2$是随机数，$g$代表当前迭代次数；$G_{max}$代表最大迭代次数；$r$是[0，1]区间上的随机数。

(6) 利用遗传算法确定神经网络权值、阈值

将遗传算法种群规模设为50，迭代次数设为100，使用MATLAB遗传算法工具箱中遗传算法函数GA默认参数，即交叉概率0.8，变异概率0.05，并通过MATLAB 2010b运行遗传算法程序。

遗传算法优化过程中最优个体适应度值变化如图4-4所示。由图可知，遗传算法第60代实现了最优适应度值0.003 8。

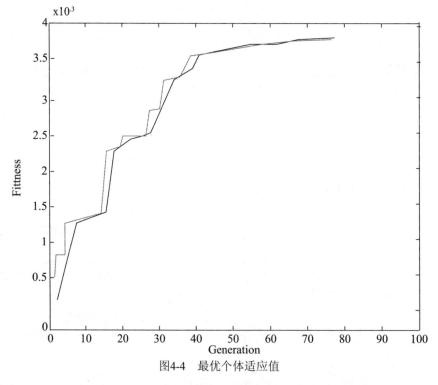

图4-4　最优个体适应值

遗传算法优化得到的BP神经网络最优初始权值中，输入层隐含层间权值如图4-5所示。隐含层输出层间权值如图4-6所示；隐含层节点阈值如图4-7所示，输出层节点阈值如图4-8所示。

0.509 1	0.307 0	0.335 9	0.243 3	−0.430 5	0.384 2	−0.198 9
0.105 7	−0.079 2	0.202 1	−0.046 3	−0.123 0	0.126 2	0.649 7
0.077 1	−0.072 6	−0.351 2	0.747 6	−0.154 4	−0.024 1	0.536 4
−0.593 2	−0.026 8	−0.040 7	0.317 1	0.012 5	−0.630 6	−0.336 7
−0.167 3	0.035 4	0.250 4	−0.518 5	−0.237 9	−0.254 5	−0.520 4
0.161 6	0.193 7	−0.517 9	0.652 5	−0.371 5	−0.549 0	0.122 7
0.104 7	0.773 8	−0.362 9	−0.509 0	0.483 9	−0.284 6	0.497 9
0.095 8	−0.060 2	−0.452 1	−0.673 4	−0.170 1	−0.272 3	−0.438 6
−0.061 0	0.251 8	0.449 8	−0.349 8	0.124 2	−0.272 3	0.122 3
0.040 3	0.177 3	−0.008 8	0.530 1	0.032 3	−0.904 5	0.010 0
0.094 7	−0.649 9	0.220 2	−0.144 9	−0.552 6	0.224 4	0.553 8
0.006 0	0.077 7	0.148 4	0.445 5	−0.012 5	0.394 7	−0.713 7
0.389 2	−0.146 0	0.407 0	0.166 5	0.565 9	−0.286 0	0.348 8
−0.468 1	0.104 3	0.759 5	−0.011 9	−0.014 0	0.371 2	0.339 0
−0.272 3	0.217 0	0.000 9	−0.006 4	−0.066 3	−0.546 7	−0.255 3

图4-5 输入层隐含层间最优权值

Columns 1 through 13

0.070 2	−0.019 7	−0.664 6	−0.273 4	0.234 9	0.466 1	−0.136 2	0.110 4	−0.148 1	−0.131 4	0.011 5	0.197 5	
0.095 2	0.243 4	−0.053 7	0.014 9	0.124 8	−0.349 9	−0.134 4	−0.255 8	−0.288 6	0.124 6	0.455 7	0.319 8	
−0.617 8	−0.268 7	−0.390 6	0.259 9	−0.262 4	−0.120 0	0.067 9	0.273 9	−0.050 9	−0.603 3	0.066 9	−0.250 4	
−0.438 9	−0.540 8	0.137 6	0.000 0	0.568 9	0.270 4	−0.391 2	0.277 2	−0.177 0	−0.520 9	0.031 4	0.167 5	
−0.726 0	−0.198 9	−0.126 2	−0.274 4	0.209 2	−0.388 9	0.156 4	−0.167 4	0.293 0	−0.203 1	0.148 4	0.028 1	
0.532 0	0.571 9	0.370 5	0.107 4	0.277 2								

Columns 14 through 15

−0.200 0	−0.007 1
−0.231 3	−0.606 5
0.174 8	−0.356 9
0.010 3	−0.161 7
0.153 4	−0.2387

图4-6 隐含层输出层间最优权值

−0.382 9	
−0.018 4	
0.096 6	
0.091 8	
0.391 0	
0.137 1	
−0.088 9	
−0.021 2	
−0.211 4	
0.404 3	
0.013 1	0.048 1
0.001 9	0.009 3
−0.401 9	0.560 7
0.193 1	−0.263 4
−0.332 1	0.077 6

图4-7 隐含层节点最优阈值　　　　图4-8 输出层节点最优阈值

4.2.3　神经网络预测

将以上遗传算法得到的最优个体赋给神经网络，利用最优权值和阈值对神经网络进行训练。神经网络参数选择如下：学习速率为0.1，仿真次数1000，目标精度为0.001，利用训练数据进行BP神经网络训练。训练完成后，利用预测数据对项目绩效进行预测，并将预测结果与实际数据进行对比，计算误差，对预测模型进行验证。

4.2.4　仿真结果分析

(1) 网络训练结果

通过4.2.1节中建立的GA-BP模型进行仿真结果分析。其中模型拓扑结构如图4-9所示，即是一个7——15——5的网络结构。其中7个输入即为第3章得到的7个精益建设技术特征，15个隐含层节点是根据Kolmogarav定理确定，5个输出为第3章得到的精益建设项目绩效的5个分项指标。模型仿真训练结果由图4-10可知，在第1 000次循环时训练精度0.001 28，共用了34s，模型收敛较快，虽未满足设定目标精度，但模型精度已经适合模型使用。由图4-9训练精度变化图可知，训练精度值下降迅速，且渐渐趋于平缓，收敛性较好，并且较快到达较高精度。

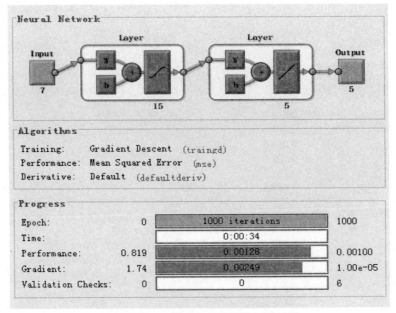

图4-9　GA-BP模型拓扑结构及训练结果

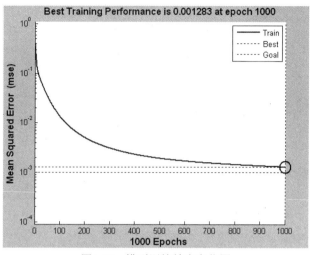

图4-10　模型训练精度变化图

(2) GA-BP神经网络预测结果分析

将归一化和反归一化处理后的预测数据输入训练好的神经网络，进行仿真，结果如图4-11所示。其中曲线t1到t5为预测输出，曲线o1到o5为期望输出。预测误差如图4-12所示。由预测输出与期望输出曲线来看，二者拟合程度较高，除了少数奇异值以外基本重合；误差曲线中除去少数奇异值，预测模型输出的5个绩效指标的预测误差基本聚集在[-0.3，0.3]，表示预测误差较小，预测模型精确度较高。

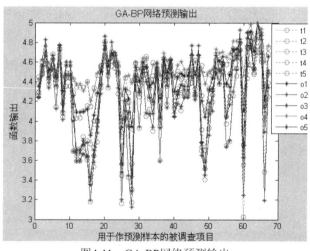

图4-11　GA-BP网络预测输出

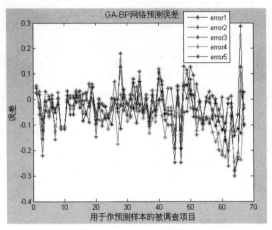

图4-12　GA-BP网络预测误差图

4.2.5　GA–BP与BP神经网络仿真结果对比分析

在精益建设项目绩效预测模型构建过程中采用遗传算法优化的神经网络工具。关于遗传算法是否能真的优化神经网络预测模型，本部分内容做了进一步的验证。

按照上述试验流程，对标准BP算法进行仿真。整理仿真得到的结果，做出项目绩效各指标值拟合图，并将其与GA-BP算法的结果进行对比，如图4-13所示。由图可知，GA-BP较BP网络对项目绩效拟合程度高。整理预测误差对比图，如图4-14所示。由图可知，GA-BP预测误差比BP预测误差稳定。除了少数奇异值以外多集中于-0.3～0.3；而BP预测误差则较分散，虽然大部分集中在-0.5～0.5，但奇异值较多，稳定性较差。

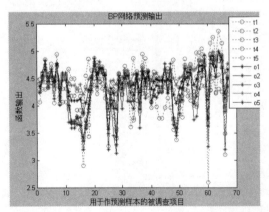
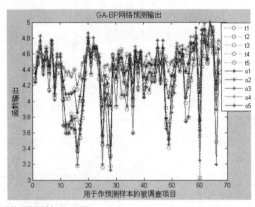

图4-13　BP与GA-BP网络预测输出对比

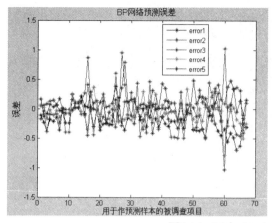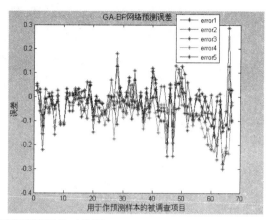

图4-14　BP与GA-BP网络预测误差对比图

表4-1　训练500次的性能参数比较

算法 ＼ 参数	训练步数	训练时间(s)	训练精度(MSE)
标准BP算法	500	17	0.011 7
GA-BP算法	500	19	0.004 45

表4-2　训练1 000次的性能参数比较

算法 ＼ 参数	训练步数	训练时间(s)	训练精度(MSE)
标准BP算法	1 000	35	0.011 7
GA-BP算法	1 000	34	0.001 28

　　表4-1和表4-2给出了两种算法，在网络的训练次数分别设置为500和1 000次时，训练过程中的训练时间和训练精度比较。从中可以看出：在相同的训练次数下，GA-BP算法相对于标准BP算法训练精度更优，收敛速度更快。

　　综上所述，GA-BP模型用于实现精益建设技术特征与项目绩效的拟合更加合理，具有较高的适用性和可行性。

4.2.6　SVM与GA–BP模型对比分析

　　确定核函数以及参数c、g之后，在MATLAB中利用LIBSVM的训练命令SVMTRAIN，训练出预测模型PS_mode。以第601～667个样本的处理数据作为输入，利用该模型和预测命令SVMPREDICT得出结果表明，该模型预测的均方误差 MSE=0.001 85，精度较高，符合模型要求；7种精益建设技术实施程度数据与项目绩效综合指标数据之间的相关系数为93.789 6%，相关程度较高，为以后对二者之间关系的研究提供了支持。

模型最终拟合结果如图4-15所示，预测模型的误差图如图4-16所示。在该模型基础上利用精益建设技术实施程度相关数据进行由于该技术的实施产生的项目绩效的预测输出与实际输出拟合，由误差图可知，除少数奇异值外绝对误差值大部分集中在-0.2～0.3，误差绝对值较小，说明误差结果比较稳定。这充分体现了SVM具有较好的泛化能力和学习能力。

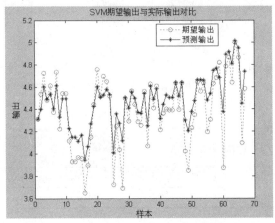

图4-15　SVM期望输出与实际输出的拟合结果

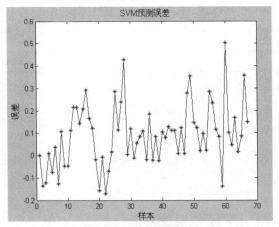

图4-16　SVM预测模型误差图

同样为了更直观地说明SVM模型的效果优劣，将其结果与其他模型的预测结果进行对比。用于预测的非线性方法中，除了支持向量机外，使用最多的就是神经网络，而BP网络在神经网络中应用最多。由于第3章也将GA-BP应用在项目绩效分析指标的预测中，因此有必要与遗传算法优化的BP神经网络模型的预测效果进行对比。

应用 GA-BP 模型之前，首先对数据进行归一化处理至[-1，1]范围内，并对GA-BP模型参数进行设计，其中进化代数100，种群规模50，由遗传算法得到的最佳适应度值为0.010 1，学习速率0.1，精度目标0.001，输入节点个数7，隐含层结点个数15，输出层节点个数1。利用GA优化后的权值和阈值进行神经网络训练，训练结果如图4-17所示。由图可知，训练精度为0.002 19，训练次数1 000。运行GA-BP模型，对两个预测模型精度进行比较，如表4-3所示，GA-BP的模型精度为0.002 19，SVM的模型精度0.001 85，因此，精益建设技术特征与项目综合绩效拟合的SVM预测模型精度相对高于其GA-BP模型。

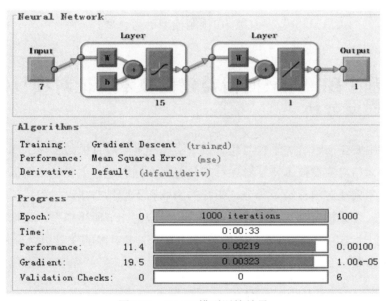

图4-17　GA-BP模型训练结果

表4-3　模型精度比较

模型名称	精度
SVM	0.001 85
GA-BP	0.002 19

由于预测模型中预测样本较多，因此随机选取其中5个样本作为对比GA-BP模型与SVM模型误差大小的依据，这里取第631～635的5个样本。其期望输出、实际输出及预测误差如表4-4所示。由表中数据可知，SVM模型预测得到的平均误差为0.050 34，较GA-BP的平均误差-0.069 7的绝对值要小，因此从误差角度考虑，SVM预测模型比GA-BP相对较优。

表4-4 模型预测误差对比

样本	期望输出	GA-BP预测输出	SVM预测输出	GA-BP误差	SVM误差
631	4.501 3	4.492 9	4.506 3	-0.008 4	0.005
632	4.294 9	4.192 6	4.413 8	-0.102 3	0.118 9
633	4.567 8	4.482 7	4.557 1	-0.085 1	-0.010 7
634	4.445 5	4.458	4.500 7	0.012 5	0.055 3
635	4.291	4.125 8	4.374 2	-0.165 2	0.083 2
误差均值	——			-0.069 7	0.050 34

综上，由模型精度和预测平均误差对比分析可知，在精益建设技术特征与项目综合绩效的耦合工具上，SVM预测模型较GA-BP预测模型更为合理。

4.3 基于BP/SVM的精益建设技术特征对项目绩效影响程度分析

本节内容主要在前一节关于精益建设技术实施程度与项目绩效实现了耦合的基础上，进一步探索不同精益建设技术特征对项目绩效有何不同影响。主要包括两部分内容，即不同精益建设技术特征对项目绩效各分项指标的影响和不同精益建设技术特征对项目综合绩效指标的影响。在分析工具选取上，本部分内容对应前一节所用模型，根据输出变量的个数不同，分别选取BP神经网络结合评价指标MIV实现多对多的变量组合分析，选取SVM结合MIV实现多对一变量分析。

4.3.1 神经网络变量筛选和SVM变量筛选概述

(1) BP神经网络变量筛选

Dombi等人在研究神经网络中权重时提出用MIV来反映矩阵的变化情况，认为在神经网络中，MIV是评价变量相关性最好的指标之一。因此，在实际工作中探讨这种类型的评价指标运用是值得研究的新课题。

在神经网络中，MIV是一个用于评价输入神经元对输出神经元影响大小的指标，其绝对值代表影响的相对重要性，符号代表相关方向。具体计算过程为：在网络训练终止后，将训练样本P中每一个自变量特征在其原始数据基础上分别增加或减少10%构成两个新的训练样本P1和P2。分别将P1和P2作为样本利用已建成的网络进行仿真，得到两个仿真结果A1和A2，求出A1和A2的差值，即为变动该自变量后对输出产生的影响变化值(Impact

Value，IV)，将IV按观测平均得出该自变量对应于网络输出的MIV。按照上述步骤依次计算出各自变量的MIV值，最后根据MIV值的绝对值大小为各自变量排序，得到各自变量对网络输出影响绝对重要性的排序表，从而判断出输入特征对于网络结果的影响程度。

神经网络变量筛选模型的基本流程如图4-18所示，在MATLAB平台上进行仿真实验，其中MATLAB软件版本为2010b。

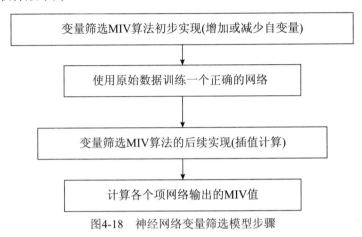

图4-18　神经网络变量筛选模型步骤

资料来源：史峰，王小川等，MATLAB神经网络30个案例分析[M]. 北京：北京航空航天大学出版社，2010.

(2) SVM变量筛选

通过前一小节关于MIV评价指标的介绍，将SVM模型与MIV相结合构造基于SVM的变量筛选模型。该模型用MIV作为反映支持向量机中自变量对因变量的影响程度大小的指标，进而在新构建的SVM变量筛选模型的基础上，分析7种精益建设技术特征的变化情况对综合项目绩效有何影响。

模型计算过程与神经网络变量筛选类似：在SVM训练结束后，将训练样本P中每一个自变量特征在其原值基础上分别增加或减少10%构成新的两个训练样本P1和P2，将P1和P2分别作为仿真样本利用已建成的模型进行仿真，得到两个仿真结果A1和A2，求出A1和A2的差值，即为变动该自变量后对输出产生的影响变化值(IV)，最后将IV按观测例数平均得出该自变量对应于因变量——模型输出的MIV。按照上面步骤依次计算出各自变量的MIV值，最后根据MIV绝对值的大小为各自变量排序，得到各自变量对模型输出影响绝对重要性的排序表，从而判断出自变量特征对于模型因变量结果的影响程度。具体步骤如图4-19所示。该部分内容在MATLAB 2010b与MICROSOFT VISUAL STUDIO 2010相结合平台上进行仿真实验。

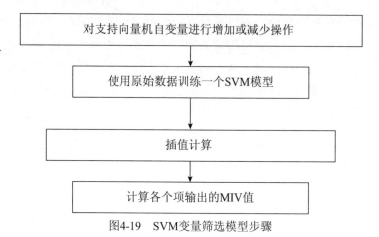

图4-19　SVM变量筛选模型步骤

4.3.2　不同精益建设技术特征对项目绩效影响程度分析

将结合BP神经网络和支持向量机平均影响值(Mean Impact Value，MIV)筛选变量的方法，选择MIV作为评价各自变量对因变量影响的重要性大小指标，找到对结果有较大影响的输入项，进而实现使用神经网络对各精益建设技术对项目绩效各指标影响大小的分析。

(1) 基于BP神经网络变量筛选的精益建设技术对项目绩效各指标的影响程度分析

① 输入输出数据的选择和处理

这里变量的选取和数据预处理同4.2节GA-BP模型的输入输出变量及数据的预处理。选择第3章得到的7个精益建设技术特征作为输入单元，5个项目绩效分项指标作为输出单元，并进行数据归一化处理，建立一个7×15×5的网络。

然后对7个输入变量进行增加和减少原始数据的10%的操作，得到2个新的输入变量矩阵p_increase和p_decrease，将p_increase和p_decrease分别作为仿真样本，利用已建成的网络进行仿真，得到2个仿真结果t_increase和t_decrease，求出t_increase和t_decrease的差值，即变动7个精益建设技术特征数据后对项目绩效各指标产生的影响变化值(IV)，将IV平均得出对应于项目绩效各项指标的MIV。根据对应MIV值的绝对值大小和符号判断各精益建设技术对精益建设项目绩效各指标影响大小以及影响方向。

② 模型结果分析

本部分内容模型输出的MIV值结果如表4-5所示。

表4-5 绩效各指标变量筛选模型输出MIV值结果

绩效指标 精益建设技术	控制	知识能力	管理协调	业主	财务
6S	0.266	-0.042	-0.030	0.280	0.008
可视化	0.155	0.057	0.150	0.055	0.106
LPS	-0.069	0.126	0.081	0.016	0.016
全面质量管理	0.058	-0.006	0.082	0.044	0.016
准时化	0.035	-0.016	0.038	0.023	0.004
并行工程	-0.016	0.002	0.037	0.000	0.019
会议管理	0.050	0.062	-0.041	0.038	0.005

由表4-5可知，利用神经网络变量筛选得出的结果可知：改善6S管理和可视化管理对加强项目绩效控制方面效果最好；改善LPS最后计划者体系对公司内部知识能力改进效果最好；加强可视化管理有利于项目实施过程中的管理协调和财务控制，且对二者改善作用最大；改善6S管理技术在对提高业主满意效果最好。因此对精益建设项目各分项指标影响最大的技术(这里称其为关键技术)如图4-20所示。

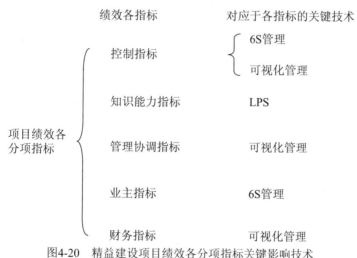

图4-20 精益建设项目绩效各分项指标关键影响技术

由模型输出结果(表4-5)可以看出，在控制指标上，最后计划者理论和并行工程两技术的MIV值为负数，即这两种精益建设技术对绩效的控制指标起反方向作用。由于在最后计划者理论体系中包含基层管理者参与工作计划制订以及拉动式生产等相关工作内容，这些在工作人员协调和管理流程控制方面的内容较多，使得该技术对绩效的员工控制和管理控制方面有一定的负面影响；而并行工程要求在施工过程中并行施工及小组内和小组间保持信息共享等，同样较多涉及工作人员协调和管理流程控制方面的内容较多，因此该技术对绩效的控制方面也有一定的负面影响。

由于6S管理、全面质量管理和准时化技术的实施过程中涉及较多细节问题，掌握这些技术需要较长时间和较多精力，较多反应在组织内部学习和成长方面的困难，使得这些技术在知识能力指标上的MIV值为负数。由于6S管理和会议管理多涉及工程技术人员和管理人员或业主等，因此它们较多地反应在对组织内部及组织间沟通协调方面，被调查人员多集中精力于这些方面，使其在组织协调指标上的MIV值为负数。

通过以上分析表明，神经网络变量筛选模型在不同精益建设技术对项目绩效各指标的应用是合理的和可行的。

(2) 基于SVM变量筛选的精益建设技术对综合项目绩效的影响程度分析

前一部分用BP神经网络模型结合评价指标MIV完成了7个输入变量对应于5个输出变量的变量筛选。而本部分内容则是要实现7个输入变量对应于一个输出变量的变量筛选。借鉴第4章中7个输入变量对应一个输出变量的耦合模型选择，本部分内容选取SVM方法根据MIV值实现变量筛选。由前一节中GA-BP预测模型与SVM预测模型的仿真模拟结果对比分析可知，在精益建设技术特征与综合项目绩效的耦合方法中，SVM方法较优。因此，本部分研究内容采用SVM模型进行变量筛选。

同样选择由第3章得到的7个精益建设技术特征作为自变量，建设项目综合绩效指标作为因变量，并进行数据归一化处理，训练SVM模型。通过对7个输入变量进行增加和减少10%的操作，判断各输入变量对输出变量的影响大小。实验输出MIV值结果如表4-6所示。

表4-6 综合绩效指标变量筛选模型输出结果

Lc技术 绩效	6S	可视化	LPS	全面质量管理	准时化	并行工程	会议管理
总绩效	0.149	0.194	0.023	8.4157e-004	7.6155e-005	0.075	0.068

由表4-6可知，可视化管理和6S管理对建设项目综合绩效的影响最大，即提高可视化管理和6S管理的实施程度能够最大限度地增加精益建设项目整体绩效。

由于可视化管理技术和6S管理技术在我国精益建设技术理论研究和实践中应用相对其他几种技术较成熟，因此，被调查项目中这两种技术带来的效果也较其他技术大，表现在对综合项目绩效的贡献较大，其实施程度的变化对综合项目绩效影响也相对较大。

通过将综合绩效MIV值进行降序排列可得出七种精益建设技术的实施对精益建设项目总绩效的影响程度由高到低的排序，依次为：可视化管理，6S管理，并行工程，会议管理，最后计划者理论体系，标准化管理，准时化管理。如图4-21所示。

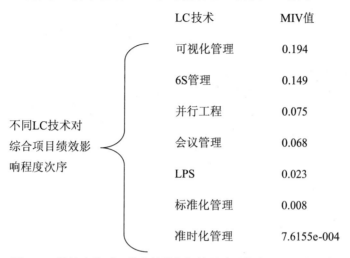

	LC技术	MIV值
	可视化管理	0.194
	6S管理	0.149
	并行工程	0.075
不同LC技术对综合项目绩效影响程度次序	会议管理	0.068
	LPS	0.023
	标准化管理	0.008
	准时化管理	7.6155e-004

图4-21　精益建设项目综合绩效指标精益建设技术影响程度排序

第5章 精益建设实施影响因素
与组织绩效关系仿真

　　国内外学者在不同视角下，基于不同学科的专业方法和专业知识对精益建设及相关理论问题进行了不少研究。但总体看来，此类研究仍较为零散，且大多集中在表征性描述的层面，定量研究层面相对较少。虽然有精益建设实施影响因素方面的研究，但多集中于研究其静态视角之下的相互关系。本章以精益建设为研究对象，通过对主要的精益建设技术进行分析，梳理出影响精益建设实施的因素，通过问卷调查和专家访谈等形式，就不同的精益建设技术对建设项目绩效的影响程度进行调查和测评，利用粗糙集和逐步判别分析法确定对建设项目绩效有重要影响的精益建设实施影响因素。为了更加准确地把握精益建设影响变量的动态关系，本章利用系统动力学工具，对众多影响因素进行动态分析。建立精益建设实施影响因素的系统动力学模型，构建影响因素、采纳程度和项目绩效等的因果关系图和系统流程图，并运用计算机仿真对关键因素进行量化，通过对影响因素间结构和动态关系的探究，以期模拟各因素对精益建设的影响，进而完成对精益建设动力机制的探析，探究得出影响因素与精益建设实施绩效间的规律。

5.1　系统动力学及粗糙集方法简介

5.1.1　系统动力学理论概述

(1) 系统动力学理论基础

系统动力学主要是基于以下五种理论和技术发展起来的[187-189]。

① 系统理论

系统是由互相作用且互相依赖的若干个组成部分结合而成的，是具有特定功能的有机的整体，并且该系统本身又是其所从属的更大系统的一个组成部分。系统动力学把所有被研究对象全部视为系统。处于系统边界以外的部分则被称为系统的环境，系统的环境给系统的生存发展提供其所需的必要条件，并且对系统具有约束力。系统拥有独立的目标，它是一个不停运动中的整体。系统动力学是一种着眼于整个系统的全局的宏观化动态行为。首先要确定出该系统的目标，而后确定出组成该系统的子系统(即划定边界)，构建出各个子系统的相互关系，然后确定系统内部的运行机理，从而形成系统结构构架，再由该构架产生出系统的行为。必须强调的是，所谓的构架需要涉及系统的微观构架，或者称之为微观构造。而所谓的系统的行为，则是一种整体而宏观性的行为。这也就是说，利用微观的构造产生出宏观的行为，即为系统动力学。

② 信息反馈理论

福斯特教授曾经成功地把20世纪30年代以来的各种反馈概念、反馈系统概念、控制理论等理论应用在社会系统中，帮助我们清晰地理解怎样使用情报并且利用系统的构造来操控系统的行为，这些内容构成了系统动力学的一个基本概念，即信息反馈环。假如系统环境产生了改变，从而导致系统决策产生了改变，因而使系统产生了其他行为，然后改变系统与环境之间的关系，从而影响系统的未来决策，这样反复循环下去，就形成了信息反馈系统的基本行为。

③ 决策理论

需要首先明确的是，政策是什么？决策是什么？所谓的政策，即为组织为了达到某种目标而进行的操控的规划、原则及其相关说明；所谓的决策，即为根据政策中所规定出来的原则，同时还参照了实际的情况从而产生的决定。经过调整政策从而操控系统行为。决策理论的产生和发展起源于军事方面，在第二次世界大战之后，结合国际政治格局的演变和新式武器的研制发展，单纯根据军事专家的主观看法和固有经验就能做出正确决策的概率日益减小。所以，需要研究出高等级的指挥员在做出决策的过程中的丰富经验以及他们的思考模式和过程。对于这类决策过程所开展的研究就逐渐衍生出了决策理论。如今，这类决策理论不单单适用于军事方面，还能应用于决策人类社会的各方面难题。系统动力学模型就是要解释高级决策者缜密的思考过程和做出的决策过程，然后模仿出决策基本构造以及在不同决策下的系统行为。

④ 系统力学

系统力学是系统动力学的一个理论基础。依照古典流体力学基本原理并且融入了系统的概念，从而将社会系统里流动的物质进行流体化，然后依照流体学的特点对系统的行为进行把握。流体在系统中进行流动则必然会产生出某一种堆积现象，就与液体在容器中的流动类似。物质的堆积会产生出压力，而这种压力会形成信息然后传递至决策者，从而使决策者做出必要的决定以更改流速，进而改变物质的堆积数量。流体系统科学地描述了在一个社会系统里的延迟现象并能够定量化。而信息通道也是能用"流"来进行描述的。因此，系统力学是系统动力学模型的一个重要支柱。

⑤ 计算机仿真技术

仿真技术在较早前就开始发展，换句话说，计算机诞生之初，仿真技术就得到了人们的关注。在20世纪50年代，仿真技术就开始在军事上发展应用，科学家能够在非常短的时间里，运用电子计算机，十分清楚地了解各个复杂的系统行为。近年来，仿真技术开始被更加广泛地运用在工程科学以及管理等领域。一名系统分析家对于仿真技术的应用做过这样的描述："仿真技术对于分析家来说是最便利的办法，是在其他解析方法无法解决问题时利用的方法，可事实上，绝大部分问题难以使用分析方法来建立模型。"

社会系统的仿真无法通过人工计算或利用计算器实现，它需要借助计算机。在二次世界大战之后，借助迅速发展的计算机技术，实现了高速、大量、正确的数据计算和资料处理，国际上称此现象为"第二次产业革命"。这标志着人类正进入信息化时代。计算机被应用在社会系统的仿真方面并且支持了战略决策，是进入信息时代的关键标志。

在以上五种理论及技术基础上，结合系统动力学专家们的突破性工作，产生了系统动力学这种跨越学科的方法理论。系统动力学能够将解决工程技术中反馈系统的对应理论以及方法，合理应用于社会系统中，这一方法注定了系统动力学必将和工程以及非工程的各类学科产生联系。从另一方面来讲，因为系统动力学采纳了很多学科(如系统论、决策论、系统力学、控制论、仿真与计算机科学等)的优势，所以它又独具自己的特色。

(2) 系统动力学特点

第一，系统动力学研究的对象主要为开放系统。它着重强调系统的观念，即发展、联系和运动的观念，其主要方法为结构的方法、历史的方法以及功能的方法之间的统一。

第二，系统动力学对于问题的研究方法是定性与定量研究相结合，系统地思考、系统地分析，然后进行综合性推理的研究方法。系统动力学模型模拟的是从结构衍生到功能的思路。换句话说，依照系统动力学的原理、理论以及方法论来对系统进行分析，从系统内部的微观结构着手来进行模型建立，再利用计算机的仿真模拟技术对系统的结构功能和系统的动态行为之间存在的内部关系进行分析，最终研究出问题的解决对策。

第三，系统动力学对于解决问题方面的独特环节之一，即为构建规范的数学模型。从总体上看，该模型是规范的，模型中的变量是按照系统的基本结构组成进行分类的。规范的模型有利于思想的沟通，从而实行对本身存在的各类问题的剖析以及对政策进行假设试验。

(3) 系统动力学建模的基本步骤

① 仿真目的分析。仿真目的分析是利用系统动力学工具解决问题的第一步，其主要任务在于分析问题，并通过调查和收集有关系统的情况与数据，明确所要解决的问题。

② 确定系统的边界。系统的边界就是系统中所研究问题的变量，确定系统边界时尽可能缩小边界的范围。

③ 建立系统动力学模型。研究系统内部的各个要素之间的因果关系，根据分析结果画出系统的因果关系图和系统流程图。

④ 确定参数。通过收集数据，确定系统各变量的参数。

⑤ 计算机仿真和模型的检验。利用计算机仿真模拟程序对模型进行仿真，并对模拟结果进行对策分析。对所建立的系统动力学模型进行直观、运行和历史检验。

(4) 应用现状

系统动力学的早期研究集中于以企业为中心的工业系统，主要针对库存管理、生产管理等企业问题而提出的系统仿真方法①。目前在企业经营管理、区域经济、城市经济发展、宏观经济规划、能源规划、工程系统等众多领域内SD均得到广泛运用。Ying Fan对近年来SD在系统中的应用问题，尤其是多变量复杂系统的研究现状和发展，进行了概括和展望[190]。R.von Schwerin研究了车辆SD的模型建立和影响因素[191]。Sameer Kumar对日本汽车工业的闭环供应链进行了SD研究[192]。Bingchiang Jeng，Jian-xun Chen结合数据挖掘技术研究了SD在生物系统模型中的应用[193]。Hyung Rim Choi研究了SD在集装箱码头管理中的应用[194]。Zaipu Tao，Mingyu Li研究了SD在中国石油工业预测和管理中的应用[195]。

系统动力学于20世纪70年代末才引入我国，其中王其藩、杨通谊、胡玉奎和许庆瑞、陶在朴等专家学者是先驱和积极倡导者。目前，我国系统动力学的发展在企业研究、海洋经济、生态环保、科技管理、产业研究、城市规划和国家发展等领域内取得了较大的进步。在系统动力学的应用领域，尤其是在可持续发展领域，宋世涛、范英和魏一鸣等做出了较为全面的综述[196]。宁钟利用系统动力学对产业集群演进问题进行了研究[197]。许长新建立了基于系统动力学的港口吞吐量预测模型，通过对港口吞吐量影响因素的综合分析，较好地解决了传统港口吞吐量预测方法的误差明显以及不确定性等问题[198]。徐红寰研究了系统动力学原理和方法在旅游规划中的运用，为旅游行业中的旅游规划问题提供了新的解决思路和方法等[199]。总之，系统动力学理论和方法已在众多领域得到应用。

---

① Ying Fan,Rui-Guang Yang.A System Dynamics Based Model for Coal Investment[J].Energy,2007,32(6): 898-905.

5.1.2　粗糙集理论概述

(1) 粗糙集理论基本简介

粗糙集理论(Rough Set Theory)又被称为粗集理论，是由波兰学者Z.Pawlak教授在1982年提出的。其主要特点在于它反映了人类习惯使用粗略的概念来处理不分明问题的习惯，也就是人类具有依据不完全信息或知识去处理一些不分明现象的能力，或是依据观察及度量到的某些不精确的结果而进行分类的能力，其目的在于处理含模糊(Vagueness)及不确定性(Uncertainty)数据之间关系发掘。为将训练样本及其相应的属性组成信息系统，通过离散化和约简等方式，获取足够描述各样本在何种属性条件下能被分类的规则，而这些规则可将用于后续的作业分类。由于应用粗集理论进行分析时无须服从任何假设，这使得粗集理论的应用空间很大。而且因为粗集理论可以挖掘出数据属性彼此之间的关系，这也使得粗集理论被应用在许多领域，如决策分析、数据库知识发觉、专家系统、决策支持系统中的模式识别及故障检测等。其具有的优势如下：

① 关于数据，不需要任何事先的或额外的信息或假设；

② 不仅适用于定性的，而且也适用于定量的变量分析；

③ 能从经验数据中获取隐藏于其中的事实，并且以符合自然语法的方式表达这些决策规则；

④ 所撷取出的决策规则，代表由数据库中，经过消除多余或无用的信息后，包含于数据中的知识(Knowledge)；

⑤ 与其他方法相较，模型的决策规则容易理解，对使用者而言，不需额外信息最终模型的参数(parameter)即可了解。

粗糙集理论有别于一般先设定研究假设的方法、收集资料、最后验证其假设是否成立的研究流程。本章选择具有以上优势的粗集理论作为研究工具。

(2) 粗糙集理论的基本原理

信息系统可表示为Λ(Information System)$=(U, A \cup \{d\})$。U为有限非空的样本全集；A为有限非空的属性集，其中$d \notin A$，d称为决策属性(Decision Attributes)，而A称为条件属性(Condition Attributes)。

不可分辨关系(Indiscernibility Relation)是粗糙集方法的基础。从知识的角度而言，若不同样本可由相同知识所描述，则这些样本称为不可分辨。对属性集中的任一子集$B \subseteq A$，不可分辨关系$IND_{\Lambda}(B)$为：

$$IND_{\Lambda}(B) = \left\{ (x, x') \in U^2 \mid \forall a \in B \quad a(x) = a(x') \right\}$$

若$(x,x')\in IND_\Lambda(B)$，则称x与x'在B上为不可分辨。若通过B的不可分辨关系，U被分割为等价类(Equivalence Classes)，则该分割记为$[x]_B$，而不可分辨关系的集合称为基本集(Elementary Sets)。

近似集(Approximation Set)为粗糙集方法的另一重要概念。在信息系统$\Lambda=(U, A\cup\{d\})$中，令$B\subseteq A$及$X\subseteq U$，B对X的下近似集记为B_X，定义为：

$$B\_X=\{x|[x]B\subseteq X\}$$

B对X的上近似集记为B^-，定义为：

$$B^-X=\{x|[x]_B\cap X\neq\phi\}$$

若$B\_X=B^-X$，则X成为完全集，否则称为粗糙集。信息系统中可能包含对样本分类无益的属性，因此在找寻规则前，必须对信息系统进行简化，此程序称为属性的约简(Reduction of Attributes)。在信息系统$\Lambda=(U, A\cup\{d\})$中，令$R\subseteq P\subseteq A$，若R为独立且$IND_\Lambda(R)=IND_\Lambda(P)$，则称$R$为$P$的约简集(RED$(P)$)。对$P$中的任意约简集$R$而言，其代表的意义为$R$对样本的分类能力与$P$对样本的分类能力一致，因此对样本分类无益的属性应该从信息系统中删除。若属性P有多个约简，则P所有约简集的交集称为核集(CORE(P))：

$$CORE(P)=\cap RED(P)$$

核集为信息系统中最重要的集合，故在进行知识约简时不能将其删除。信息系统完成缩减后，则可由缩减后的信息系统撷取出样本的分类规则，以用于后续的分类作业。

(3) ROSETTA软件介绍

到目前为止，粗糙集实现的常用工具有七八种，譬如GROBIAN、LERS、ROSE2和ROSETTA。目前比较常用的工具是ROSETTA软件，因而本章利用粗糙集理论对实施精益建设影响因素进行属性约简时采用了ROSETTA软件。

ROSETTA(A Rough Set Toolkit for Analysis of Data)软件是由挪威科技大学计算机与信息科学系与波兰华沙大学研究所联合开发的一个基于粗糙集理论框架的表格逻辑数据分析工具包，能在Windows和Unix操作环境中运行，是一个界面友好的可视化操作软件，能够支持实现数据挖掘和知识获取。该软件的一个重要特点是提供了多种有关数据预处理、约简和生产规则的算法，如数据预处理中的补齐算法(Complete)有Remove Incompletes、Mean/Model Fill、Conditioned Completion、Conditioned Combinatorial Completion等，是一个良好的实验平台。该软件是利用C++语言开发实现的，内核全部公开，用户可以很容易地获取算法的源代码，并对其进行开发或者修改以及检验其有效性。一般而言，ROSETTA软件的基本使用操作流程如下：

① 数据的获取，从数据库中读入数据ODBC，支持数据源的文件格式有DBASE、

EXCEL和MS ACCESS DATABASE。

② 数据补齐(Complete)，对获取以后的数据进行缺失值处理。

③ 数据的离散化(Discretize)，对数据补齐以后的结果必须经过离散化处理，才能成为粗糙集理论所识别的数据，从中提取有价值的信息，发现知识。

④ 属性约简(Reduce)，其中比较常用的算法有两种，分别是遗传算法(Genetic algorithm)和Johnson's算法(Johnson's algorithm)。

⑤ 生产规则(Generate Rules)，精确或近似约简不同类型的不可分辨关系，生成规则。

5.2 基于精益建设实施基本方法的精益建设技术实施影响因素分析

通过前文对精益建设几种主要的实施方法的介绍，发现各种精益建设技术之间既有联系又有区别，因此，通过对300个建设项目施工现场进行实地调研，并与工程施工技术和管理人员访谈，根据建设项目施工过程中的实际情况，总结提炼了具体的可操作性强的精益建设技术或方法(即精益建设实施影响因素)，它们分别是： 周计划完成百分比(PPC)；基层管理者(如领班)参与周工作计划制订；根据周工作计划完成情况调整月度(前瞻)计划；公开公布工作任务标准；进度、质量和安全信息公开张贴；与每个领班(员工)签订兑现工作任务承诺书；每天早晨都要碰头，讨论昨天的工作情况并安排今天的工作；基层管理者的每周例会，讨论上周工作问题，以安排下周工作；施工环节紧密衔接，环节之间没有等待，也没有多余加工；施工过程中各种规范和要求的约束管理；物料、人力、设备按规定时间准时送至现场；建设活动的各种作业以及作业流程标准化；并行(搭接)施工；施工小组内或小组间保持信息共享；边设计、边施工；PDCA(戴明环)技术；全员参与质量控制；全过程质量控制；施工成本核算；设备故障隐患及时维护修理；维持主要参与方(如业主、设计、监理等)之间良好的协作关系；保持各施工段工程量相近；构件安排到远离施工现场去生产，在施工现场完成各模块的组装；将施工过程中产生的废料、余料等与现阶段需用的部分区分开；将施工现场的工具、器材、文件等的位置固定下来，在需要时立即找到；清扫施工现场到没有脏污的干净状态，注重细微之处；清除事故隐患，排除险情，保障员工的人身安全和生产正常；维持施工现场的整洁的状态并进行标准化；培养员工遵守规章制度，养成良好的文明习惯及团队精神。这28个精益建设实施影响因素基本涵盖了建设项目的精益建设技术和方法，具有较为广泛的代表性和可操作性。

5.3　基于粗糙集的精益建设技术实施重要影响因素确定

在上一节论述的影响精益建设实施所涉及的因素，对建设项目绩效的影响程度存在差异，对其中重要影响因素的筛选和进而采取的针对性措施，并为下一节精益建设影响因素系统动力学模型的建立提供理论基础和数据支持显得尤为重要。下面将通过问卷调查和专家访谈等形式，对影响项目绩效的精益建设实施影响因素进行调查，利用粗糙集的属性约简和逐步判别分析法的变量筛选来对上述因素进行进一步分析，最终确定对建设项目绩效有重要影响的精益建设实施影响因素。

5.3.1　数据获取

(1) 调查问卷的设计、发放与回收

本节针对精益建设实施影响因素和建设项目绩效中所涉及的质量控制、进度控制、成本控制、合同管理、信息管理、安全管理、项目组织与协调等方面设计问卷，为了保证调查数据的有效性和准确性，我们合理安排抽样对象，并与被调查单位进行合作，问卷采用专人集中送达等方式，共发放770份调查问卷，收回问卷710份，通过对回收问卷中数据的一致性和逻辑性的判断，筛选出667份有效问卷，作为最终研究的数据样本，问卷回收率为92.2%，有效率为93.9%。调研了包括北京、天津、上海、深圳、成都、哈尔滨、保定、石家庄、长沙、西安、厦门、呼和浩特和贵州凯里在内的61个城市的300个建设项目，其中投资额1 000万元以下的项目占12%，投资额1 000万元～5 000万元的项目占33%，投资额5 000万元～15 000万元的项目占17%，投资额15 000万元～50 000万元的项目占26%，投资额50 000万元以上的项目占12%。被调查人员包括项目经理、总工程师、建造师、造价工程师、施工员、造价员和材料员，其中高层管理者占4%，中层管理者占19%，基层管理者(项目管理者)占42%，专业技术人员占35%。被调查项目中民用建筑工程项目占55%，工业建筑工程项目占12%，市政公用行业建筑项目占17%，其他类型项目占16%。

(2) 调查问卷的有效性检验

本节对回收的有效问卷进行了问卷的信度和效度检验。信度检验又称可靠性检验，用于评价问卷这种测量工具的稳定性或者可靠性。吴明隆(2010)综合多位学者的看法，提出了Cronbach's Alpha系数判断准则，指出分层面最低的内部一致性Cronbach's Alpha系数要在0.5以上，最好高于0.6，0.8以上信度非常好。利用SPSS 19.0软件对问卷进行信度检验，Cronbach's Alpha系数为0.926，显示出较好的稳定性和可靠性，如表5-1所示。

表5-1　信度检验的克朗巴哈α信度系数

可靠性统计量	
Cronbach's Alpha	项数
0.926	59

效度检验是用度量方法测出变量的准确程度，即对准确性或正确性的检验。本调查问卷问题的设置和筛选经过了大量文献研究和施工现场实地调研，经反复研究讨论做出初选。再请一些项目管理专家和建筑企业专业技术人员进行评审，提出修改意见，对问卷的问题进行必要的增删和修改，删除问卷中内容表述模糊、相关性差的题目，对某些可能引起歧义或者误解的用词进行了修改，最后确定所有题目都能准确表达所要求的内容，从而保证调查问卷具有一定的表面效度及内容效度。此外，还可以利用SPSS软件检验问卷的结构效度，有的学者认为，效度分析最理想的方法是利用因子分析测量表或整个问卷的结构效度。最常用的方法是计算Kaiser-Meyer-Olkin系数对调查问卷的效度进行检验。通常情况下，Kaiser-Meyer-Olkin测度按以下标准解释该指标值的大小：0.9以上，非常好；0.8～0.9，好；0.7～0.8，一般；0.6～0.7，差；0.5～0.6，很差；0.5以下，不能接受[200]。利用SPSS 19.0软件分别对调查问卷的精益建设实施影响因素和精益建设项目绩效进行结构效度检验，Kaiser-Meyer-Olkin系数分别为0.883和0.913，如表5-2和表5-3所示，结果显示调查问卷的信度良好。

表5-2　精益建设实施影响因素Kaiser-Meyer-Olkin系数

KMO 和 Bartlett 的检验		
取样足够度的 Kaiser-Meyer-Olkin 度量		0.883
Bartlett 的球形度检验	近似卡方	4744.533
	df	378
	Sig.	0.000

表5-3　精益建设项目绩效Kaiser-Meyer-Olkin系数

KMO 和 Bartlett 的检验		
取样足够度的 Kaiser-Meyer-Olkin 度量		0.913
Bartlett 的球形度检验ey近似卡方ledfeSig.	近似卡方ledfeSig.	7368.129
	dfeSig.	465
	Sig.	0.000

综上所述，该问卷具有较高的信度和效度，其编制基本符合设计要求，检验结果能够满足统计学和建设项目精益建设实施影响因素的研究要求，为确定精益建设实施影响因素

奠定了基础。

5.3.2 基于粗糙集理论的精益建设实施影响因素约简与分析

本节接下来就采用ROSETTA软件对精益建设实施影响因素进行分析约简。

图5-1显示的是经过数据补充和离散化处理后的决策表，因问卷包含的数据较多，由于篇幅所限，部分截图如下：

1#周计划完成百分比(PPC)	2#基层管理者(如领班)参与周工作计划制定	3#根据周工作计划完成情况调整月度(前瞻)计划	4#公开公布工作任务标准	5#进度、质量和安全信息公开张贴	6#与每个领班(员工)签订完成工作任务承诺书	7#每天早晨都要碰头，讨论昨天的工作情况并安排今天的工作	8#基层管理者的每周例会，讨论上周工作问题，以安排下周工作	9#施工环节紧密衔接，环节之间没有等待，也没有多余加工	10#施工过程中各种展范和要求的约束管理	11#物料、人力、设备按规定时间周转至现场
[5, *)	[5, *)	[4, 5)	[5, *)	[5, *)	[4, 5)	[5, *)	[5, *)	[4, 5)	[5, *)	[5, *)
[4, 5)	[4, 5)	[*, 4)	[4, 5)	[*, 4)	[4, 5)	[*, 4)	[5, *)	[4, 5)	[5, *)	[5, *)
[5, *)	[4, 5)	[5, *)	[5, *)	[5, *)	[5, *)	[5, *)	[5, *)	[5, *)	[5, *)	[*, 4)
[5, *)	[5, *)	[5, *)	[5, *)	[5, *)	[5, *)	[5, *)	[5, *)	[5, *)	[5, *)	[5, *)
[5, *)	[5, *)	[5, *)	[*, 4)	[5, *)	[5, *)	[5, *)	[5, *)	[5, *)	[5, *)	[5, *)
[5, *)	[5, *)	[5, *)	[5, *)	[4, 5)	[5, *)	[5, *)	[4, 5)	[*, 4)	[5, *)	[5, *)
[5, *)	[5, *)	[5, *)	[5, *)	[5, *)	[5, *)	[5, *)	[5, *)	[*, 4)	[5, *)	[5, *)
[5, *)	[5, *)	[5, *)	[5, *)	[5, *)	[4, 5)	[5, *)	[5, *)	[*, 4)	[5, *)	[5, *)
[5, *)	[5, *)	[5, *)	[5, *)	[5, *)	[5, *)	[4, 5)	[5, *)	[5, *)	[5, *)	[5, *)
[4, 5)	[5, *)	[4, 5)	[5, *)	[4, 5)	[5, *)	[5, *)	[5, *)	[5, *)	[5, *)	[5, *)
[5, *)	[5, *)	[5, *)	[5, *)	[5, *)	[5, *)	[5, *)	[5, *)	[5, *)	[5, *)	[5, *)
[5, *)	[5, *)	[5, *)	[5, *)	[4, 5)	[5, *)	[5, *)	[5, *)	[5, *)	[5, *)	[5, *)
[5, *)	[5, *)	[5, *)	[*, 4)	[4, 5)	[5, *)	[5, *)	[*, 4)	[*, 4)	[5, *)	[5, *)
[5, *)	[5, *)	[5, *)	[4, 5)	[*, 4)	[5, *)	[*, 4)	[*, 4)	[*, 4)	[5, *)	[5, *)
[5, *)	[4, 5)	[*, 4)	[4, 5)	[5, *)	[5, *)	[5, *)	[*, 4)	[4, 5)	[5, *)	[5, *)
[5, *)	[5, *)	[*, 4)	[4, 5)	[5, *)	[5, *)	[5, *)	[*, 4)	[4, 5)	[5, *)	[5, *)
[5, *)	[5, *)	[4, 5)	[5, *)	[*, 4)	[5, *)	[5, *)	[*, 4)	[4, 5)	[5, *)	[5, *)
[5, *)	[5, *)	[4, 5)	[*, 4)	[5, *)	[5, *)	[4, 5)	[*, 4)	[*, 4)	[5, *)	[5, *)
[4, 5)	[4, 5)	[4, 5)	[5, *)	[4, 5)	[5, *)	[4, 5)	[*, 4)	[*, 4)	[5, *)	[5, *)
[4, 5)	[4, 5)	[4, 5)	[4, 5)	[4, 5)	[4, 5)	[4, 5)	[*, 4)	[4, 5)	[5, *)	[5, *)
[4, 5)	[4, 5)	[4, 5)	[4, 5)	[4, 5)	[4, 5)	[4, 5)	[4, 5)	[4, 5)	[5, *)	[4, 5)
[*, 4)	[4, 5)	[4, 5)	[4, 5)	[5, *)	[4, 5)	[4, 5)	[4, 5)	[4, 5)	[5, *)	[4, 5)

图5-1 处理后的决策表截图

(1) 决策表约简

采用Genetic算法和Johnson's算法对上述得到的决策表进行属性约简，二者在约简精度上相同，取两者的交集得到的约简结果为：①周计划完成百分比(PPC)；②基层管理者(如领班)参与周工作计划制订；③根据周工作计划完成情况调整月度(前瞻)计划；⑤进度、质量和安全信息公开张贴；⑦每天早晨都要碰头，讨论昨天的工作情况并安排今天的工作；⑧基层管理者的每周例会，讨论上周工作问题，以安排下周工作；⑨施工环节紧密衔接，环节之间没有等待，也没有多余加工；⑫建设活动的各种作业以及作业流程标准化；⑬并行(搭接)施工；⑮边设计、边施工；⑯PDCA(戴明环)技术；⑳设备故障隐患及时维护修理；㉒保持各施工段工程量相近；㉕将施工现场的工具、器材、文件等的位置固定下来，在需要时立即找到，共14条属性，约简后结果如图5-2所示。

图5-2　粗糙集约简后的结果图

根据该约简可提取以下条件规则，因篇幅有限，限截取部分，如图5-3所示。

图5-3　粗糙集约简所得具体规则

(2) 结果分析

前文将粗糙集理论应用到确定精益建设实施重要影响因素中来，通过对实际项目的分析，得到一些有用的决策规则。同时从结果可以看出：周计划完成百分比(PPC)；基层管理者(如领班)参与周工作计划制订；根据周工作计划完成情况调整月度(前瞻)计划；进度、质量和安全信息公开张贴；每天早晨都要碰头，讨论昨天的工作情况并安排今天的工作；基层管理者的每周例会，讨论上周工作问题，以安排下周工作；施工环节紧密衔接，环节之间没有等待，也没有多余加工；建设活动的各种作业以及作业流程标准化；并行(搭接)施工；边设计、边施工；PDCA(戴明环)技术；设备故障隐患及时维护修理；保持各施工段工程量相近；将施工现场的工具、器材、文件等的位置固定下来，这14个影响因素对精益建设实施相对比较重要，需要在今后的工作中加强重视和管理，在这些方面做好建设项目的精益建设工作，从而达到更好的效果。

5.3.3　基于逐步判别分析方法的精益建设实施影响因素判定

(1) 逐步判别分析法

在统计学方面，筛选变量的方法有前进法、后退法和逐步判别法等。前进法即为通过挑选函数对变量的逐步判定，挑选出具有最强判别力的变量；后退法则是依据判别函数对每个变量的判定，逐步剔除掉具有最差判别力的变量；上面两个判别法里所选取的变量始终归属于判别变量集合里，而对于被剔除的变量，则将始终被排除于变量集合以外。但每个变量之间存在相互作用，本已入选的变量可能会在新变量入选之后因其提供信息已微不足道而被剔除，因而便产生了逐步判别分析方法。

逐步判别分析方法即为：使用"有进有出"算法，逐步引入变量，每当引入了"最重要"的变量代入判别式，与此同时也考虑之前代入判别式中的一些变量，假如其判别的能力随着引入的新变量而不够明显了(例如，它的作用为之后代入的几个变量组合所替代)，则需要及时将它剔除出判别式，一直到不再有不重要的变量必须从判别式中剔除，而且保留下来的变量也不再有重要的变量能够代入到判别式时，则逐步筛选过程结束。此筛选过程的实质即为进行假设性检验，利用检验寻找出来显著性变量，并且剔除掉不显著变量[201]。

精益建设影响因素的实施程度对项目建设绩效有非常重要的影响，但是这类影响因素对于项目绩效产生的影响程度存在着不少差别，而且很多影响因素之间也存在统计方面的关联性。所以，在精益建设和项目绩效关系的判别与分析中，变量(影响因素)的选择是一个极其重要的问题，选择的影响因素合适与否，是进行判别效果的关键。一方面，如果在精益建设的实施过程中，忽略了最重要的影响因素，那么必然影响相应判别函数的实际效果；另一方面，如果判别影响的因素的个体数量过于庞大，则计算量必然很大，将会导致分析精度的降低。如果引入一些判别能力较低的变量，更会严重影响和干扰判别效果。因此，在实际建设项目管理中，需要对精益建设影响因素的判别能力进行严格筛选。

(2) 变量筛选

选择SPSS 19.0软件中的分析分类判别命令，打开判别分析主对话框，如图5-4所示。

在分组变量文本框中，指定分组变量及其最小值、最大值。在这里将绩效作为分组变量选入"分组变量"文本框中，并指定其范围3～5(根据数据统计，调查问卷中90%以上的绩效值在3～5的区间内)。将精益建设实施影响因素的变量1～28选入到"自变量"的列表框中。选择"步进式"的自变量进入的方法，这样SPSS软件可以根据不同自变量对判别贡献的大小进行变量筛选。选择逐步判别法后，对话框右上角的"方法"按钮被激活，可以通过单击该按钮设置变量筛选的方法及变量筛选的标准。在这里，我们选用Wilks'lambda变量筛选方法，这是一种用于逐步判别分析的变量选择方法；在变量筛选的标准的选择上，通过给出变量进入F值来设定标准，选择默认的F值标准。完成各项按钮的定义后，单击"确定"按钮。表5-4为应用SPSS 19.0软件后的变量使用情况统计表。

图5-4 判别分析主对话框

表5-4 变量使用情况统计表

输入的变量

步骤	输入的	Wilks'lambda				精确 F			
		统计量	df1	df2	df3	统计量	df1	df2	Sig.
1	5进度质量和安全信息公开张贴	0.919	1	2	641.000	28.327	2	641.000	.000
2	1周计划完成百分比PPC	0.877	2	2	641.000	21.671	4	1280.000	.000
3	15边设计边施工	0.858	3	2	641.000	16.990	6	1278.000	.000
4	2基层管理者如领班参与周工作计划制订	0.840	4	2	641.000	14.497	8	1276.000	.000

表5-4中显示了每步进入的变量，及其对应的Wilks'lambda值。可以看出，第一步进入的是5(进度、质量和安全信息公开张贴)，之后1(周计划完成百分比)、15(边设计、边施工)、2(基层管理者参与周工作计划制订)依次进入。每步进入一个变量之后的Wilks' lambda值都逐渐减小，F值显著，说明每一步进入的变量都使判别函数有附加信息，这四个变量对绩效的判别结果是有效的。

5.3.4　重要影响因素确定

本节通过对实际建设项目的调研，运用调查问卷中的数据，分别应用粗糙集理论和逐步判别分析法对精益建设实施影响因素进行分析。从分析结果中可以看出，在应用粗糙集理论对精益建设实施影响因素分析和约简后，周计划完成百分比(PPC)等14项影响因素对建设项目绩效的影响相对比较重要，需要在施工现场管理中加以重视，并在这些方面着重加强精益建设管理的力度，从而进一步减少建设项目的浪费。

在应用逐步判别分析法对精益建设实施影响因素进行变量筛选的过程中发现，进度、质量和安全信息公开张贴；周计划完成百分比；边设计、边施工；基层管理者参与周工作计划制订，这4个变量对建设项目绩效有显著性的影响，需要在今后的工作中加强重视和管理，使建设项目的绩效达到更高的水平。

通过对上述两种研究方法的分析和比较，我们发现应用粗集理论对精益建设影响因素约简后的变量涵盖了使用逐步判别分析法筛选后的变量。因此，我们对项目管理专家和施工现场专业技术人员进行访谈，让他们对这些约简和筛选后的变量进行分析和判断，一致认为，应用粗糙集理论约简后的影响因素反映的内容更加全面，更能反映出精益建设项目管理的内涵，而采用逐步判别分析法所得到4个变量是精益建设项目管理的核心内容，需要在今后的现场管理中高度重视。

因此，本节将采用粗糙集理论约简后的14个影响因素作为精益建设实施重要影响因素，并且在下一节精益建设实施影响因素的系统动力学仿真研究中加以应用，而进度、质量和安全信息公开张贴，周计划完成百分比，边设计、边施工，基层管理者参与周工作计划制订这4个影响因素将在系统动力学的参数确定中加以考虑。

5.4 精益建设技术实施影响因素与组织绩效关系系统动力学仿真

5.4.1 仿真目的分析

精益建设的实施受多种因素影响,其影响程度因时间、环境而不断发生变化。为更加准确地把握精益建设影响变量的动态关系,本节运用系统动力学方法,通过辨识系统涉及的影响变量,构建影响变量、采纳程度、项目绩效等因果关系图和系统流程图;并运用计算机仿真对关键变量进行量化,通过对影响变量间结构和动态关系的探究,以期模拟各变量对精益建设的影响,进而完成对精益建设动力机制的探析,探究得出影响因素与精益建设实施绩效间的规律,为项目实施精益建设提供理论和方法上的支持。

5.4.2 系统边界界定

依据建模目的和实际问题内涵的反馈机制所划出的系统边界,规定了形成某种特定动态行为所应包含的最小数量单元,只有在明确系统边界的基础上,才能研究系统内部的结构问题,因此正确确定系统边界对后续的深入研究至关重要。

本节希望通过系统动力学仿真工具的利用,来构建精益建设实施影响因素的系统动力学流程图,从而发现影响因素、采纳程度与项目绩效之间的规律。在前一节中,在一系列现场调研的基础上,借助相关研究工具,确定精益建设的重要影响因素。同时,建设项目绩效也受到项目管理者对精益建设技术或方法的采纳程度的影响。因此,本节系统动力学模型建立所取用的参数为精益建设技术或方法的采纳程度、精益建设实施重要影响因素与建设项目绩效。

5.4.3 影响因素的因果关系图

通过辨识系统涉及的影响变量,对系统要素之间的关系进行深入的分析,从建设项目"三控三管一协调"(质量控制、进度控制、成本控制、合同管理、信息管理、安全管理、项目组织与协调)的角度,构建精益建设实施影响因素、采纳程度、项目绩效等的因果关系图(图中的变量和变量的具体含义的对照如表5-5所示)。

表5-5　变量和变量的具体含义对照表

序号	变量名	变量含义
1	计划完成百分比	周计划完成百分比(PPC)
2	基层管理者参与制订计划	基层管理者(如领班)参与周工作计划制订
3	计划的前瞻性	根据周工作计划完成情况调整月度(前瞻)计划
4	项目管理信息透明	进度、质量和安全信息公开张贴
5	讨论安排今天工作	每天早晨都要碰头,讨论昨天的工作情况并安排今天的工作
6	例会讨论	基层管理者的每周例会,讨论上周工作问题,以安排下周工作
7	施工环节紧凑性	施工环节紧密衔接,环节之间没有等待,也没有多余加工
8	作业流程标准化	建设活动的各种作业以及作业流程标准化
9	并行施工	并行(搭接)施工
10	设计与施工的协调性	边设计、边施工
11	全面质量管理	PDCA(戴明环)技术
12	设备的及时维护	设备故障隐患及时维护修理
13	各施工段工作量的协调性	保持各施工段工程量相近
14	整顿	将施工现场的工具、器材、文件等的位置固定下来,在需要时立即找到
15	质量控制	建设项目质量控制
16	进度控制	建设项目进度控制
17	成本控制	建设项目成本控制
18	合同管理	建设项目合同管理
19	信息管理	建设项目信息管理
20	安全管理	建设项目职业健康安全与环境管理
21	组织与协调	建设项目组织与协调
22	采纳程度	建设项目管理者对精益建设技术或方法的采纳程度
23	绩效变化	建设项目绩效变化速率
24	绩效	建设项目绩效

模型中主要的因果关系结构包括以下几部分:

(1) 影响因素与质量控制的关系(如图5-5所示)

在建设项目的质量控制中,项目实施过程中的全面质量管理十分必要,直接决定着建设项目的工程质量,而建设活动的作业流程标准化、并行施工、项目信息的公开透明管理则是全面质量管理的重要组成部分,建设项目的绩效对全面质量管理的实施有着积极的反馈作用。施工现场的各工序环节的紧密衔接和建设项目设计与施工的有序协调配合,也对施工作业流程标准化的实施有着直接的影响。

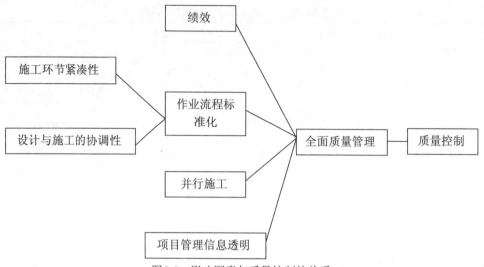

图5-5　影响因素与质量控制的关系

(2) 影响因素与进度控制的关系(如图5-6所示)

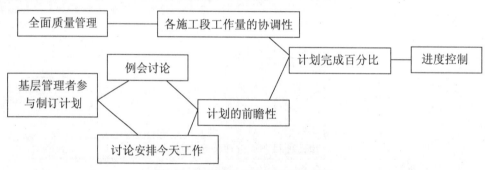

图5-6　影响因素与进度控制的关系

建设项目进度控制的影响因素众多，施工现场的基层管理者是其中的重要影响因素。通过每周例会讨论和每日晨会等方式让基层管理者参与到项目进度计划的制订中来，对增强项目计划的前瞻性和更好地完成项目计划完成百分比有积极的促进作用。好的质量管理方式可以保证建筑施工质量，减少返工率，从而保证各施工段的工作量协调有序，避免"窝工"现象的出现，从而保证各项工作按时完成。

(3) 影响因素与成本控制的关系(如图5-7所示)

成本控制是建设项目"三控三管一协调"中的重要内容，也是反映项目精益建设影响因素实施程度的关键指标。建设活动的作业流程标准化是控制成本的重要手段，标准化的作业流程可以有效地减少浪费，实现精益。施工环节的紧凑有序和设计与施工的协调进行是作业流程标准化的有力保证，设计与施工的协调进行和施工现场的工具、器材、文件等的位置相对固定也在一定程度上影响了施工现场各工序环节的衔接。施工设备故障的及时维护修理和各施工段工作的协作，可以保证施工现场按时完成设计图纸中所规定的工作，以达到减少工期、降低成本的目的。

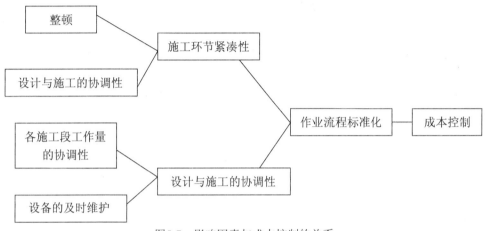

图5-7 影响因素与成本控制的关系

(4) 影响因素与合同管理的关系(如图5-8所示)

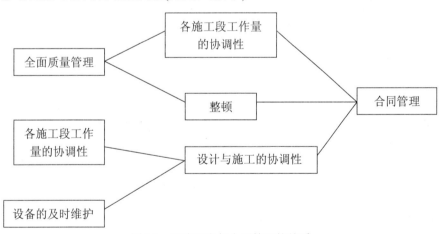

图5-8 影响因素与合同管理的关系

建设项目合同管理是降低工程造价、提高经济效益、预防经济风险、保证工程质量的有效途径。在精益建设实施影响因素的系统中，各施工段、总分包之间的相互协作，设计与施工之间的融洽关系以及6S管理中的"整顿"都对合同管理产生了积极的影响。建设项目的全面质量管理制约着各施工段工作量的合理分配和施工现场各种文件、材料的管理。

此外，工程设备的及时修理和各工序施工量的协调程度也影响了设计图纸在施工现场的可操作性。

(5) 影响因素与信息管理的关系(如图5-9所示)

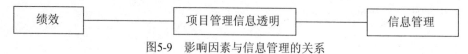

图5-9 影响因素与信息管理的关系

在本系统中，进度、质量和安全信息公开张贴等项目信息管理方式的实施程度制约着建设项目信息的管理水平，而项目的绩效水平反作用于项目的信息管理，例如，建设项目的绩效越好，就会促使该项目的信息管理水平向高标准发展。

(6) 影响因素与安全管理的关系(如图5-10所示)

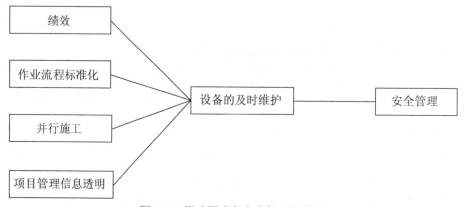

图5-10 影响因素与安全管理的关系

设备故障的及时维护修理作为本节中影响精益建设实施的重要因素，对建设项目的职业健康安全和环境管理起着至关重要的作用。设备维护保养水平直接影响着现场施工人员和项目本身安全情况。项目绩效作为建设项目管理的目标对于设备的维护修理有积极的反馈效应。作业流程标准化的程度、并行施工的管理水平和工程项目中各项情况的公开程度都制约着设备维护修理情况。

(7) 影响因素与项目组织与协调的关系(如图5-11所示)

建设项目的组织与协调贯穿于项目的"三控三管"中，融汇在控制的工作程序之中。在精益建设实施影响因素的系统中，各个施工段工作量的分配、总分包的协作、设计与施工的协调发展都对建设项目的组织与协调产生重要的影响。图中其他变量之间的关系在前文已经叙述过，在此不再赘述。

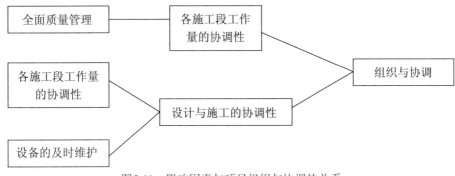

图5-11 影响因素与项目组织与协调的关系

(8) 建设项目"三控三管一协调"和采纳程度与项目绩效的关系(如图5-12所示)

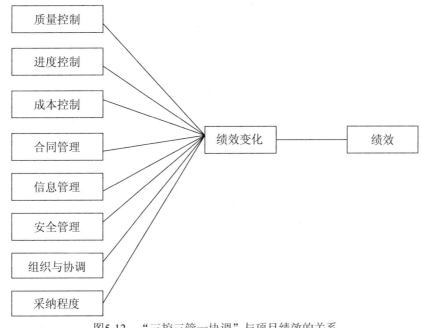

图5-12 "三控三管一协调"与项目绩效的关系

建设项目绩效在很大程度上取决于项目管理中"三控三管一协调"的实施水平,而建设项目管理者对精益建设技术或方法采纳程度的高低也会影响建设项目绩效水平的变化。

5.4.4 影响因素的系统流程图

因果关系图能清晰简明地反映各因素之间的基本关系,但它只是表示变量之间的定性关系，无法定量表示各因素之间的关系，因而无法通过计算机进行定量模拟。因此，基于上文的精益建设影响因素的因果关系图，分析得到精益建设影响因素的系统流程图(如图5-13所示)，进而为定量分析奠定基础。

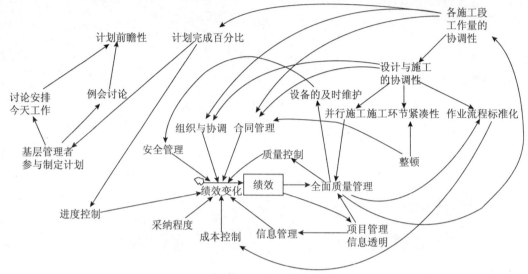

图5-13　精益建设影响因素的系统流程图

5.4.5　仿真参数确定

首先，将处理后的调查问卷数据确定为精益建设实施影响因素系统的初始参数，然后根据前文所叙述的逐步判别分析法及德尔菲专家打分法确定各参数的权重，最终将初始参数与其权重的乘积作为模型所需的参数，如表5-6所示。

表5-6　精益建设实施影响因素参数表

序号	变量名	初始参数	权重	最终参数
1	计划完成百分比	4.13	5	20.65
2	基层管理者参与制订计划	3.97	5	19.85
3	计划的前瞻性	3.95	1	3.95
4	项目管理信息透明	3.92	5	19.6
5	讨论安排今天工作	3.57	3	10.71
6	例会讨论	3.97	2	7.94

(续表)

序号	变量名	初始参数	权重	最终参数
7	施工环节紧凑性	3.74	1	3.75
8	作业流程标准化	3.98	3	11.94
9	并行施工	4.19	2	8.38
10	设计与施工的协调性	3.62	5	18.05
11	全面质量管理	3.58	3	10.74
12	设备的及时维护	4.07	3	12.21
13	各施工段工作量的协调性	4.06	1	4.06
14	整顿	3.92	2	7.82
15	质量控制	3.91	4	15.64
16	进度控制	3.81	3	11.43
17	成本控制	3.98	5	19.9
18	合同管理	4.02	5	20.1
19	信息管理	4.02	1	4.02
20	安全管理	3.72	3	11.16
21	组织与协调	3.98	2	7.96
22	采纳程度[①]	0.9	1	0.9
23	绩效	3.92	3	11.76

5.4.6 系统仿真

通过现场调研，大部分的建设项目工期在1～1.5年。此外工程建设中的技术或方法往往在工程项目上实施两三个月后就能体现出效果，因此本模型的仿真周期选择为三个月(图中的横坐标)。图中纵坐标的数值是变量在不同仿真时点的参数值。

本节分别选取精益建设技术采纳程度为0.9和0.5时进行系统动力学仿真研究。

在采纳程度为0.9时，精益建设实施影响因素与项目的质量控制、进度控制、成本控制、合同管理、信息管理、安全管理、组织与协调和项目绩效的关系，分别如图5-14～图5-21所示。

---

① 采纳程度的参数范围为0～1，在此暂定取值为0.9。

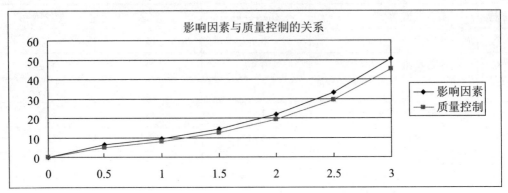

图5-14　影响因素与项目的质量控制关系图(采纳程度0.9)

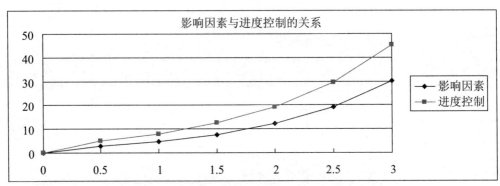

图5-15　影响因素与项目的进度控制关系图(采纳程度0.9)

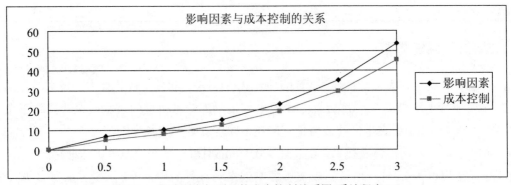

图5-16　影响因素与项目的成本控制关系图(采纳程度0.9)

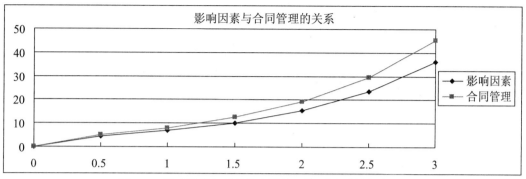

图5-17　影响因素与项目的合同管理关系图(采纳程度0.9)

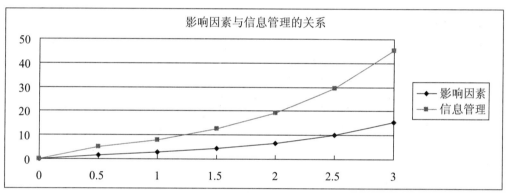

图5-18　影响因素与项目的信息管理关系图(采纳程度0.9)

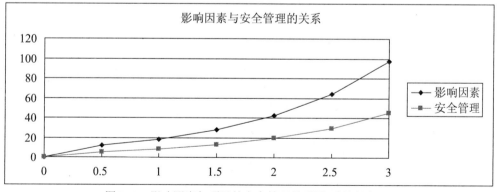

图5-19　影响因素与项目的安全管理关系图(采纳程度0.9)

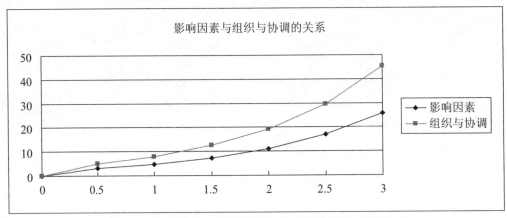

图5-20　影响因素与项目的组织与协调关系图(采纳程度0.9)

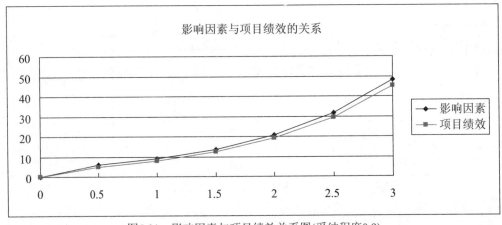

图5-21　影响因素与项目绩效关系图(采纳程度0.9)

　　通过对仿真图形比较和分析发现，在精益建设实施影响因素与质量控制、成本控制、安全管理和项目绩效的关系图中，影响因素曲线位于关系图中其他曲线的上方，说明项目的质量控制、成本控制、安全管理与项目绩效对于精益建设实施影响因素变化敏感性较低。其中，在影响因素与成本控制关系图和影响因素与安全控制关系图中，曲线的开口程度较大，说明在项目管理者对精益建设实施技术或方法采纳程度较高的情况下，各种影响因素实施程度的变化不会对成本管理和安全管理水平产生较大的影响。

　　在对采纳程度为0.9时的其余4个关系图的比较分析后发现，项目的进度控制、合同管理、信息管理与组织与协调，对影响因素的变化比较敏感，特别是影响因素与信息管理的关系图中，两条曲线的开口程度较大，说明精益建设实施影响因素对项目的信息管理有重要的影响，项目管理者可以在以后的工作通过加强精益建设技术和方法的实施来大幅度提高项目的信息管理水平。

在采纳程度为0.5时，精益建设实施影响因素与项目的质量控制、进度控制、成本控制、合同管理、信息管理、安全管理、组织与协调和项目绩效的关系，如图5-22～图5-29所示。

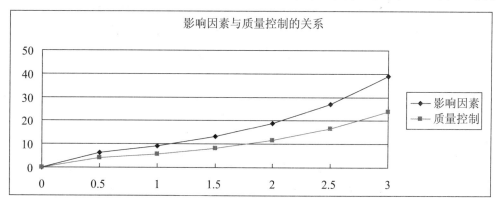

图5-22　影响因素与项目的质量控制关系图(采纳程度0.5)

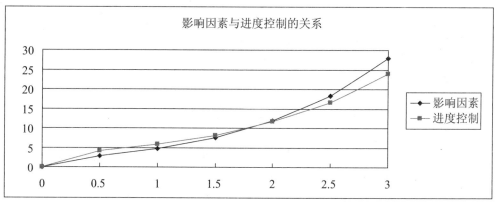

图5-23　影响因素与项目的进度控制关系图(采纳程度0.5)

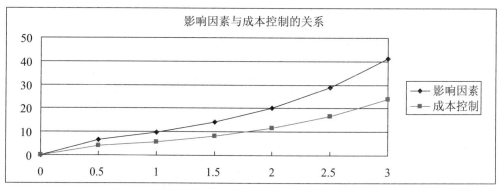

图5-24　影响因素与项目的成本控制关系图(采纳程度0.5)

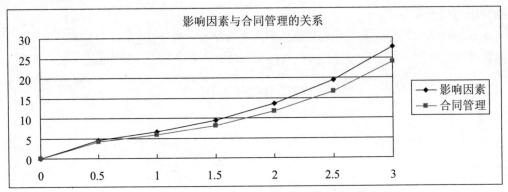

图5-25　影响因素与项目的合同管理关系图(采纳程度0.5)

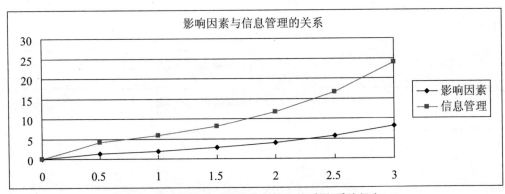

图5-26　影响因素与项目的信息管理关系图(采纳程度0.5)

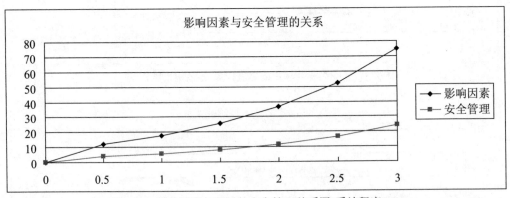

图5-27　影响因素与项目的安全管理关系图(采纳程度0.5)

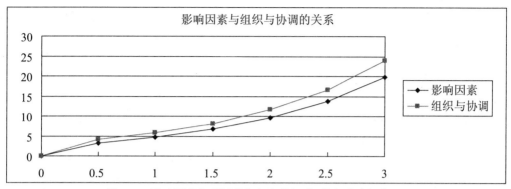

图5-28　影响因素与项目的组织与协调关系图(采纳程度0.5)

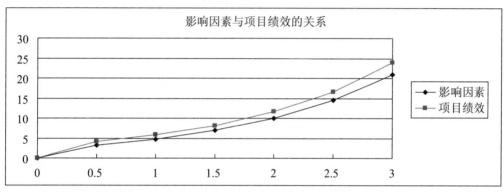

图5-29　影响因素与项目的绩效关系图(采纳程度0.5)

　　通过分析采纳程度为0.5时的仿真图形，发现精益建设实施影响因素的变化对质量控制、成本控制、合同管理和安全管理的影响程度较小，而对信息管理、组织与协调、项目绩效的影响程度较大。需要注意的是，在影响因素与进度控制的关系图中，随着建设项目在实施精益建设技术或方法时间上的增加，进度控制对影响因素的变化敏感性逐渐降低。

　　通过对采纳程度为0.9和0.5时的两组图形的对比分析，可以看出在采纳程度为0.9时影响因素的变化对合同管理的影响较大，而在采纳程度为0.5时合同管理对于影响因素的变化不太敏感，说明建设项目合同管理的提高可以通过项目管理者对精益建设技术或方法的接受和使用程度的增加得以实现。

　　在对比分析采纳程度为0.9和0.5时的影响因素与绩效关系的图形时发现，在采纳程度为0.5时，建设项目绩效对于影响因素的变化较为敏感，而在采纳程度为0.9时，影响因素的变化对建设项目绩效变化的影响没那么明显。这说明，由于精益建设技术或方法对于建设项目绩效的正面效应不断显现和项目管理者对于精益建设各项实施因素的逐渐重视，越来越多的项目管理人员愿意实施精益建设技术，因此随着时间的推移，精益建设技术或方法在建设项目的实施上逐渐成型，并趋于成熟和完善，就使得精益建设技术从一开始对项目绩效产生立竿见影的效果到后来对项目绩效的影响逐渐平稳。

5.4.7　模型的有效性检验

(1) 直观检验

直观检验主要检验模型与系统内部机制的一致性，因果关系的合理性和每个变量定义的准确性。本节的系统动力学模型在调研期间与项目管理专家、技术人员进行多次交流，基本能保证因果关系图、系统流程图等的合理性。系统的主要反馈结构、状态变量和速率变量能描述实际系统的主要特性，能真实反映实际系统。

(2) 运行检验

运行检验是借助计算机软件所具有的查错和跟踪命令来检查整个系统动力学模型的准确度。利用Vensim软件中的Check Model功能可检查模型错误，如模型存在错误，系统仿真运行过程中会提示模型错误，中止运行，并提示错误的产生原因。本节在进行模型仿真的过程中，通过反复修改校正，最终通过Check Model检验，表明该系统确定的边界准确、模型的因果关系合理真实。

(3) 历史检验

模型的历史检验主要是为了检验模型的仿真结果与实际系统的行为是否吻合。通过现场调研已经实施精益建设技术或方法的建设项目，并与施工现场技术人员和项目管理者进行访谈，本节的系统动力学仿真结果与实际项目中反映的情况基本一致。例如，在精益建设实施影响因素与项目绩效的关系上，参与访谈的项目管理者普遍认为在项目实施精益建设技术的开始阶段，建设项目的绩效水平较原来有较明显的提升，随着精益建设技术在项目上的不断深入，项目绩效的提高逐渐趋于平稳，这与上文中通过分析仿真图形所得出的结论一致。

第6章　建筑企业员工精益建设技术采纳行为影响因素

从前述建筑企业实施精益建设实际情况可知，现阶段我国只有为数不多的企业明确地提出把精益建设应用到具体的实践工作中，但是其采纳实施程度仍处于探索性阶段，其中一个主要原因就是实施过程受到众多因素的影响。国外学者围绕该问题取得了一些研究成果，而国内学者才刚刚起步。由于每个国家的国情存在差异，一定程度上制约了国外成果的可移植性。为此，基于我国建筑企业的现状，研究采纳实施精益建设影响因素具有理论和实践意义。第6章和第7章将分别从项目组中员工的个体视角及整个项目组的组织视角，对建设项目中采纳精益建设技术的影响因素进行了评价，并进一步做出采纳精益建设技术的决策模型，为以后建筑行业是否采纳精益建设技术提供参考。

6.1　解释结构模型及结构方程方法简介

6.1.1　解释结构模型理论概述

(1) 解释结构模型的概念

解释结构模型(Interpretation Structure Modeling，ISM)是由美国J.华费尔教授于1973年提出的，用以分析与解决复杂的社会经济系统有关问题的一种构造模型法，作为制定管理决策的工具。从对问题更深层次的了解出发，进而设计、规划出详细解决方案，将能更迅速地做出有效的决策。解释结构方程基于离散数学和图形理论，结合行为科学、数学概念、团体决策以及计算机辅助等领域，通过二维矩阵的数学运算，呈现出一个系统内全部要素间的关联性，最后可以得到一个完整的多层级结构化阶层，因此可以理清复杂事态的结构，帮助决策者清楚而有系统地组织所得信息和概念，并改善对问题各层面的了解。下面介绍两个在解释结构模型建模过程中重要的矩阵：

① 邻接矩阵

邻接矩阵A用来描述图中任意两个节点之间的直接关系，其元素a_{ij}可以定义如下：

$$a_{ij} = \begin{cases} 1 & S_i R S_j \quad R\text{表示}S_i\text{与}S_j\text{有关系} \\ 0 & S_i \overline{R} S_j \quad \overline{R}\text{表示}S_i\text{与}S_j\text{没有关系} \end{cases}$$

邻接矩阵的性质如下：

第一，矩阵A中a_{ij}全为0的行对应的节点称为汇点。

第二，矩阵A中a_{ij}全为0的列对应的节点称为源点。

第三，对应每一节点的行中，其$a_{ij}=1$的数量就是离开该节点的有向边数。

第四，对应每一节点的列中，其$a_{ij}=1$的数量就是进入该节点的有向边数。

第五，若在矩阵A中第i行第j列的元素$a_{ij}=1$，表明从S_i到S_j有一长度为1的通路，S_i可以直接到达S_j。

② 可达矩阵

可达矩阵R表示从一个元素到达另一个元素是否存在连接的路径，即经过一定长度的通路后可以到达的程度。可达矩阵R具有推移律特性，即若从S_i直接到S_k有长度为1的通路，S_k直接到S_j有长度为1的通路，那么S_i经过长度为2的通路必可到达S_j。一般地，可以通过邻接矩阵A加上单位矩阵I，并经过一定的运算后求得。

$$A_1 \neq A_2 \neq \cdots \neq A_{r-1} = A_r, \quad r \leqslant n-1$$

式中，n为矩阵阶数

则$A_{r-1} = (A+I)^{r-1} = R$

矩阵R称为可达矩阵，表明各个节点之间经过长度小于或等于$(n-1)$的通路后可以到达的程度。

(2) 建立解释结构模型的步骤

一般而言，建立解释结构模型的步骤有六步，概要如下：

① 成立实施解释结构模型小组，理清构成系统的元素

选择10名左右持有不同观点并且关心所要解决问题的人员组成实施解释结构模型小组，设定问题，基于各位成员的经验，充分发扬民主，边议论、边研究，提出构成系统要素的方案，经过多次反复讨论，理清构成系统的元素，制定合理的系统元素方案，即系统

元素为S_i，$i=1$，2，…，n。

② 构建邻接矩阵

将系统中元素两两依序比较其各个关系，将元素之间的关系转化为数学表现形式，即具有二元矩阵性质的关系矩阵或相邻矩阵，以A表示。

第一，当S_i对S_j有显著影响关系，或S_i为因、S_j为果时，以"$S_i R S_j$"表示，其关系矩阵中的关系元素$a_{ij}=1$。

第二，当S_i对S_j没有显著影响关系，或S_i不为S_j的因时，以"$S_i \overline{R} S_j$"表示，其关系矩阵中的关系元素$a_{ij}=0$。

③ 建立可达矩阵

在此运用图形理论，将上述的关系矩阵A加上单位矩阵I，以N_1表示，然后再以布林代数运算算法将N_1转化为可达矩阵，以M表示。

第一，$N_1=A+I$。

其中A为邻接矩阵；I为单位矩阵。

第二，布林代数运算算法。

$0+0=0$　　　$0\times0=0$

$0+1=1$　　　$0\times1=0$

$1+0=1$　　　$1\times0=0$

$1+1=1$　　　$1\times1=1$

第三，邻接矩阵转化为可达矩阵的运算。

将N_1自身相乘，$N_2=N_1\times N_1=N_1^2$；$N_2=N_1\times N_1=N_1^2$，直到$N_1^{k-1}\neq N_1^k=N_1^{k+1}=N_1^{k+2}=\cdots$

令$M=N_1^k$，M就为所要求得的可达矩阵。

④ 对可达矩阵进行分解

第一，$R(S_i)$为可达集合：以M矩阵中列的元素为基准，找出列的各元素和行的各元素交集值为1的元素。

第二，$Q(S_i)$为先行集合：以M矩阵中行的元素为基准，找出行的各元素和列的各元素交集值为1的元素。

第三，找出同一元素的$R(S_i)$和$Q(S_i)$的交集，形成一个交集集合。

第四，在阶层内找出满足$R(S_i)\cap Q(S_i)=R(S_i)$的元素，S_i、$R(S_i)$、$A(A_i)$和$R(S_i)\cap Q(S_i)$四行中所有的S_i元素全部删除，作为该阶层所分析的元素。

⑤ 做出递阶影响关系图

扣除前一阶层所分析出的元素后，可得一新阶层矩阵分析表，重复前一叙述"④"的方法，以此类推各个阶层，全部元素将可以具有阶层性和方向性，系统化整齐排列，进而做出易于阅读和理解的解释结构模型。

⑥ 模型修正

对所建立的解释结构模型与已有的概念模型进行对比分析，如果二者不相符，则返回步骤1，重新对有关元素及其各元素之间关系和解释结构模型进行修正；同时，解释结构模型也会对已有的概念模型有所启发和修正。通过二者之间的互相反馈和交互学习以及逐步修正，最终将得到一个具有启发性和说服力的解释结构模型，用于问题的解释和分析。

6.1.2　结构方程理论概述

(1) 结构方程基本原理

结构方程分析方法是一种数据统计分析方法，它结合了因子分析、路径分析与多元回归等数据分析方法。可以用来解释一个或者多个自变量与一个或多个因变量之间的关系，并且连续型与离散型数据均可以用它来进行分析。

结构方程模型中按变量是否可直接观察、测量而将变量分为显变量与潜变量。显变量又称观察变量，可以直接观察测量，在进行因子分析时将其作为指标。与显变量相对应的潜变量则不可直接观察测度，不过由于潜变量与显变量之间存在某种协变关系，所以可以用显变量来间接测度潜变量。

结构方程模型主要包括结构模型和测量模型，结构模型主要用来检验研究假设，即假设中两者之间的影响。结构方程所处理的都是潜变量，不可直接测量，所以需要有变量设计的过程，从概念性变量逐级转换到操作性变量。测量模型正是描述此变量设计过程的内容。

(2) 结构方程统计工具

可以分析结构方程的软件很多，其中包括：LISREL(Analysis of Linear Structural Relationship)、AMOS(Analysis of Moment Structures)、CALIS(Covariance Analysis and Linear Structural Equations)、EQS(Equations)、LISCOMP(Linear Structural Equation with a Comprehensive Measurement Model)、RAMONA(Reticular Action Model or Near Approximation)、Mplus 等。目前比较流行的是：AMOS、LISREL、EQS 和 Mplus。

AMOS是近年来非常流行和易于使用的结构方程模型分析软件。它是由Samll Waters公司研发的SEM独立分析软件，将AMOS和SPSS公司SEM捆绑在一起作为一个独立的模块嵌入在SPSS软件。在Windows 95/98/2000/XP下可以应用图形或文本语法命令，进行结构方程模型的分析。

AMOS 17.0让SEM变得更容易,没有复杂的编程,可以拖动直观的绘图工具,可以快速绘制路径图来展现模型。并且AMOS 17.0得到的数据分析结果要比仅仅使用回归分析、因子分析等要准确明了。分析过程中AMOS 17.0每一步都提供了一个图形化的环境,并且调色板工具极为方便,直接单击鼠标就能指定或变换模型。运行模型后,能快速得到结果,且能详细地看出变量之间是如何相互影响的。因此,本研究采用AMOS 17.0进行模型的拟合。

(3) 结构方程分析步骤

一般的结构方程分析可粗略分为四大步骤:第一步,模型构建(Model Specification);第二步,模型拟合(Model Fitting);第三步,模型评价(Model Assessment);第四步,模型修正(Model Modification)。具体使用结构方程模型进行分析的步骤如图6-1所示。

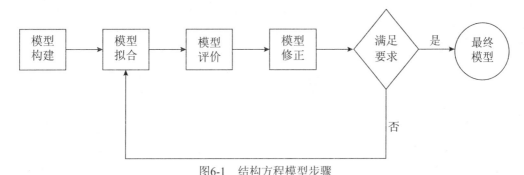

图6-1 结构方程模型步骤

6.2 基于粗糙集的员工精益建设技术采纳行为影响因素分析

6.2.1 精益建设技术采纳影响因素确定

通过对国内外精益建设及其采纳实施影响因素的研究文献分析发现,建筑企业采纳精益建设受到个体因素、组织因素、环境因素和结构因素的影响,从结果来看,较好地反映了客观现实。但是大部分研究结果都来自国外,由于每个国家建筑企业所处环境存在较大差异性,可以说影响每个国家建筑企业实施精益建设的因素有所不同。采纳精益建设对于建筑企业来说是一项复杂的系统工程,它的顺利采纳实施离不开建筑企业自身、政府、合作伙伴和业主等各方的共同协作与支持。虽然可以把建筑企业实施精益建设抽象出来作为严肃的学术问题加以分析讨论，但采纳精益建设是一个基于现实应用的研究问题，不能脱离现实背景和客观现实状况，因而在确定采纳精益建设影响之前，要对建设项目的众多利益相关者进行深入细致地研究，才能够全面、系统而准确地判断采纳精益建设的影响因素体系。

(1) 环境因素

① 政府视角

政府是指一个国家为了维护和实现特定的公共秩序，按照一定的原则组织起来的政治统治和社会管理的组织。政府的内涵有广义和狭义之分，广义政府包括立法机关、行政机关、司法机关和军事机关，狭义政府仅指国家行政机关，在本书中所提到的政府主要是指我国行政机关。在计划经济中，政府扮演了生产者、监督者和控制者的角色，主要通过指令性计划和行政手段进行经济和社会管理，属于全能型政府。在市场经济中，政府的职能发生了重大转变，从原来对微观主体的指令性管理转换到为市场主体服务上。政府在市场经济中发挥着两个重要的作用，一是维护市场经济中每个权利人的合理利益，二是维护公共利益，在这里主要探讨的是第二个作用。在维护公共利益中，政府有权纠正企业的一切违规行为，强制企业在生产和经营过程中不能只考虑自身利益而忽视或损害众人利益。

目前低碳建筑逐渐成为国际建筑业的主流趋势，低碳建筑的核心是指在建筑物的整个生命周期内，减少各种化石能源的使用，如建筑材料，提高能效，降低二氧化碳的排放量。为了促使建筑业从传统模式走向低碳建筑模式，我国各级政府从2007年开始就陆续颁布了一些有关绿色低碳建筑发展的政策和相关标准，如《绿色奥运建筑评估体系》《绿色建筑评价标准》和《中国绿色低碳住区减碳技术评估框架体系(讨论稿)》，进一步促使低碳建筑在我国建筑企业的发展。要实现低碳建筑，达到降低能耗的目标，减少或者避免建设生产过程中所产生的浪费或无增值活动就显得非常有重要意义。所以说，要推进精益建设在我国建筑企业的应用，政府政策尤其在实施前期，势必将要发挥重要而积极的作用。通过与政府相关职能部门的人员沟通和交流，整理结果如下：

第一，精益建设概念比较新，其核心思想政府部门在实际监管过程中早已提到，但是没有形成正式性文件下达给各个企业，并要求其执行。

第二，精益建设理念与未来建筑业的发展方向相吻合，政府部门需要进行前期的实际考察和调研，以颁布促使建筑企业实施精益建设的有关政策和标准。

第三，笔者方谈到的国外对精益建设实施情况好于我们国家，一些技术应该已经取得了显著效果，但是包括政府部门和建筑企业还没有自己的技术研发队伍，无法设计出一套适合我们自己需要的技术体系和操作标准流程。

由此，我们认为政府政策和国家技术发展水平是影响建筑企业采纳精益建设的因素。

② 市场视角

市场结构主要受到市场集中度、产品差异化和市场进出壁垒的影响，其中市场的进出壁垒对市场结构的影响最大。目前，我国建设业的市场结构属于竞争型，市场集中度较低，产品差异化不易分辨，市场进入门槛低、退出门槛高，造成生产能力相对过剩，出现了"狼多肉少"的现象，市场竞争激烈，企业往往陷入价格战的循环中，严重影响了企业整体效益的提高。通过与一些建筑企业中高层管理者的沟通与交流，整理结果如下：

第一，目前，建设市场竞争很激烈，一些企业往往为了中标而过度压低投标价格，然后再考虑中标以后进行索赔，一定程度上形成了价格战的局面。

第二，限于目前的竞争压力，高层管理者也渴望在实际工作中引入一种更加有效的管理方法，提高工程项目的财务收益率。

第三，高层管理者也想实施笔者所提到的精益建设，但是他们缺乏这样的专门人才，去高校招聘也没有合适的对口专业。

第四，现在大家都为了自身的利益，供应商对建筑企业供货要求走量，否则有意提高采购价格，使建设成本增加和工期延长，再加上建筑企业的一些工程材料或设备还需要到外地市场去采购，采购的成本比较高，此为无奈之举，因为本地市场达不到我们的要求。

第五，建筑企业在进行入驻施工现场的前期，要先对一些社会基础设施，如道路进行建设，不然会影响材料、设备和人员的进出。这占用了建筑企业的部分时间和资金。

第六，目前，一些大型建筑企业在施工过程中，确实比中小建筑企业做得好，他们用的材料少、质量高，技术人员专业素质也过硬，其主要的原因就是这些专业技术人员高度聚集到大型企业中，不乐意到中小企业中来。

第七，一些建筑企业每年也派出一些管理者参加高校的在职学习班，希望这些人员能进一步提升自己的项目管理理论知识水平，服务于企业。但是从他们学习回来以后反映的信息得知，有些高校针对企业管理中的一些应用性问题展开了研究，实际对其成果共享性不高，同时一些建筑企业也不知道如何与高校搭建合作平台，做到科研成果的共享，以解决其实际工作中的问题。

第八，一些建筑企业的高管认为，在他们所了解的企业中，采纳实施精益建设的项目不是特别多，大家还是在按照过去的模式在进行企业管理和做项目。

由此，我们认为同类企业实施情况、社会配套设施的完善性、所需材料本地市场的可获取性、竞争压力、专业人员技术垄断程度、社会福利设施、供应商策略、高校专业人才培养、理论研究及成果推广等是影响建筑企业采纳精益建设的因素。

③ 供应链视角

建筑企业的精益供应链管理是从供应链的层面使各个参与方进行协作，以使项目现场所需的信息和材料得到及时的供应，最大限度地降低建设成本和提高客户价值的一种动态管理模式。它的基本目标是简化供应链、减少变化和提高透明度。建筑企业供应链管理参与方主要包括设计商、承包商、业主和供应商组成，其中建设承包商是整个供应链管理的核心。我们对建设承包商进行了实际访谈，整理结果如下：

第一，设计与施工之间出现了脱节现象，设计在施工招标之前已经完成，承包商只负责施工，根本实现不了笔者方所提到的边设计、边施工的工作方式。

第二，甲方不按照合同支付工程进度款，进而影响整个施工进度，另外，甲方还经常要求承包商垫付工程材料和设备款。由于企业资金紧张，工程材料和设备无法按时供应，造成施工进度放缓。

第三，施工过程中，施工材料如果由甲方供应往往会造成两种情况，第一种是停工待料，第二种情况是材料大量积压，占用了大面积的施工场所。

第四，在整个建设过程中，经常出现扯皮现象，互相推诿责任。其实很多时候不是推诿责任，而是当初责任划分界限模糊、职责不明造成的。

第五，整个建设过程中，问题发生最多的地方就是各参与方的相互衔接点，它们直接影响了建设产品的质量、工期和费用。

第六，现场的一些管理人员对合同管理的理解和把握的随意性很大，全凭个人感情和社会关系用事。

由此，我们认为业主的支持程度、设计与施工相分离、供应链压力、采购方式、供应链协调水平、合同管理是影响建筑企业采纳精益建设的因素。

(2) 组织因素

① 企业文化视角

企业文化是指企业在长期的生产经营过程中逐步形成的，其主要内容包括企业哲学、价值观念、企业精神、企业道德、团体意识、企业形象和企业制度，具有导向功能、约束功能、凝聚功能、激励功能、调适功能和辐射功能六个主要作用，由物质文化要素、制度文化要素和精神文化要素组成。目前，我国一些建筑企业仍属于大而全、小而全的粗放式经营模式，机构臃肿、技术陈旧、包袱沉重和工作效率低下等状态长期并存，缺乏有效的市场竞争力。同时，我国建筑企业对内外部客户满意度的关注程度比较低，在内表现为与员工处于对抗关系，在外表现为与其他参与方处于对抗关系，这就导致了各种冲突和摩擦频繁发生。在各方的博弈过程中，由于各方之间的不信任以及追求各自的利益最大化，致使产生了不该产生的浪费，这也是建设生产过程中各种隐性浪费产生的重要原因之一，与精益建设的思想相违背。通过与建筑企业的员工沟通和交流，整理结果如下：

第一，建筑企业具有典型的传统国有企业特色，机构比较臃肿，人浮于事，工作交叉性很大，界限又不明确，琐碎程序比较多，效率不太高。

第二，笔者方所提到的精益建设非常好，在目前状况下，如果实施精益建设，需要精简一些机构和人员，这些人员的后期人事安排问题不容易解决，并且也很容易引起这些人员的集体抵触。

第三，目前，在建筑企业内部存在着"枪打出头鸟"的现象，大家还比较喜欢墨守成规，按部就班、各负一摊的工作方式。

由此，我们认为企业文化是影响建筑企业采纳精益建设的因素。

② 组织结构视角

组织结构是实现组织目标的手段和方法，传统建设和精益建设的目标存在很大的差异，因而传统的组织结构必须做出相应的调整以适应采纳实施精益建设的需要。通过与一些现场项目经理的访谈结果，整理如下：

第一，现场项目经理具有一些现场决策权，但是权力不大，大部分事情还需要向总部反映，再进行决策，即使现场项目经理反映的情况，总部也不一定给予考虑和采纳。

第二，总部对现场项目经理授予的权力比较大，可以根据现场施工情况作出动态调整。

第三，项目部与总部各部门之间的沟通比较困难，总部职能部门人员到现场，不是帮助现场项目经理解决问题，而是根据预定目标来考核现场项目经理，考核的结果往往得不到现场项目经理的认可。

第四，管理制度中有严格的建议反馈流程，倾向于层层上报、层层下达的方式，下级员工只能把有关问题反映到上级领导那里，领导再继续往上汇报，几乎不存在直接的越级汇报现象，项目经理也不喜欢这种方式。

由此，我们认为组织结构是影响建筑企业采纳精益建设的因素。

③ 绩效制度视角

传统建筑企业中，管理者根据自己所处层级的目标依赖于自身知识和经验，对目标进行分解，下达给自己部门的员工，员工按照下达给自己的工作目标和任务进行工作，管理者很大程度上会根据员工执行的结果和分解的目标进行考核，来确定员工的最终收入。按照公平理论来讲，该方法好似能得到很好的合理解释，但是，该方法无形中会进一步强化员工对结果的追逐，而忽视对过程的关注。精益建设更加强调对过程的关注，很明显原有的绩效考核制度不能激励员工在实际工作中实施精益建设。通过与一些建筑企业员工的沟通与交流，整理结果如下：

第一，员工的工作任务很繁重，一旦不能按期完成，单位要扣员工的奖金，甚至影响我的职业发展。

第二，建设项目外界环境经常变化，领导要求员工努力按照既定计划把工作完成。

由此，我们认为原有的绩效制度设计是影响建筑企业实施精益建设的因素。

④ 信息共享视角

传统建设中，由于各参建方的信息隐匿或信息共享成本过高等原因，经常造成信息不对称现象的发生，产生了浪费问题。我国一些建筑企业内部实现了信息化，但是应用程度比较低，主要用于简单的数据储存和分析以及资料管理，尤其是建设项目现场的信息化更是如此。精益建设中的TFV理论中的流观点要求建设过程中各环节之间实现无缝衔接并快速流动，没有停顿和等待，准时化技术在一定程度上可以很好地实现流观点的要求，但是其重要的前提条件之一是每一个下游环节的信息要及时而准确地传递给上游环节，要求信息在这些环节之间高度共享。但是建设项目现场限于人员、技术和资金等因素的制约，信息化水平很低，主要依赖于人的经验来制定各工段的工作量，经常出现停工待料或者加班加点现象的发生，不符合精益建设的要求。通过与建设项目现场人员的沟通与交流，整理结果如下：

第一，现场一线员工大部分都是小包工头带着的农民工，学历很低，素质较差，流动性很大，即使把各工段进度信息张贴上墙，他们大部分也是看不懂，只是根据现场人员给包工头分配任务，包工头再给农民工分配任务，按照任务执行。具体上个工段的任务是什么，农民工根本不明白，也不去关心，还是任务驱动型的。

第二，现场项目计算机主要用于有关数据和资料的储存，用于一些基本资料的记录，没有联网，也没有建立信息系统，只是安装了一些单机版的软件，如Project软件、Auto CAD等。

由此，我们认为信息共享是影响建筑企业采纳精益建设的因素。

⑤ 具体实施视角

采纳实施精益建设是一项复杂的系统工程，需要逐步深入，不能一蹴而就。在采纳的前期，需要对有关实施人员进行专业知识和技能的培训，以提高他们的理论知识和专业技能水平，同时还需要制订严格的实施计划，分步骤有层次地进行实施，以取得预期的效果。通过与一些建筑企业中高层管理者的沟通与交流，整理结果如下：

第一，高管认为笔者所提到的精益建设将能够很好地解决他们现实工作中的问题，相对而言，他们熟知6S的现场管理和全面质量管理，它类似于文明施工和精益品质管理，但是对末位计划者技术、并行工程和价值工程等，他们不是特别了解，现实中应用得也比较少，如果让他们在实际工作中进行实施，肯定会有难度。

第二，高管对精益建设有所了解，但是他们单位的其他同事对其比较陌生，他们大部分都是经验出身的技术工人，没有接受过继续专业教育。

第三，他们公司邀请了一些专家对他们的员工进行了项目管理知识的培训，但是培训周期太短，学到的都是非常肤浅的部分，不知道具体如何应用到实际工作中。

第四，作为实施精益建设比较前瞻的企业，总部已经针对该项目制订了比较严格的实施计划，并对项目部人员进行了专业方面的培训，同时邀请了专家与他们共同成立了课题组，保证了实施精益建设的顺利开展。

第五，他们已经在实际工作中应用了精益建设，也构建了相应的实施保障体系、评价体系和整改体系，到目前为止来看，实施效果比较理想。

由此，我们认为企业培训、工具采用、实施周期、实施计划和实施评价等是影响建筑企业采纳精益建设的因素。

⑥ 财务支持视角

企业任何一项活动的实施都需要资金给予支持，采纳精益建设也不例外。前文也提到我国建设市场竞争非常激烈，一些企业为了项目中标而有意压低标价，在具体采纳实施过程中，除了向业主进行继续索赔之外，他们尽量压缩各种开支，一般不太乐意组织对员工进行培训，尤其对于一线员工。实施精益建设的前期，譬如企业培训往往会占员工一些工作时间和需要企业投入一定的费用，有可能造成工期延长和成本增加，还有购买相应设备和材料也会占用企业的资金，等等。通过与一些建筑企业中高层管理者的沟通与交流，整理结果如下：

第一，现在的市场竞争很激烈，每个项目的赢利空间被压缩再压缩，已经很小了，大家都不愿意拿出钱来进行企业培训、购买相应设备和材料等，尤其是中小建筑企业。

第二，他们每年都请企业外部专家或者内部培训师对员工进行专业培训，预算不高，投入不大。笔者所提到的精益建设很好，但是本年度好似没有多余的预算用于这个培训。

由此，我们认为财务压力是影响建筑企业采纳精益建设的因素。

(3) 个体因素

① 管理者视角

企业任何一项活动只有得到高层管理者的支持才会得以顺利实施，否则会有一些难度，因为高层管理者在很大程度上掌握着整个企业人、财、物的优先分配权。得到他们的支持，也体现了企业对某项活动的重视程度。中层管理者发挥着承上启下、承前启后和上情下达的作用，其角色应该是一个链接高层管理者和员工的纽带，因而中层管理者的能力直接决定了一项活动的最终执行效果。通过与一些建筑企业员工的沟通与交流，整理结果如下：

第一，高层管理者好似没有强调过笔者所提到的精益建设，员工不知道它们是什么。

第二，在采纳精益建设之前，高管亲自参加了动员会，并提出了一些保障实施的建设性意见，要求员工积极配合课题组专家工作，把精益建设应用到具体实践工作中。

第三，项目经理与课题组合作，构建了一套6S现场管理体系，取得了不错的效果。

第四，高管不止一次给中层管理者开会，强调采纳精益建设的重要性，他们的一些试点项目已采纳精益建设，并取得了不错成效。

由此，我们认为高管支持、中层管理能力、项目团队技能等是影响建筑企业采纳精益建设的因素。

② 员工视角

员工是企业任何活动的最终执行者，他们的执行力直接决定了某项活动的最终执行效果。而对员工而言，衡量执行力的准则就是按时、按质、按量完成实际工作的能力，包括含执行任务的意愿、承担任务的能力和完成任务的程度。通过与一些建筑企业员工的沟通与交流，整理结果如下：

第一，通过企业培训，员工掌握了精益建设的理论知识和操作技能，并在实际工作中加以使用，感觉自己的工作绩效水平得到了明显提高，员工愿意把精益建设应用到自己的工作中。

第二，员工的工作很忙，按照现在的工作方式还需要加班加点的才能完成，不想把笔者所提到的精益建设应用到工作中，如果一旦实施效果不好，那就会适得其反。

第三，员工工作之余经常思考一些解决工作问题的方案，笔者所提到的精益建设员工也看过一些，认为不错，也与其现在对工作的要求相符。

由此，我们认为员工理论知识水平、操作技能和经验、员工执行力、认可态度、风险偏好、学习能力和创新能力等是影响建筑企业采纳精益建设的因素。

综上所述，得到实施精益建设的影响因素，具体包括政府政策、国家技术发展水平、社会配套设施的完善性、所需材料本地市场的可获取性、竞争压力、专业人员技术垄断程度、社会福利设施、供应商策略、高校专业人才培养、理论研究及成果推广、业主的支持程度、设计与施工相分离、供应链压力、采购方式、供应链协调水平、合同管理、企业文化、组织结构、绩效制度、信息共享、企业培训、工具采用、实施周期、实施计划、实施评价、财务压力、高管支持、中层管理能力、项目团队技能、理论知识水平、操作技能和经验、认可态度、员工执行力、风险偏好、学习能力和创新能力等。

6.2.2 精益建设技术采纳实施水平确定

建筑企业采纳实施精益建设水平情况主要依赖于被调查者的看法。尽管精益建设概念对我国一些建筑企业的管理者和员工来讲比较陌生，但是其理念和相关技术、工具已经在具体实践工作中得到了实践应用，如文明施工、预制部件、精益品质管理等。为了进一步洞察和了解精益建设在我国建筑企业采纳实施的情况，通过对最后计划者、模块化、准时化、并行工程、6S现场管理、全面质量管理、标准化作业流程、价值工程、设计与施工整合和施工均衡化等精益建设技术应用程度的调查，进一步衡量采纳实施精益建设水平情况，围绕精益建设的一些重要技术设计了调查内容，具体有：周计划完成百分比(PPC)；基层管理者(如领班)参与周工作计划制订；根据周工作计划完成情况调整月度(前瞻)计划；公开公布工作任务标准；进度、质量和安全信息公开张贴；与每个领班(员工)签订兑现工作任务承诺书；每天早晨要召开总结会议，对昨日工作成果与当天的工作计划做总结和安排；基层管理者可以将例会的频率定为一周一次，对过去一周工作进行经验教训总结的同时还要对未来一周的工作做相应的安排；施工环节要做到紧密衔接，既没有等待，也没有多余加工；对施工过程中各种规范和要求的约束管理；物料、人力、设备按规定时间准时送至现场；建设活动的各种作业以及作业流程标准化；并行(搭接)施工；施工小组内或小组间保持信息共享；边设计、边施工；PDCA(戴明环)技术；全员参与质量控制；全过程质量控制；施工成本核算；设备故障隐患及时维护修理；维持主要参与方(如业主、设计、监理等)之间良好的协作关系；保持各施工段工程量相近；构件安排到远离施工现场去生产，模块的组装工作可以在施工现场完成；现阶段要用到的材料要保证充足供应并且与废料、余料等区分开来；将施工现场的工具、器材、文件等的位置固定下来，在需要时立即找到；清扫施工现场到没有脏污的干净状态，注重细微之处；清除事故隐患，排除险情，保障员工的人身安全和生产正常进行；维持施工现场的整洁的状态并进行标准化；培养员工遵守规章制度，养成良好的文明习惯及团队精神。

6.2.3 调查数据的采集

采用调查问卷的方式完成本部分的数据采集工作，调查问卷共包括三个部分：第一部分为基本信息，主要包括被调查项目的信息以及被调查的个人信息；第二部分为采纳实施精益建设水平调查，衡量准则采用了里克特量表理论，对每个题项的测度分为5个等级，1级为没有实施，5级为实施理想，等级越高，表明实施精益建设情况越好；第三部分为采纳实施精益建设影响因素调查，衡量准则同样采用了里克特量表理论，对每个题项的测度仍分为5个等级，1级为不同意，5级为非常同意，等级越高，表明被调查者对该题项越认可。在问卷发放之前，与有关学者、专家和行业内实践者对调查问卷内容设计进行了充分沟通和交流，课题组成员也进行了反复讨论，根据他们反馈的意见进行了多次修正和完善，形成了正式的调查问卷，如表6-1所示。

表6-1 精益建设采纳影响因素调查问卷(部分)

第一部分：基本信息		
1	项目类型：＿＿＿＿＿＿＿	
2	性别：□男 □女	
2	职位：□高层管理者□中层管理者□基层管理者(项目管理者)……	
第二部分：实施精益建设水平		
序号	题项内容	测度准则
1	周计划完成百分比(PPC)	□1 □2 □3 □4 □5
2	基层管理者(如领班)参与周工作计划制订	□1 □2 □3 □4 □5
3	根据周工作计划完成情况调整月度(前瞻)计划	□1 □2 □3 □4 □5
4	……	□1 □2 □3 □4 □5
第三部分：影响因素		
1	政府出台一系列措施督促企业规范化生产，如现场文明施工、塑造精品工程等	□1 □2 □3 □4 □5
2	建筑项目所需的原材料、设备和工具等均可以在本地购买或租赁	□1 □2 □3 □4 □5
3	竞争对手在其项目管理中注重对建设生产过程中的浪费或无增值活动的管理，效果不错	□1 □2 □3 □4 □5
4	……	□1 □2 □3 □4 □5

为了保证调查结果的客观性和准确性，本次调查采用了多层抽样方法，分别调查了曾有合作经历的建筑企业中高层管理者、现场项目经理和技术人员，发放方式主要采用现场集中送达的形式，以便于提高被调查者对本次调查的重视程度和问卷的回收率，获取真实有效的调查数据。共发放120份调查问卷，应用漏填项(超过5项)和奇异值方法剔除无效问

卷，得到有效问卷103份，有效问卷率为85.83%。

6.2.4 精益建设技术采纳重要影响因素确定

(1) 描述性统计

采用SPSS 19.0统计软件对样本数据的主要特征进行了描述性统计分析，具体如表6-2～表6-4所示。

表6-2 样本项目类型特征分布

项目类型	频率	百分比	累积百分比
民用建筑工程	67	65.0	65.0
工业建筑工程	21	20.4	85.4
市政工程	12	11.7	97.1
其他	3	2.9	100.0
合计	103	100.0	

表6-3 被调查者性别特征分布

性别	频率	百分比	累积百分比
男性	95	92.2	92.2
女性	8	7.8	100.0
合计	103	100.0	

表6-4 被调查者所处管理层次特征分布

管理层次	频率	百分比	累积百分比
高层管理者	3	2.9	2.9
中层管理者	21	20.4	23.3
基层管理者(项目经理)	43	41.7	65.0
专业技术人员	36	35.0	100.0
合计	103	100.0	

从有效样本的项目类型特征分布来看，民用建筑项目最多，为67个，占到65%；工业建筑项目，为21个，占到20.4%；市政工程项目，为12个，占到11.7%；其他项目为3个，占到2.9%。目前，我国城镇人口增加速度比较快，对住房的需求量很大，尤其是拉动了商品房的投资和建设，进而促使民用建筑在工程项目中所占比例越来越大，调查对象的抽样也是基于这点来考虑，以体现样本的代表性和说服力。

从有效样本的被调查者性别特征分布来看，男性从业者的比例高达92.2%，女性从业者几乎可以忽略不计，这也与建筑企业所具有的工作岗位需求特点有关。目前建筑企业大部分岗位要求从业者为男性，对女性的需求量很小，只有一些办公室岗位在设置时可以考虑女性。

从有效样本的被调查者所处管理层次特征分布来看，基层管理者(包括项目经理)所占的比例比较大，为41.7%，专业技术人员为35.0%，中层管理者为20.4%，高层管理者为2.9%，说明样本的调查对象更加集中于基层管理者和专业技术人员，他们也是工程项目具体的管理者和执行者，对工程项目的具体情况相对于中高层管理者而言更加了解；中高层管理者更加重视对众多工程项目的协调和决策工作，尤其是高层管理者。整体来看，样本的分布符合研究所需。

(2) 信度和效度检验

① 信度检验

在里克特态度量表中常用的信度检验方法为Cronbach's α系数，该方法是由李·克隆巴赫于1951年提出的，是目前社会科学研究中最为流行的信度分析方法。一般而言，Cronbach's α系数值超过0.80，就表明问卷具有良好的稳健性或可靠性。利用SPSS 19.0统计软件对回收数据进行了处理，Cronbach's Alpha系数为0.905，处于可接受范围，表明问卷具有良好的内部一致性。

② 效度检验

通过探索性因素分析方法提取一个公因子以检验量表的结构效度，利用SPSS 19.0统计软件对回收数据进行了处理，得到整个量表的KMO值为0.908，大于0.9；Bartlett 的球形度检验x^2=6 260.383，p=0.000，累计解释方差为54.110%，因素负荷量介于0.549～0.717，均大于0.5，说明量表具有良好的结构效度。另外，调查量表在编制的过程中与有关专家、学者和行业实践者进行了沟通与交流，课题组成员也进行了反复讨论，可以认为该量表的内容效度或表面效度是可接受的。整体来看，调查量表通过了效度检验。

(3) 采纳精益建设影响因素的约简

① 数据获取

运用粗糙集法对问卷得到的有效数据进行分析，其中40个影响因素作为决策表中的条件属性，1个采纳实施精益建设水平作为决策属性。由于精益建设采纳实施水平是通过精益建设技术应用程度来综合界定的，对调查问卷的第二部分数据采用了简单平均数方法进行处理，得到了某个项目采纳实施精益建设的水平情况。限于篇幅，只截取部分数据(如图6-2所示)。

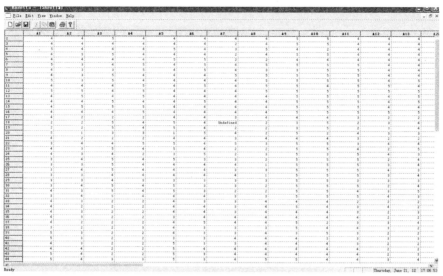

图6-2　部分数据截图

② 数据的补齐和离散化

在对数据进行约简之前，需要对原始数据中的遗漏项进行补齐。为了最大限度地保证缺失项可以得到补齐，采用Mean Completer与最高可信度两种缺失值补齐方法。数据补齐之后需要对数据进行离散化处理，目的是为了提取的信息可以更有价值并且帮助我们发现更多的知识。选择的方法是等频率划分法(Equal Frequency)，得到结果是各变量的值能够很好地被离散化(如图6-3所示)。

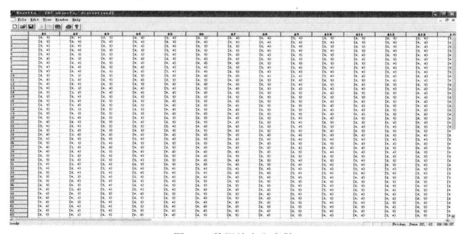

图6-3　数据补齐和离散

③ 属性约简

常用的属性约简方法有遗传算法和Johnson's算法，虽然在约简精度上两者不分伯仲，但是Johnson's算法在不会产生规则冲突的基础上可以得到属性最少的核约简，并且在支持度和覆盖度上也较遗传算法更优。因此选择采用Johnson's算法进行属性约简，具体的结果如表6-5所示。

表6-5　精益建设采纳实施重要影响因素

维度	影响因素	描述
实施精益建设的水平S_0		企业实施精益建设的结果
个体	理论知识水平S_1	主要人员了解、熟悉和掌握精益建设理论知识情况
	操作技能和经验S_2	主要人员具备实施精益建设的操作技能并获得相关经验情况
	认可态度S_3	主要人员对实施精益建设的思想动机和行为倾向程度
	员工执行力S_4	主要人员贯彻精益建设思想，完成既订计划的实际操作能力
组织	高管支持S_5	高管对实施精益建设给予支持的程度
	企业文化S_6	企业文化蕴涵任何工作追求持续改进、尽善尽美的价值理念
	组织结构S_7	企业内部职责与职权的关系、工作和人员分组以及协调问题
	信息共享S_8	实施精益建设过程中团队间以及个人间信息沟通情况
	财务压力S_9	企业财务满足实施精益建设财力需求的状况
	绩效制度S_{10}	绩效制度设计倾向于鼓励员工实施精益建设的程度
	工具采用S_{11}	已有项目建设过程中采用精益建设工具的情况
	企业培训S_{12}	针对精益建设有关理论知识和操作技能，企业组织员工接受培训
环境	政府政策S_{13}	政府颁布推进实施精益建设文件，提供免费技术支持和培训，给予有关政策倾斜等情况
	已采纳者S_{14}	外部同行在已有项目中实施精益建设的数量和效果
	竞争压力S_{15}	企业所在细分市场竞争激烈程度
	供应链压力S_{16}	供应链参与方迫使企业实施精益建设情况

6.3　员工精益建设技术采纳影响因素解释结构模型构建

6.3.1　精益建设技术采纳影响因素的解释结构模型构建

(1) 建立构思模型

设计问卷，请专家对表6-5中的采纳精益建设的重要影响因素两两间关系按照下述原则作出判断：

① 如果S_i对S_j有影响，判断值为1；② 如果S_i对S_j无影响，判断值为0。

经过多次迭代和统计分析，专家们逐步统一判断结果，从而得到重要影响因素的构思模型，如图6-4所示。

A	A	A	A	A	A	A	A	A	A	A	A	A	A	A	A	A	S_0
0	0	0	0	A	0	0	0	A	0	0	0	V	0	0	A		S_1
0	0	0	0	A	A	0	0	0	0	0	V	0	A				S_2
0	0	0	0	0	0	A	0	A	0	A	A	V	A				S_3
0	0	0	0	0	0	0	0	0	0	0	0	A					S_4
A	A	A	A	0	0	0	A	0	0	0	A						S_5
0	0	0	0	0	0	0	0	0	A								S_6
0	0	0	0	0	0	0	V	A									S_7
0	0	0	0	0	0	0	0	A									S_8
0	0	0	0	0	0	V	A										S_9
0	0	0	0	0	0	A											S_{10}
0	0	0	0	0	A												S_{11}
0	0	0	A	A													S_{12}
0	0	0	A														S_{13}
0	0	A															S_{14}
0	A																S_{15}
A																	S_{16}

图6-4 构思模型

图6-4中A表示为下位因素对上位因素存在影响(行因素导致了列因素)；V表示为上位因素对下位因素存在影响(列因素导致了行因素)；0表示为上下位因素间无影响。这里侧重于研究各因素之间的主要关系，不考虑因素间影响力比较弱的关系。

(2) 求出可达矩阵

根据构思模型，得到邻接矩阵$A=[a_{ij}]_{17\times17}$，由于邻接矩阵生成相对简单，在此不再列出。得到邻接矩阵A后，再求可达矩阵M。可达矩阵是指矩阵中从一个节点到另一个节点是否存在连接的路径。根据布尔运算法则，如果矩阵A满足条件：

$$(A+I)^{k-1}\neq(A+I)^k=(A+I)^{k+1}=M$$

则M称为A的可达矩阵，其中I为单位矩阵。由于邻接矩阵A中单元个数较多，计算量巨大，因而采用Warshall算法来求可达矩阵M，计算结果如下：

$$M = \begin{bmatrix}
1 & 0 & 0 & 0 & 0 & 0 & 0 & 0 & 0 & 0 & 0 & 0 & 0 & 0 & 0 & 0 & 0 \\
1 & 1 & 0 & 0 & 1 & 0 & 0 & 0 & 0 & 0 & 0 & 0 & 0 & 0 & 0 & 0 & 0 \\
1 & 0 & 1 & 0 & 1 & 0 & 0 & 0 & 0 & 0 & 0 & 0 & 0 & 0 & 0 & 0 & 0 \\
1 & 0 & 0 & 1 & 1 & 0 & 0 & 0 & 0 & 0 & 0 & 0 & 0 & 0 & 0 & 0 & 0 \\
1 & 0 & 0 & 0 & 1 & 0 & 0 & 0 & 0 & 0 & 0 & 0 & 0 & 0 & 0 & 0 & 0 \\
1 & 0 & 0 & 1 & 1 & 1 & 0 & 0 & 0 & 0 & 0 & 0 & 0 & 0 & 0 & 0 & 0 \\
1 & 0 & 0 & 1 & 1 & 0 & 1 & 0 & 0 & 0 & 0 & 0 & 0 & 0 & 0 & 0 & 0 \\
1 & 1 & 1 & 1 & 1 & 0 & 0 & 1 & 1 & 0 & 0 & 0 & 0 & 0 & 0 & 0 & 0 \\
1 & 1 & 1 & 1 & 1 & 0 & 0 & 0 & 1 & 0 & 0 & 0 & 0 & 0 & 0 & 0 & 0 \\
1 & 0 & 0 & 1 & 1 & 1 & 0 & 0 & 0 & 1 & 1 & 0 & 0 & 0 & 0 & 0 & 0 \\
1 & 0 & 0 & 1 & 1 & 0 & 0 & 0 & 0 & 0 & 1 & 0 & 0 & 0 & 0 & 0 & 0 \\
1 & 0 & 1 & 0 & 1 & 0 & 0 & 0 & 0 & 0 & 0 & 1 & 0 & 0 & 0 & 0 & 0 \\
1 & 1 & 1 & 0 & 1 & 0 & 0 & 0 & 0 & 0 & 0 & 0 & 1 & 0 & 0 & 0 & 0 \\
1 & 1 & 1 & 1 & 1 & 1 & 0 & 0 & 0 & 0 & 0 & 0 & 0 & 1 & 1 & 0 & 0 \\
1 & 0 & 0 & 1 & 1 & 1 & 0 & 0 & 0 & 0 & 0 & 0 & 0 & 0 & 1 & 0 & 0 \\
1 & 0 & 0 & 1 & 1 & 1 & 0 & 0 & 0 & 0 & 0 & 0 & 0 & 0 & 0 & 1 & 0 \\
1 & 0 & 0 & 1 & 1 & 1 & 0 & 0 & 0 & 0 & 0 & 0 & 0 & 0 & 0 & 0 & 1
\end{bmatrix}$$

(3) 确定各层要素

对各影响因素S_i进行层级划分，划分规则是$R(S_i)=R(S_i)\cap Q(S_i)$，其中$R(S_i)$为可达集合，是指可达矩阵中元素S_i所对应的行中所有单元值为1所对应的列元素集合；$Q(S_i)$为前因集合，是指可达矩阵中元素S_i所对应的列中所有单位值为1所对应的行元素集合。运用该规则首先确定最高层的要素，然后从可达矩阵中删除该要素所对应的行和列，再运用该规则继续找出新的最高层要素，以此类推，可以找出各层所包含的要素，如表6-6所示。第一层要素集合L_1为$\{S_0\}$。在表6-6中删除第1个元素，继续寻找第二层要素的集合，以此类推，可以确定第二层要素集合L_2为$\{S_4\}$、第三层要素集合L_3为$\{S_1, S_2, S_3\}$、第四层要素集合L_4为$\{S_5, S_6, S_8, S_{10}, S_{11}, S_{12}\}$、第五层要素集合$L_5$为$\{S_7, S_9, S_{13}, S_{14}, S_{15}, S_{16}\}$，如表6-7～表6-10所示。

表6-6　第一级的可达集和前因集

要素	$R(S_i)$	$Q(S_i)$	$R(S_i)\cap Q(S_i)$
0	0	0 1 2 3 4 5 6 7 8 9 10 11 12 13 14 15 16	0
1	0 1 4	1 7 8 12 13	1
2	0 2 4	2 7 8 11 12 13	2
3	0 3 4	3 5 6 7 8 9 10 13 14 15 16	3
4	0 4	1 2 3 4 5 6 7 8 9 10 11 12 13 14 15 16	4

(续表)

要素	$R(S_i)$	$Q(S_i)$	$R(S_i) \cap Q(S_i)$
5	0 3 4 5	5 9 13 14 15 16	5
6	0 3 4 6	6	6
7	0 1 2 3 4 7 8	7	7
8	0 1 2 3 4 8	7 8	8
9	0 3 4 5 9 10	9	9
10	0 3 4 10	9 10	10
11	0 2 4 11	11	11
12	0 1 2 4 12	12 13	12
13	0 1 2 3 4 5 12 13	13	13
14	0 3 4 5 14	14	14
15	0 3 4 5 15	15	15
16	0 3 4 5 16	16	16

表6-7 第二级的可达集与前因集

要素	$R(S_i)$	$Q(S_i)$	$R(S_i) \cap Q(S_i)$
1	1 4	1 7 8 12 13	1
2	2 4	2 7 8 11 12 13	2
3	3 4	3 5 6 7 8 9 10 13 14 15 16	3
4	4	1 2 3 4 5 6 7 8 9 10 11 12 13 14 15 16	4
5	3 4 5	5 9 13 14 15 16	5
6	3 4 6	6	6
7	1 2 3 4 7 8	7	7
8	1 2 3 4 8	7 8	8
9	3 4 5 9 10	9	9
10	3 4 10	9 10	10
11	2 4 11	11	11
12	1 2 4 12	12 13	12
13	1 2 3 4 5 12 13	13	13
14	3 4 5 14	14	14
15	3 4 5 15	15	15
16	3 4 5 16	16	16

表6-8　第三级的可达集与前因集

要素	$R(S_i)$	$Q(S_i)$	$R(S_i) \cap Q(S_i)$
1	1	1 7 8 12 13	1
2	2	2 7 8 11 12 13	2
3	3	3 5 6 7 8 9 10 13 14 15 16	3
5	3 5	5 9 13 14 15 16	5
6	3 6	6	6
7	1 2 3 7 8	7	7
8	1 2 3 8	7 8	8
9	3 5 9 10	9	9
10	3 10	9 10	10
11	2 11	11	11
12	1 2 12	12 13	12
13	1 2 3 5 12 13	13	13
14	3 5 14	14	14
15	3 5 15	15	15
16	3 5 16	16	16

表6-9　第四级的可达集与前因集

要素	$R(S_i)$	$Q(S_i)$	$R(S_i) \cap Q(S_i)$
5	5	5 9 13 14 15 16	5
6	6	6	6
7	7 8	7	7
8	8	7 8	8
9	5 9 10	9	9
10	10	9 10	10
11	11	11	11
12	12	12 13	12
13	5 12 13	13	13
14	5 14	14	14
15	5 15	15	15
16	5 16	16	16

表6-10 第五级的可达集与前因集

要素	$R(S_i)$	$Q(S_i)$	$R(S_i) \cap Q(S_i)$
7	7	7	7
9	9	9	9
13	13	13	13
14	14	14	14
15	15	15	15
16	16	16	16

依据可达矩阵和分层结果，建立结构模型，如图6-5所示。

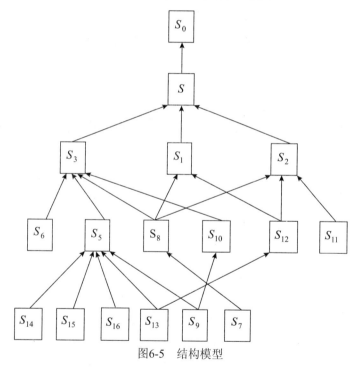

图6-5 结构模型

(4) 构建解释结构模型

根据结构模型，可以构建解释结构模型，具体如图6-6所示。

从图6-6中可以看到，该模型是一个五级递阶有向层次结构模型，由下而上的箭头表明低一层因素是上一层因素的原因。

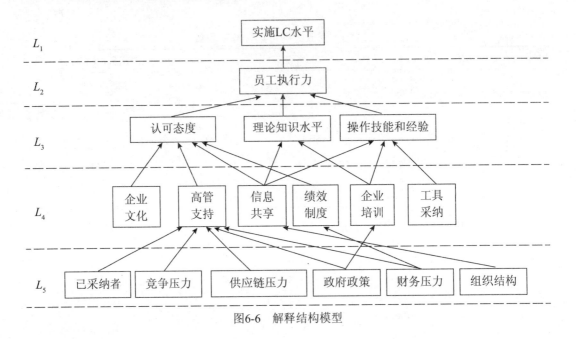

图6-6 解释结构模型

6.3.2 精益建设技术采纳影响因素解释结构模型分析

(1) 解释结构模型分析

通过对所构建的影响因素解释结构模型，得到各因素之间的因果关系。由图6-6可以看出采纳实施精益建设水平和员工执行力直接相关，二者的影响因素可分为三级。L_3级主要包含"个体状况"方面的因素；L_4级主要包含"组织管理"方面的因素；L_5级主要包含"外部环境"方面的因素。根据ISM的理论，层次递阶结构大体可分为表象、中间和深层次原因三层，在此模型中可将第L_2和第L_3级看做表象层；第L_4级看做中间层；第L_5级看做深层次原因层。

L_2层的员工执行力是影响建筑企业采纳精益建设的直接原因。员工执行力和员工素质，即员工的观念、态度、知识水平、技能水平、学习能力、创新能力等有关，员工特别是最后计划者对于精益建设的理论知识水平、操作技能和经验、认可态度会影响采纳精益建设的执行力。为加强实施和执行精益建设的效果，精益建设运用最后计划者体系来明晰项目的执行情况，并及时根据现场的实际情况进行管理。最后计划者体系能起到联结计划与控制的桥梁作用，实现计划者和执行者的统一，充分保证了计划的高效执行，稳定了建设项目生产的工作流。

L_4层因素是采纳精益建设的基础性因素。信息技术的运用打破了传统的组织边界，促进知识的共享。信息共享直接影响员工对采纳精益建设的认可态度、理论知识水平、操作技能和经验，利于项目参加者之间的沟通，改善了建设项目的协调问题，这也使得精益建设的采纳具有知识驱动的特点，具有了协同增效效应。员工认可态度还与企业文化、高管支持和绩效制度三个因素相关，需要重点关注。在企业管理中，文化体现为员工的共同价值观和行为规范，其反作用表现为约束员工的行为。不同的文化会造就企业员工对待同一种活动的不同态度，造成团队内或团队间的合作无法形成，不利于精益建设的成功采纳。蕴涵精益价值理念的企业文化是影响员工认可精益建设思想的关键原因之一。高层管理者是企业的核心和灵魂，精益建设只有得到了他们的支持才能真正得以采纳。绩效制度主要体现为现有制度设计是否倾向于鼓励员工积极实施精益建设，是否能减少采纳精益建设的风险，同时制度设计还在一定程度上受到财务压力的影响。对精益建设技术的掌握程度是精益建设采纳的重要方面，采纳精益建设的前期接受情况和企业培训会对精益建设的推广有所影响，企业培训为员工即将从事和执行某项活动提供理论知识、操作技能和实践经验，是员工采纳精益建设的基础。

L_5 层因素多为外部环境因素，位于解释结构模型的最底层，是影响精益建设的深层次原因，这也和李书全和朱孔国(2009)借鉴"三重螺旋"模型对环境—工程建设项目—精益思想之间的"互动"的分析一致[123]。值得注意的是，外部环境因素包括已采纳者、竞争压力、供应链压力、政府政策和财务压力都对高管支持有直接影响。实施精益建设的效果和高层管理者的身体力行有关，在具体的企业实践中，很多精益规则首先是管理者自己破坏了的。

采纳精益建设需要调动供应链各方的积极性，供应链因素是指与企业有关的外部参与方的因素，如业主、设计者、供应商等。采纳精益建设存在许多复杂环节并涉及漫长的供应链，工作综合协调有难度，无缝衔接较难实现，供应链压力很大。政府政策对企业采纳精益建设活动起到一种导向作用，企业高管采纳精益建设活动会依赖这种导向而展开并执行下去，政府政策还影响企业培训。建设项目资金的有效、合理、安全使用是防止损失浪费，降低工程成本的重要方面，但是建设项目往往资金缺口大，而且采纳精益建设需要先付出成本，这就使得管理者面对较高的财务压力。对于一个组织而言，不同组织结构类型会造成信息传播的渠道和方式不同，从而信息共享程度具有差异性。传统组织方式过于依赖规则，因而不能激励和运用创新及其相关的其他因素，如交往、个人责任以及灵活的思考和行动，而动态网络组织和员工参与管理程度影响了精益建设实施。

(2) 路径分析

通过所建立的影响因素的解释结构模型，得到各影响因素之间的关系，由图6-6分析可得各个要素对实施精益建设水平的影响路径如下：

① 已采纳者→高管支持→认可态度→员工执行力→实施精益建设水平；

② 企业文化→认可态度→员工执行力→实施精益建设水平；

③ 竞争压力→高管支持→认可态度→员工执行力→实施精益建设水平；

④ 供应链压力→高管支持→认可态度→员工执行力→实施精益建设水平；

⑤ 政府政策→高管支持→认可态度→员工执行力→实施精益建设水平；

⑥ 政府政策→企业培训→理论知识水平→员工执行力→实施精益建设水平；

⑦ 政府政策→企业培训→操作技能和经验→员工执行力→实施精益建设水平；

⑧ 财务压力→高管支持→认可态度→员工执行力→实施精益建设水平；

⑨ 财务压力→绩效制度→认可态度→员工执行力→实施精益建设水平；

⑩ 组织结构→信息共享→认可态度→员工执行力→实施精益建设水平；

⑪ 组织结构→信息共享→理论知识水平→员工执行力→实施精益建设水平；

⑫ 组织结构→信息共享→操作技能和经验→员工执行力→实施精益建设水平；

⑬ 工具采纳→操作技能和经验→员工执行力→实施精益建设水平。

由以上的13条路径发现，所有因素均通过员工执行力间接影响实施精益建设水平。对员工执行力产生直接影响的因素有员工的认可态度、理论知识水平以及操作技能和经验，这3个因素明显归属于员工素质层面，可见员工素质对其执行力而言发挥着尤其关键的作用。另外，高管支持因素在①、③、④、⑤和⑧这5条路径中起到承上启下的重要作用，已采纳者、竞争压力、供应链压力和政府政策均通过高管支持影响着员工认可度，说明高层管理者在整个采纳实施精益建设过程中扮演着非常重要的角色。

6.4 基于TAM的员工精益建设技术采纳意愿实证研究

6.4.1 研究变量选择和研究假设

(1) 外部变量的选择

在6.3节研究成果的基础上，提炼出影响员工采纳精益建设意愿的因素有：政府政策、领导支持、员工理论知识水平、员工操作技能和经验、企业培训、企业文化和绩效考核制度。为了进一步洞察影响员工采纳精益建设意愿的因素，我们对采纳精益建设的一些建筑企业中高层管理者和现场项目经理进行了深入访谈，得到一个重要结果，他们激励员工采纳精益建设的一个重要方式就是加强在员工中宣传有关精益建设技术应用的效果，让员工意识到采纳精益建设可以有效地解决建设生产过程中成本、进度、质量、冲突以及安全等方面问题。Womack和Jones(2003)也指出一个组织在首次考虑采纳精益建设技术的时候，会选择一些重要而且可视的活动，技术应用的效果对所有人来讲，收益必须是显著的[①]。由此，可以认为影响员工采纳精益建设意愿另外的一个重要影响因素是精益建设技术应用效果。从简化模型的视角出发，我们初步把影响员工采纳精益建设意愿的外部变量归纳为5个维度，即环境因素、员工素质、学习教育、技术应用效果和绩效制度。具体而言各维度包括的内容为以下几方面。

①环境因素：政府政策、已采纳者、供应链压力、竞争压力和领导支持等。

②员工素质：理论知识水平、操作技能和经验、创新精神和协调协作能力等。

③学习环境：企业培训、课题研究、内部知识分享会议和图书室等。

④技术应用效果：工作时间、产出质量、效用水平和合作者满意度等。

⑤绩效制度：考核制度、奖惩制度、福利制度和工资水平等。

(2) 研究假设

以技术接受模型为理论基础，通过与建筑企业员工的二次深入访谈，初步确认5个外部变量、感知易用性、感知有用性和采纳意愿之间的关系，具体内容如下：

① 环境因素与实施意愿关系的假设

6.3节的研究结果表明，政府政策、已采纳者、供应链压力、竞争压力和领导支持等环境因素直接或间接地影响了员工采纳精益建设的执行力，由此，提出如下假设：

H_0：环境因素与员工采纳精益建设意愿正向相关。

员工对精益建设在实际工作中的可行性与必要性的认识在一定程度上受到环境因素的影响，进而在精益建设的易用性和有用性上形成自己的判断。通过与采纳精益建设企业员工的二次深入访谈，整理结果如下：

第一，低碳建筑是建筑业未来的发展方向，低碳顾名思义就是减少各种石化能源的消耗，政府提倡从传统生产模式向低碳建筑模型转变，项目管理中实施精益管理能够支持实现低碳建筑。

第二，在企业内部培训上，培训老师针对精益建设这个专题给他们讲解了一些国外的成功案例，他们也为此展开了充分的讨论，当时大家一致认为这个管理模式不错。

第三，高管比较支持他们采纳精益建设，当初，他们不太情愿，因为大家都很忙，过

---

① Womack J. P., Jones D. T.Lean Thinking: Banish Waste and Create Wealth in Your Corporation[M]. New York: Simon and Schuster, 2003, 6.

了一段时间以后，他们发现采纳精益建设对他们实际工作还是很有好处的。

访谈结果反映了建筑企业员工在采纳精益建设过程中的一些体会，大家尤其对成功案例比较感兴趣，可见已采纳者的"示范效应"更加能够直接影响员工对采纳精益建设易用性和有用性的认识。高管从上层往下推动采纳精益建设有点难度，尤其是采纳前期。但是采纳一段时间以后，大家还是能够充分地认识到采纳精益建设所带来的好处的，从被动采纳逐渐向主动采纳进行转变，这是因为员工的顺从心智模型在发挥着作用，同时高管支持还能够及时地解决他们在实施过程中所面对的大量困难。上述环境因素会开阔员工的视野，拓展员工的知识面。由此，提出如下假设：

H_1：环境因素与员工采纳精益建设的易用性正向相关。

H_2：环境因素与员工采纳精益建设的有用性正向相关。

H_3：环境因素与员工素质正向相关。

② 技术应用效果与感知有用性关系的假设

精益建设是一种崇尚节约的模式，采纳精益建设的途径主要是通过把其技术应用到实际工作中以解决所存在的问题。到目前为止，精益建设技术主要包括最后计划者、准时化、模块化、精益品质管理、标准化作业流程、6S、可视化等。通过国内外有关精益建设文献分析也发现，这些具体技术在工程项目管理中的应用确实能够在成本、质量、进度和安全等方面取得很好的效果，其结果又进一步促使更多的建筑企业把精益建设应用到具体实践工作中。通过与采纳精益建设企业员工的二次深入访谈，整理结果如下：

第一，文明施工可以明显地改善他们现场的工作环境，尤其是减少了安全事故率，大家都认为实施文明施工无论是对企业，还是对员工而言都是非常不错的。

第二，努力打造精益品质工程是他们公司追求的目标，他们也获得了政府和社会的好评，与其他企业竞争中的中标几率在增加。由此，可初步认为：

H_4：技术应用效果越明显，员工越会感知该项技术在实际工作中越有用。

③ 学习教育、员工素质和感知易用性关系的假设

国内外一些学者明确指出由于员工对有关精益建设理论知识认识的不足，这方面实际应用经验与技能的欠缺增加了实施的难度。国内外建筑企业采纳精益建设的经验表明，在组织员工采纳精益建设之前要对其进行专项系统培训：第一，提高员工在本职工作中采纳精益建设必要性和意义的认识；第二，帮助员工掌握精益建设的有关理论和操作流程；第三，帮助员工解决在采纳实施精益建设过程中所存在的问题，消除其实施的顾虑。通过与采纳精益建设企业员工的二次深入访谈，整理结果如下：

第一，为了采纳实施精益建设，他们与某高校联合成立了课题组，课题组主要工作内容一是制定适合他们自己的采纳实施精益建设具体工作流程，二是对他们进行企业内训，三是解答他们在实施过程中所面对的难题等。到目前为止，他们的项目已经结束，整体来看，实施效果不错，为大家在下一个项目中继续采纳实施精益建设积累了经验。

第二，开始做这件事情时，也订阅了一些杂志和期刊供大家阅读，工作不太紧张的时候，大家彼此分享一些心得。

第三，企业领导也支持他们其中一些具有高学历的员工到高校继续进修，学成以后，他们对问题的理解更加深刻了，解决问题方法方式更加高效。由此，我们初步认为：

H_5：加强员工的学习教育有利于提高他们的整体素质。

H_6：加强员工的学习教育有助于员工解决采纳实施精益建设中的困难。

H_7：员工的整体素质水平越高，越有利于降低他们采纳实施精益建设的难度。

④ 绩效制度和采纳意愿关系的假设

大部分建设项目采用计件的方式核算员工的绩效报酬，这种情况下员工参与精益建设活动中如果出现问题不仅不会得到相应的补偿，还会影响他们的收入，从而使员工不愿参与到精益建设活动中。通常而言，绩效制度直接影响员工的各种货币收入，也可以说员工从事某项活动产出价值的货币表现。因而，从经济学视角来看，绩效制度是影响员工采纳精益建设意愿最为敏感的因素之一。6.3节的研究成果也反映了绩效制度直接影响员工对实施精益建设的认可态度。由此，我们认为绩效制度设计合理性在一定程度上影响员工采纳精益建设的意愿。

H_8：绩效制度合理性直接影响员工采纳精益建设的意愿。

⑤ 感知易用性、感知有用性和采纳意愿关系的假设

感知有用性是指员工感知采纳精益建设解决传统项目管理中所存在的工期延迟、成本增加、质量低下以及与客户频繁冲突等问题，进而提升他们工作绩效的程度。感知易用性是指员工在实际工作中感知采纳精益建设的容易程度。采纳意愿是指员工改变传统工作方式，倾向于采纳实施精益建设的程度。根据技术接受模型(TAM)理论，提出：

H_9：员工认为采纳实施精益建设越容易，越能实现并超越目前的工作绩效水平。

H_{10}：员工认为采纳实施精益建设能实现并超越目前的工作绩效水平，便会愿意积极实施精益建设。

H_{11}：员工认为采纳实施精益建设越容易，越会愿意积极地实施精益建设。

综合以上假设，得到员工采纳精益建设意愿的影响因素概念模型(如图6-7所示)。

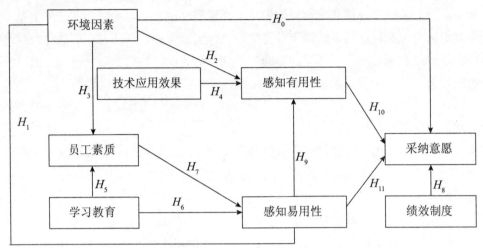

图6-7　员工采纳精益建设意愿的影响因素概念模型

6.4.2　量表编制及项目筛选

根据Hinkin(1995)[①]有关量表开发的理论，采用项目开发、量表开发和量表评估三部分展开本部分的工作。

(1) 项目编制

该阶段调查量表的计量项目主要来源于三个方面：

① 文献分析。对精益建设及其采纳影响因素的文献进行仔细分析，尤其重点分析案例研究和实证研究的文献，充分地吸收已有的研究成果，收集具体的内容和条目。同时，参考了以往学者把技术接受模型应用于不同研究对象的相应影响因素测度题项。

② 专题研讨。课题组成员主要由大学教授、博士研究生和硕士研究生组成，其中一些人员已经对精益建设潜心进行了多年的跟踪研究，并取得了丰富的研究成果和经验，申报了精益建设方向的国家自然基金课题。课题组成员依据自己对精益建设的研究体会和所取得的研究成果，采用头脑风暴法，提出各自的观点。

③ 专家访谈。课题组选择了已经采纳精益建设的一些建筑企业管理者作为访谈的对象。在访谈之前，为了消除对方的顾虑，课题组成员首先向对方较为详细地介绍了访谈的目的和意义，以取得对方的积极配合；然后把文献分析和专题研讨的结果陈述给对方，请被访谈者根据自己对精益建设的理解和工作经验，对所给出的计量项目进行评判，提出修

---

① Hinkin T.R.A Review of Scale Development Practices in the Study of Organizations [J]. Journal of Management, 1995(5):967-988.

改和补充建议；最后对访谈结果进行提炼，以取得对方关键的反馈信息。

在编制初始量表的计量项目时，对专题研讨和专家访谈的结果进一步分析和提炼，结合文献分析中一些研究者的成果，进行了增删、修正和汇总，编制了包含46个计量项目的初始量表。为了提高初始量表中46个计量项目的可读性、适当性和准确性，又请5位专家(1位统计学博士研究生、2位管理学博士研究生、1名心理学博士研究生、1名建筑企业的项目经理)对初始量表进行了审核，根据他们的反馈意见进一步修改和完善，形成了初始量表的各个计量项目。为了后期研究的便利，根据概念模型中的8个维度对46个计量项目进行了编码。采用里克特5点量表法对测量项进行测量，5分代表"非常符合"、4分代表"比较符合"、3分代表"不确定"、2分代表"不太符合"、1分代表"非常不符合"，如表6-11所示。

表6-11　员工精益建设技术采纳意愿影响因素调查问卷(部分)

序号	计量项目	测度准则
1	HJ1：高层领导倡导员工在工作中全力消除各种浪费，把工作做到尽善尽美	□1 □2 □3 □4 □5
2	HJ2：直接领导要求我把手头工作做到尽善尽美，消除各种无用功活动	□1 □2 □3 □4 □5
3	HJ3：身边同事或者朋友向我推荐在工作中注重细节，优化每项工作	□1 □2 □3 □4 □5
4	HJ4：我能直接观察到其他同类企业员工注重工作的持续改进，不做任何多余的事情	□1 □2 □3 □4 □5
5	SZ1：我充分地意识到把工作做到完美是非常重要的，不留下任何瑕疵	□1 □2 □3 □4 □5
6	SZ2：我熟悉文明施工、精益品质、准时化、标准化和并行工程等技术或工具的具体操作流程	□1 □2 □3 □4 □5
7	SZ3：我能够独立地承担多项工作任务	□1 □2 □3 □4 □5
8	SZ4：我对风险持有非常谨慎态度	□1 □2 □3 □4 □5
9	SZ5：我认为工作中出现问题是改进并提高的机遇	□1 □2 □3 □4 □5
10	SZ6：当我所在的团队因成绩突出受到表扬，我很高兴并主动想告诉别人，反之感到难过	□1 □2 □3 □4 □5
11	……	□1 □2 □3 □4 □5

(2) 初始量表的数据采集

为了得知量表的可行性与适用性，分析其难度、鉴别度和诱答力，在考虑时间、人力和交通等费用的基础上，本次初始量表的施测对象主要选择了京津冀的一些建筑企业，发放方式主要为现场送达的纸质版问卷，现场发放现场回收，保证了预试问卷的回收率。本次共发放了186份调查问卷，回收问卷186份，回收率100%，并将10项以上漏答的问卷剔除，再运用奇异值剔除一些无效问卷，最终得到147份有效问卷。

(3) 项目分析

① 项目分析的方法介绍

项目分析目的主要是找出量表中不必要的计量项目给予删除，以简化量表内容，提高量表质量。采用独立样本T检验(临界比)、相关分析(量表题项与总分相关)和同质性检验(信度检验、共同性和因素负荷)等统计方法用于项目分析。

第一，临界比

临界比又称决断值，是指接受域与拒绝域之间的分界值。首先，将每个被调查者的问卷得分总和按照从高到低的顺序排列，总得分前25%～33%者为高分组，总得分后25%～33%者为低分组，通常选择的比例为27%。然后，将高分组的被调查者新增一个变量，赋值为1，低分组的被调查者新增一个变量，赋值为2，计算两个分组被调查者在每个题项上的平均分值。最后，采用独立样本t检验，计算两个分组被调查者在各个题项平均数上的差异显著性水平，即可得到该题项的临界比。如果临界比小于3.00，表示某个题项的临界比差异水平没有统计学意义(显著性检验概率$p>0.05$)，则认为该题项不具备鉴别不同被调查者的反映程度，应予删除，反之则认为该题项具备鉴别不同被调查者的反映程度，应予保留。

第二，相关分析

这里的相关分析方法主要是指检验每个题项与总得分的相关程度。首先，计算每个被调查者的问卷得分总和；然后，计算每个题项与被调查者总得分的相关系数；最后，判断每个题项与总得分之间的相关程度。通常而言，每个题项与总得分的相关愈高，表示该题项与整体量表的同质性愈高，所要衡量的心理特质或者潜在行为更为相近。与总得分的相关系数未到达显著水平的题项，或者相关系数小于0.4(低度相关)，表示该题项与整体量表的同质性不高，可以考虑将之删除。

第三，信度检验

这里的信度检验方法是指某个题项被删除以后，整体量表的信度系数(一般是克隆巴赫α系数，又称内部一致性α系数)发生变化情况。如果某个题项删除后的整体量表信度系数比原来的信度系数增加了很多，可以认为该题项与量表的其他题项所要测度的属性或者心理特质可能存在很大差异，表示该题项与量表的其他题项的同质性不高，应考虑给予删除，反之应考虑给予保留。

第四，共同性

共同性表示某个题项能够解释共同特质或者属性的变异量。如果将项目分析的量表限定为一个因素时，表示只有一个心理特质，所以共同性的数值越高，表示能够测度到该心理特征的程度越高；反之，如果某个题项的共同性越低，表示该题项能够测度到的心理特质的程度越低。一般而言，共同性低于0.2，应考虑将该题项删除。

第五，因素负荷量

因素负荷量表示某个题项与因素(心理特质)关系的程度。题项在共同因素的因素负荷量越高，表示该题项与共同因素(总量表)的关系越密切，也可以说该题项的同质性越高。反之，某个题项在共同因素的因素负荷量越低，表示该题项与共同因素(总量表)的关系越不密切，也可以说该题项的同质性越低。一般而言，因素负荷量低于0.45，应考虑将该题项删除。

② 初始量表的项目分析结果

运用SPSS 19.0统计软件，按照上述5种方法对46个计量项目进行了分析，遵照判断准则和严格标准(2次未达指标值)剔除10条不必要的计量项目(如表6-12所示)，即JS6、GL6、SZ5、JY5、YIY4、YIY5、YOY4、YOY5、SS5和SS6。

表6-12　不同分析方法的计算结果(部分)

题项	极端组比较	题项与总分相关		同质性检验			未达标准指标数	备注
	决断值	题项与总分相关	校正题项与总分相关	题项删除后的α值	共同性	因素负荷量		
JS1	8.922	0.517**	0.489	0.927	0.270	0.519	0	√
JS2	11.172	0.610**	0.575	0.926	0.376	0.613	0	√
JS3	8.095	0.509**	0.476	0.927	0.269	0.519	0	√
JS4	9.612	0.497**	0.467	0.927	0.254	0.504	0	√
JS5	9.261	0.510**	0.467	0.927	0.266	0.516	0	√
JS6	7.389	#.361**	#0.362	#0.928	#0.141	#0.375	5	×
GL1	12.253	0.657**	0.639	0.925	0.450	0.671	0	√
GL2	11.411	0.561**	0.537	0.926	0.322	0.567	0	√
GL3	10.606	0.540**	0.521	0.926	0.294	0.542	0	√
GL4	15.190	0.694**	0.668	0.925	0.486	0.697	0	√
GL5	10.298	0.574**	0.556	0.926	0.341	0.584	0	√
GL6	5.900	#0.349**	#0.309	#0.928	#0.113	#0.336	5	×
GL7	11.375	0.512**	0.482	0.927	0.258	0.508	0	√

(续表)

题项	极端组比较	题项与总分相关		同质性检验			未达标准指标数	备注
	决断值	题项与总分相关	校正题项与总分相关	题项删除后的α值	共同性	因素负荷量		
SZ1	7.321	0.515**	0.479	0.927	0.277	0.526	0	√
SZ2	6.691	0.475**	0.438	0.927	0.233	0.482	0	√
SZ3	9.122	0.557**	0.525	0.926	0.332	0.576	0	√
…	…	…	…	…	…	…	…	…
准则	≥3.000	≥0.400	≥0.400	≤量表新度值	≥0.20	≥0.45		

注：0.928为初始量表的内部一致性α系数；#未达指标值；√代表"保留"；×代表"删除"。

③ 探索性因素分析

项目分析所保留下来的计量项目并不一定全部纳入正式量表中，需要使用探索性因素分析(Exploratory Factor Analysis，EFA)对剩余的36个计量项目进行分析，以确定量表的结构效度(Construct Validity)。所谓结构效度，是指态度量表能够测度理论的概念或者特质的程度。

在此，对员工实施精益建设意愿的影响因素预试问卷的36个计量项目进行探索性因素分析。在进行探索性因素分析之前，先对因素分析的可适性进行考察，判断的准则通常有两个：KMO值和Bartlett球形检验的卡方值。通过SPSS 19.0统计软件，得到整个量表的KMO值为0.916；Bartlett 的球形度检验 x^2=5112.475，p=0.000，如表6-13所示。表明计量项目间有共同因素存在，适合进行因子分析。

表6-13　KMO和Bartlett的检验

取样足够度的 Kaiser-Meyer-Olkin 度量		0.916
Bartlett 的球形度检验	近似卡方	5 112.475
	df	595
	Sig.	0.000

然后，采用主成分分析，配合最大变异法进行直交旋转，在不限定因素的情况下，提取公共因子和求出旋转因素负荷矩阵，本次一共提取了8个公共因子(如表6-14～表6-15所示)。

通过对提取的8个公共因子分析后发现，整体来看与编制时构想的8个维度较为接近，但是具体到每个公共因子所包含的计量项目而言，第1个、第2个、第3个和第6个公共因子中所包含的计量项目内容与编制时并未完全符合，需要进一步地试探和尝试，删除不合理的计量项目。

表6-14 解释的总方差

成分	提取平方和载入			旋转平方和载入		
	合计	方差的/%	累积/%	合计	方差的/%	累积/%
1	10.945	30.402	30.402	4.080	11.332	11.332
2	2.660	7.389	37.792	3.914	10.873	22.206
3	2.022	5.615	43.407	3.621	10.057	32.263
4	1.955	5.431	48.838	2.608	7.245	39.507
5	1.452	4.033	52.871	2.490	6.917	46.425
6	1.241	3.447	56.318	2.139	5.942	52.367
7	1.119	3.110	59.428	2.065	5.735	58.102
8	1.065	2.957	62.385	1.542	4.283	62.385

提取方法：主成分分析。

表6-15 旋转成分矩阵(部分)[a]

	成分							
	1	2	3	4	5	6	7	8
SZ1	0.708							
SZ7	0.701							
SZ6	0.674							
SZ8	0.621							
SZ2	0.556							
...	...	...	...	...	...	...	...	...

提取方法：主成分分析法。旋转法：具有 Kaiser 标准化的正交旋转法。a. 旋转在11次迭代后收敛。

为了使量表的结构与预期设想相符，经过不断试探与尝试，逐项删除(删除顺序是：SZ4、JS2、GL5、JY4、HJ4、SS3)计量项目，找出了一个最佳结构效度的因素结构(如表6-16~表6-17所示)。最后，经过因素分析最后保留的计量项目共有30个，分别属于8个公共因子，其中8个公共因子的累计解释方差达到65.422%，大于40%；特征值分别为3.578、3.640、2.433、2.432、2.294、2.116、1.832、1.512，均大于1.5；每个计量项目的因素负荷值都大于0.5，说明量表具有良好的收敛效度和区别效度。根据编制时的构想和计量项目的因素负荷量两个原则对8个公共因子进行命名，分别为员工素质、绩效制度、感知有用性、技术应用效果、实施意愿、感知易用性、学习教育和环境因素。

表6-16　解释的总方差

成分	提取平方和载入			旋转平方和载入		
	合计	方差的/%	累积/%	合计	方差的/%	累积/%
1	8.854	29.512	29.512	3.578	11.927	11.927
2	2.588	8.628	38.140	3.460	11.534	23.462
3	1.978	6.593	44.733	2.433	8.110	31.571
4	1.544	5.148	49.881	2.432	8.106	39.678
5	1.358	4.525	54.406	2.294	7.646	47.323
6	1.207	4.024	58.430	2.116	7.052	54.376
7	1.083	3.609	62.039	1.832	6.105	60.481
8	1.015	3.383	65.422	1.512	4.941	65.422

提取方法：主成分分析。

资料来源：作者编制

表6-17　旋转成分矩阵(部分)[a]

	成分							
	1	2	3	4	5	6	7	8
SZ6	0.701							
SZ7	0.695							
SZ1	0.693							
SZ8	0.634							
SZ2	0.579							
SZ3	0.528							
…	…	…	…	…	…	…	…	…

提取方法：主成分分析法。旋转法：具有Kaiser标准化的正交旋转法。a. 旋转在10次迭代后收敛。

6.4.3　基于TAM的员工精益建设技术采纳意愿实证分析

前文借鉴技术接受模型(TAM)理论构建了员工精益建设技术采纳意愿影响因素的概念模型，并提出了12个假设。本部分将采用正式调查量表进行大样本的数据采集，利用相关分析、回归分析和结构方程分析对概念模型中的12个假设进行检验，以验证它们是否成立。

(1) 调研实施和样本数据特征

① 调研实施

根据量表编制和项目筛选结果，形成了正式调查问卷，用于大样本的数据采集工作。为了提高问卷的回收率，增加调查结果的科学性、客观性和准确性，本次大样本调查采用了层次抽样方法，抽样对象主要包括建筑企业中高层管理者、现场项目经理及技术人员以及部分一线员工。调查方式主要采用了人员现场送达纸质版问卷、E-mail传递电子版问卷和邮局邮寄纸质版问卷三种方式。人员现场送达纸质版问卷为本次调查的主要方式，请被调查人员现场填写，现场回收，并且积极与被调查者进行沟通，以便于他们进一步了解与明晰本次调查的目的和意义，最大限度地消除他们的顾虑，独立完成问卷的填写工作，以便于获取他们真实的想法。限于时间和精力以及与被调查者时间上的冲突，有一小部分问卷采用了E-mail传递电子版问卷和邮局邮寄纸质版问卷方式，其中E-mail传递电子版是指将电子版发给被调查者，为了提高被调查者的重视程度和有利于问卷调查顺利展开，在被调查企业中指定了具体的联络人，课题组成员与该联络人在前期进行了多次有效的沟通，取得了对方的认可和支持，由该联络人负责电子版问卷的发放和回收工作，然后再以E-mail方式把汇总的电子版问卷反馈给课题组；邮局邮寄纸质版问卷方式与E-mail传递电子版问卷方式基本类似，具体工作过程在此不再重复叙述。

本次共计发放问卷784份，回收742份，采用漏填项(超过10项)和奇异值两种方法对无效问卷进行剔除，得到有效问卷448份，有效问卷率60.38%，具体每种调查方式的样本数量和所占比例如表6-18所示。

表6-18　样本数量和所占比例

序号	调查方式	样本数量	所占比例/%
1	人员现场送达纸质版问卷	372	83.04%
2	E-mail传递电子版问卷	33	7.37%
3	邮局邮寄纸质版	43	9.60%

② 样本数据特征

采用SPSS 19.0统计软件对样本数据进行了描述性统计分析，其特征如下：

● 样本项目类型特征分布

从样本项目类型特征分布来看，所调查的项目大部分为民用建筑工程项目，占到62.3%；其次是工业建筑项目，占到16.1%；再次是市政公用行业建筑项目，占到11.2%；最后是其他项目，占到10.5%。如表6-19所示。

表6-19　样本项目类型特征分布

项目类型	频率	百分比	累积百分比
民用建筑工程	279	62.3	62.3
工业建筑工程	72	16.1	78.3
市政公用行业建筑项目	50	11.2	89.5

(续表)

项目类型	频率	百分比	累积百分比
其他	47	10.5	100.0
合计	448	100.0	

● 样本项目所在地区特征分布

从样本项目所在地区特征分布来看，调查项目比较集中于北方，如河北省、天津市、内蒙古自治区、北京市和山东省。相对而言，调查项目位于南方的比较少，其中江苏省相对较多。但是由于建筑企业项目的流动性特点，整体来看，所取得的有效样本还具有一定的代表性。如表6-20所示。

表6-20 样本项目所在地区特征分布

地区	频率	百分比	累积百分比	地区	频率	百分比	累积百分比
安徽省	5	1.1	1.1	内蒙古自治区	48	10.7	70.8
北京市	29	6.5	7.6	山东省	22	4.9	75.7
福建省	9	2.0	9.6	山西省	1	0.2	75.9
广东省	2	0.4	10.0	陕西省	1	0.2	76.1
贵州省	4	0.9	10.9	上海市	2	0.4	76.6
河北省	168	37.5	48.4	四川省	4	0.9	77.5
黑龙江省	1	0.2	48.7	天津市	96	21.4	98.9
湖南省	1	0.2	48.9	浙江省	5	1.1	100.0
江苏省	48	10.7	59.6	合计	448	100.0	
辽宁省	2	0.4	60.0				

● 样本项目结构类型特征分布

从样本项目结构类型特征分布来看，框架结构所占比例最大，达到了58.15%；砖混结构占得比例最小，为7.4%。如表6-21所示。

表6-21 样本项目结构类型特征分布

结构类型	频率	百分比	累积百分比
砖混	33	7.4	7.4
框架	262	58.5	65.8
钢结构	45	10.0	75.9
其他	108	24.1	100.0
合计	448	100.0	

● 样本项目实际工期特征分布

从样本项目实际工期特征分布来看，抽样样本项目实际工期在11～20个月和21～30个月的占到69.2%，30个月以上的占到12.3%，说明大部分建设项目的周期比较长。如表6-22所示。

表6-22 样本项目实际工期特征分布

实际工期	频率	百分比	累积百分比
10个月以下	83	18.5	18.5
11～20个月	180	40.2	58.7
21～30个月	130	29.0	87.7
30个月以上	55	12.3	100.0
合计	448	100.0	

● 被调查者性别特征分布

从样本被调查者性别特征分布来看，男性在被调查者中所占比例高达88.4%，这也和建设项目岗位所需从业人员的特点有关，主要是以男性为主，只有少数办公室工作比较适合于女性。如表6-23所示。

表6-23 被调查者性别特征分布

性别	频率	百分比	有效百分比	累积百分比
男性	396	88.4	88.4	88.4
女性	52	11.6	11.6	100.0
合计	448	100.0	100.0	

● 被调查者年龄特征分布

从样本被调查者年龄特征分布来看，大部分被调查者的年龄在40岁以下，尤其是31～40岁的被调查者最多，所占比例为44.0%。如表6-24所示。

表6-24 被调查者年龄特征分布

年龄	频率	百分比	累积百分比
18～30岁	142	31.7	31.7
31～40岁	197	44.0	75.7
41～50岁	91	20.3	96.0
50岁以上	18	4.0	100.0
合计	448	100.0	

● 被调查者学历特征分布

从被调查者学历特征分布来看，大专和本科比较集中，分别占到35.0%和40.2%，中专的比例也不小，占到14.5%，研究生比例比较少，如表6-25所示。据现场送达问卷时和有关人员沟通了解，大部分研究生都是工作以后进修的在职硕士，全日制研究生非常少，因为大部分建筑企业属于业务型，而非研究型的企业，这些企业更加重视工作经验和实务操作技能，对学历的要求不是特别高，从小学、初中和高中学历分布来看，这些人员虽然没有经受过系统的专业知识学习，但是他们具有丰富的现场实际工作经验，其中一些人员颇受建筑企业欢迎。

表6-25 被调查者学历特征分布

受教育程度	频率	百分比	累积百分比
小学	2	0.4	0.4
初中	8	1.8	2.2
高中	14	3.1	5.4
中专	65	14.5	19.9
大专	157	35.0	54.9
本科	180	40.2	95.1
研究生	22	4.9	100.0
合计	448	100.0	

● 被调查者工作年限特征分布

从被调查者工作年限特征分布来看，15年以下被调查者比较多，占到81.0%，这和我国建筑企业在这段时间发展速度比较快有关，需要更多的从业人员来从事建筑企业工作。如表6-26所示。

表6-26 被调查者工作年限特征分布

工作年限	频率	百分比	累积百分比
5年以下	115	25.7	25.7
6~10年	148	33.0	58.7
11~15年	100	22.3	81.0
16~20年	56	12.5	93.5
21~25年	17	3.8	97.3
26~30年	8	1.8	99.1
30年以上	4	0.9	100.0
合计	448	100.0	

● 被调查者管理层次特征分布

从被调查者所处管理层次特征分布来看，基层管理者和专业技术人员比较集中，占到75.9%，其次是中层管理者，为20.1%，最后是高层管理者，为4.0%，这个结果符合现实状况。如表6-27所示。

表6-27　被调查者管理层次特征分布

管理层次	频率	百分比	累积百分比
高层管理者	18	4.0	4.0
中层管理者	90	20.1	24.1
基层管理者(项目经理)	181	40.4	64.5
专业技术人员	159	35.5	100.0
合计	448	100.0	

(2) 信度和效度检验

① 信度检验

在Likert态度量表中常用的信度检验方法为Cronbach's α系数，运用SPSS 19.0统计软件，计算8个层面以及整个量表的内部一致性α系数(如表6-28所示)。

表6-28　量表的Cronbach's α系数

	员工素质	绩效制度	感知有用性	技术应用效果	采纳意愿	感知易用性	学习教育	环境因素	总量表
Cronbach's Alpha	0.813	0.827	0.838	0.732	0.779	0.732	0.720	0.589	0.916
条目个数	6	5	3	4	3	3	3	3	30

从结果来看，只有环境因素层面的Cronbach's α系数稍微低于0.6，但是也在可接受的范围内，说明分层面及整个量表的计量项目具有内部一致性，因而是比较可靠的。

② 效度检验

● 内容效度

本量表计量项目在编制的过程中征询了课题组成员和专家的意见，并以统计方法删除了不必要的计量项目，可以认为该量表的内容效度是可接受的。

● 区别效度

所谓区别效度是指构面所代表的潜在特质与其他构面所代表的潜在特质之间低度相关或有显著地差异存在，这里利用AMOS 17.0软件来求解区别效度。在AMOS操作中，求两个构面或面向间区别效度的简单检验方法，就是利用单群组生成两个模型，分别为未限制模型(潜在构念间的共变关系不加以限制，潜在构念间的共变参数为自由估计参数)与限制模型(潜在构念间的共变关系限制为1，潜在构念间的共变参数为固定参数)，接着进行两个模型的卡方值差异比较，若是卡方值差异量愈大且达到显著水平($p<0.05$)，表示两个模型间有显著的不同，未限制模型的卡方值愈小则表示潜在特质(因素构面)间相关性愈低，其区别效度就愈高(Bagozzi和Phillips，1982)；相反，未限制模型的卡方值愈大则表示潜在特质(因素构面)间相关性愈高，其区别效度愈低。卡方值差异量检验结果，若是限制模型与未限制模型之间卡方值差异量达到0.05显著水平，表示潜在构念间具有良好的区别效度。从表6-29可以看到，所有的卡方值差异量都在0.05水平下均达到显著，且未限制模型的卡方值比较小，说明任何两个因素之间都具有良好的区别效度。

表6-29　不同构面间卡方值比较结果摘要(部分)

潜在构念	x^2	CMIN	P	潜在构念	x^2	CMIN	P
员工素质 学习教育	138.513a 452.476	313.963	0.000	员工素质 绩效管理	168.430a 473.373b	304.943	0.000
员工素质 技术特征	142.572a 467.924b	325.352	0.000	员工素质 实施意愿	86.763a 447.333b	360.569	0.000
员工素质 感知易用性	157.540a 460.102b	302.562	0.000	员工素质 环境因素	183.754a 480.708b	296.954	0.000
员工素质 感知有用性	149.834a 403.999b	254.165	0.000	绩效管理 感知有用性	161.990a 479.682b	317.692	0.000
绩效管理 环境因素	102.715a 329.597b	226.883	0.000	绩效管理 学习教育	73.022a 322.146b	249.125	0.000
绩效管理 感知易用性	47.749a 284.179b	236.430	0.000	绩效管理 实施意愿	82.908a 357.783b	274.874	0.000
… …	…	…	…	… …	…	…	…

"a"代表未限制模型的卡方值；"b"代表限制模型的卡方值。

● 收敛效度

收敛效度是指测量相同潜在特质的题项或测验会落在同一个因素构面上，且题项或测验间所测得的测量值之间具有高度的相关。AMOS的操作中，求各构面的收敛效度即检验各潜在构面的单面向测量模型的适配度，如表6-30所示。

表6-30　各层面测量模型的收敛效度

	x^2/df	RMSEA	AGFI	GFI	IFI	NFI	RMR	CFI	TLI
HJ	—	—	—	1.000	1.000	1.000	—	1.000	—
JY	—	—	—	1.000	1.000	1.000	—	1.000	—
SZ	0.722	0.000	0.993	0.998	1.003	0.993	0.010	1.000	1.006
JS	1.833	0.034	0.988	0.999	0.997	0.994	0.007	0.997	0.982
ZD	1.273	0.019	0.990	0.997	0.999	0.995	0.013	0.999	0.997
YOY	—	—	—	1.000	1.000	1.000	—	1.000	—
YIY	—	—	—	1.000	1.000	1.000	—	1.000	—
SS	—	—	—	1.000	1.000	1.000	—	1.000	—

从表6-30可以看到，各构面CFA(验证性因素分析)模型的GFI(拟合优度指数)值、IFI(增值优度拟合指数)值、NFI(正态拟合优度指数)值和CFI(比较拟合优度指数)值都大于0.9。员工素质、技术应用效果和绩效制度CFA模型的x^2/df(卡方自由度比)值小于3.0，RMR(残差平方根)值小于0.05，RMSEA(近似误差平方根)值小于0.05，AGFI(调整拟合优度指数)值和TLI(非规准拟合指数)值都大于0.9。除默认值之外，各因素CFA模型的拟合指数都处于理想范围之内，说明收敛效度佳。

(3) 假设模型检验

① 相关分析

对结构方程模型进行检验之前，首先初步检验各个变量之间的相关问题。一般而言，如果研究变量之间不存在显著相关，那么它们之间不可能存在因果关系。相关分析是研究变量之间是否存在某种相关关系、相关的形态以及变动的方向，测定相关的密切程度，并检验其有效性的一种统计方法。相关分析包括二元相关分析、偏相关分析和距离相关分析三种类型。限于研究所需，选择二元相关分析，二元相关分析就是判断两个变量之间统计关系的强弱。采用SPSS19.0统计软件对员工实施精益建设意愿影响因素的概念模型中的研究变量进行了相关性检验，检验结果如表6-31所示。

表6-31　研究变量之间的相关性分析

	员工素质	绩效制度	技术应用效果	感知易用性	学习教育	环境因素	感知有用性	采纳意愿
员工素质	1							
绩效制度	0.395**	1						
技术应用效果	0.399**	0.351**	1					

(续表)

	员工素质	绩效制度	技术应用效果	感知易用性	学习教育	环境因素	感知有用性	采纳意愿
感知易用性	0.511**	0.390**	0.269**	1				
学习教育	0.470**	0.562**	0.347**	0.411**	1			
环境因素	0.372**	0.620**	0.391**	0.369**	0.430**	1		
感知有用性	0.443**	0.429**	0.445**	0.256**	0.368**	0.427**	1	**
实施意愿	0.377**	0.458**	0.306**	0.318**	0.418**	0.378**	0.410**	1

**在0.01水平(双侧)上显著相关。

从表6-31中可以看到，采纳意愿与绩效制度、感知有用性、感知易用性和环境因素的皮尔逊相关系数在0.01水平上显著，表明这实施意愿与这4个研究变量之间存在显著相关性；感知有用性与感知易用性、环境因素和技术应用效果的皮尔逊相关系数在0.01水平上显著，表明这感知有用性与这3个研究变量之间存在显著相关性；感知易用性与环境因素、员工素质和学习教育的皮尔逊相关系数在0.01水平上显著，表明这感知易用性与这3个研究变量之间存在显著相关性；员工素质与环境因素和学习教育的皮尔逊相关系数在0.01水平上显著，表明员工素质与这2个研究变量之间存在显著相关性。

② 回归分析

到目前为止，结构方程模型是最复杂的线性因果关系建模方法，回归分析是线性因果关系的建模基础[202]，因而在进行结构方程模型检验之前，需要进行研究变量之间的回归分析。回归分析结果能够很好地反映各前因变量对内生变量的解释程度，其结果可以与结构方程模型进行比较，但是二者的结果可能存在一些差异，主要是因为回归分析未加考虑前因变量的误差，而结构方程模型的优点之一就是考虑了前因变量的误差。另外，回归分析还可以对多变量之间是否存在多元共线性问题进行诊断，因为如果变量之间存在多元共线性问题，就会影响结构方程模型的分析结果。一般选择容忍度和DW值两个指标进行回归分析中的多元共线性诊断，其中容忍度值介于0和1，当容忍度值越接近0时，表示多变量之间越有可能存在共线性问题，反之，当容忍度值越接近于1时，表示多变量之间不存在共线性问题；DW值越接近2，表示残差之间未有显著相关，模型拟合效果越好。对员工实施精益建设意愿影响因素的概念模型中假设关系进行回归分析，具体结果如表6-32所示。

表6-32　研究变量间的回归分析

因变量	自变量	Beta	T	Sig.	容忍度	DW值	R^2
采纳意愿	绩效制度	0.266	6.367	0.000	0.559	1.676	0.284
	感知易用性	0.130	3.769	0.000	0.818		
	感知有用性	0.235	6.614	0.000	0.770		
	环境因素	0.065	1.570	0.117	0.569		
感知有用性	环境因素	0.277	7.775	0.000	0.772	1.606	0.277
	技术应用效果	0.319	9.274	0.000	0.829		
	感知易用性	0.067	1.980	0.048	0.845		
感知易用性	环境因素	0.159	4.601	0.000	0.778	1.416	0.318
	员工素质	0.373	10.571	0.000	0.744		
	学习教育	0.168	4.628	0.000	0.704		
员工素质	环境因素	0.209	5.933	0.000	0.815	1.259	0.256
	学习教育	0.380	10.811	0.000	0.815		

从表6-32中可以看到，环境因素与采纳意愿关系不显著，其他变量之间关系均显著。从容忍度值和DW值上来看，各变量之间不存在多元共线性问题，不会影响下一步结构方程模型的分析结果。

③ 结构方程分析

在相关分析和回归分析的研究基础上，将采用结构方程模型对员工精益建设采纳意愿的影响因素概念模型的11个假设进行检验。运用AMOS 17.0统计软件采用极大似然法进行验证性因素分析(CFA)，估计理论模型对样本数据的拟合程度，从而检验理论模型的正确性。

● 初步分析

经过初次运算，得到各条路径的系数估计结果和各项拟合指标(如表6-33所示)。从表6-33可以看出，除了环境因素到采纳意愿和环境因素对感知易用性外，其他的路径系数全部显著($p<0.05$)，表示模型的内在质量较佳；从拟合指数与参考值相比较发现，简约拟合指数x^2/df为7.147，大于最低要求3.0；增值拟合指数CFI指标为0.626，小于最小要求0.7；绝对拟合指数GFI指标为0.773，大于最小要求0.7；AGFI指标为0.732，大于最小要求0.7；RMSEA指标为0.091，介于可以接受和好之间，表明整体模型的拟合不太理想，需要进行模型的修正。Hatcher(1994)也指出由于概念模型自身问题或采集数据的偏差等，大部分模

型很难一次运算就能成功[1]。

表6-33 系数估计结果和各项拟合指标

	未标准化	标准误	t值	P
员工素质←学习教育	1.024	0.181	5.665	***
员工素质←环境因素	0.395	0.115	3.421	***
感知易用性←员工素质	0.338	0.069	4.919	***
感知易用性←学习教育	0.525	0.130	4.031	***
感知易用性←环境因素	0.140	0.077	1.826	0.068
感知有用性←感知易用性	0.239	0.090	2.661	0.008
感知有用性←技术应用效果	0.811	0.125	6.487	***
感知有用性←环境因素	1.342	0.291	4.611	***
采纳意愿←感知易用性	0.288	0.076	3.787	***
采纳意愿←感知有用性	0.349	0.089	3.914	***
采纳意愿←绩效管理	0.127	0.024	5.339	***
采纳意愿←环境因素	0.074	0.152	0.484	0.628

拟合指数	x^2/df		GFI		AGFI		CFI		RMSEA	
评价 标准	接受	好	接受	好	接受	好	接受	好	接受	好
	≤5.0	<3.0	[0.7,0.9)	≥0.9	[0.7,0.9)	≥0.9	[0.7,0.9)	≥0.9	≤0.1	≤0.08
结果	7.147		0.773		0.732		0.629		0.091	

● 模型修正

表6-34 修正模型系数估计结果和各项拟合指标

	标准化	标准误	t值		R^2
员工素质←学习教育	0.608***	0.064	7.474	员工 素质	0.452
员工素质←环境因素	0.288***	0.031	5.358		
感知易用性←员工素质	0.494***	0.128	5.416	感知 易用性	0.571
感知易用性←学习教育	0.303***	0.080	4.147		
感知易用性←环境因素	0.128*	0.041	2.514		
感知有用性←技术应用效果	0.422***	0.220	6.738	感知 有用性	0.374
感知有用性←环境因素	0.399***	0.123	9.473		
感知有用性←感知易用性	0.110**	0.148	2.689		

---

[1] Hatcher L.A Step-by-Step Approach to Using the SAS System for Factor Analysis and Structural Equation Modeling[M]. SAS Publishing,1994.

(续表)

	标准化	标准误	t值		R^2
采纳意愿←感知有用性	0.280***	0.010	5.493	实施意愿	0.549
采纳意愿←绩效管理	0.466***	0.035	5.901		
采纳意愿←感知易用性	0.187*	0.052	2.593		

拟合指数	x^2/df		GFI		AGFI		CFI		RMSEA	
评价	接受	好	接受	好	接受	好	接受	好	接受	好
标准	≤5.0	<3.0	<3.0	≥0.9	[0.7,0.9)	≥0.9	[0.7,0.9)	≥0.9	≤0.1	≤0.08
结果	3.392		0.919		0.892		0.890		0.061	

注：*表示$p<0.05$；**表示$p<0.01$；***代表$p<0.001$

在不违反SEM假定或与理论不相矛盾的前提下，依据初次运算的系数估计结果和修正指标，经过反复调整，最终得到一个与数据拟合较为理想的模型(如表6-34所示)。从表6-34中可以看出，除了x^2/df=3.392，大于3.0且小于0.5之外，其他拟合指标均达到模型拟合的要求，其中GFI指标值为0.919，大于0.9；AGFI和CFI指标值分别为0.892和0.890，非常接近0.9；RMSEA指标值为0.061，小于0.08。由此可知，调整后的概念模型与数据拟合情况良好，在可接受范围之内。

● 结果讨论

利用AMOS 17.0统计软件对假设模型进行了拟合和修正，删除了一条环境因素到采纳意愿的路径，其他条路径系数在0.05水平下均达到显著(如图6-8所示)，全部获得支持，这与回归分析的结果是相同的。另外，"员工素质""感知易用性""感知有用性"和"采纳意愿"4个内生变量的解释力分别达到45.2%、57.1%、37.4%和54.9%。

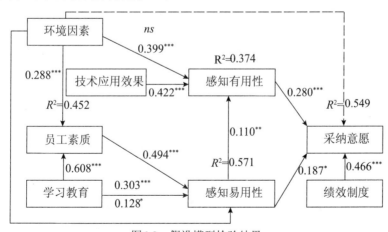

图6-8　假设模型检验结果

注：*表示$p<0.05$；**表示$p<0.01$；***代表$p<0.001$；虚线部分(ns)代表不显著

第一，环境因素和学习教育对员工素质的路径系数分别为0.288和0.608，临界比的显著性概率都为0.000，表明2个因素对员工素质产生较为显著的正向效应，假设H_3和H_5成立。

第二，环境因素、员工素质和学习教育对感知易用性的路径系数分别为0.128、0.494和0.303，临界比的显著性概率分别为0.012、0.000和0.000，表明3个因素对感知易用性产生较为显著的正向效应，假设H_1、H_6和H_7成立。

第三，环境因素、技术应用效果和感知易用性对感知有用性的路径系数分别为0.399、0.422和0.110，临界比的显著性概率分别为0.000、0.000和0.007，表明3个因素对感知有用性产生较为显著的正向效应，假设H_2、H_4和H_9成立。

第四，绩效管理、感知有用性和感知易用性对实施意愿的路径系数分别为0.466、0.280和0.187，临界比的显著性概率分别为0.000、0.000和0.010，表明3个因素对实施意愿产生较为显著的正向效应，假设H_8、H_{10}和H_{11}成立。

第五，环境因素对采纳意愿未通过检验，假设H_0不成立。这一点可以这样解释：建设项目具有一次性和独特性的特点，环境因素对员工精益建设采纳意愿直接影响不显著，但是环境因素通过中介变量感知有用性、员工素质和感知易用性间接影响精益建设采纳意愿，影响效果显著(0.171)。

第7章 建筑企业精益建设技术采纳决策模型

本章以精益建设技术为研究对象，利用元分析的研究方法对技术采纳相关文献进行梳理，确定精益建设技术采纳的影响因素，并通过问卷调查和深入访谈的方式对影响组织采纳精益建设技术的因素进行调查和测评，利用SPSS软件和结构方程工具，对众多影响变量进行归类，并构建组织采纳精益建设技术影响因素的结构方程模型，辨识组织对精益建设技术采纳的关键行为影响因素，探究其与精益建设技术采纳的内在变化规律，建立技术采纳指标体系；以结构方程模型确定的精益建设技术采纳影响因素为依据，建立决策指标体系，构建精益建设技术采纳决策模型，并采用支持向量机算法实现，为决策者提供参考。

7.1 概述

近年来，有关创新采纳影响因素的研究取得了许多有价值的成果，其中来自社会的压力或制度的压力是影响创新采纳与扩散的关键因素得到学者们的普遍认同。组织并不是主要受到经济驱动或效率因素的影响而采纳创新，而是在来自组织外部的"一致性"压力等社会因素的影响和驱动下采取行动[203, 204]。

Abrahamson等认为潮流压力主要是指已采纳该创新的组织数量的多少给未采纳该创新

的组织带来的压力①。组织在采纳该创新之前并不仅仅考虑该项创新所能带来的回报或收益，在潮流压力的影响下组织也会"随大流"地采纳或拒绝创新。Rogers也曾指出行为个体受到周围采纳者的影响，随着采纳或拒绝人数的增多，对行为个体产生的潜移默化的影响就会越来越大，行动者"跟风"的概率就会随之增加②。基于以上分析可以得出，行动者受到的潮流压力可以用创新扩散蔓延效应来解释，潮流压力是影响组织采纳创新的重要因素。

潮流压力主要包括规范潮流压力和竞争压力。规范潮流压力主要指害怕"合理性"丧失而产生的压力；竞争压力主要指因害怕丧失竞争优势而产生的压力。

(1) 潮流压力

组织在决定是否采纳创新的早期阶段大都倾向于进行科学合理的可行性分析，如果投资回报率达到预期目标便会采纳该创新。但是随着采纳该创新的组织数量的不断增多，对企业产生的潜移默化的影响便会越来越大，组织会逐渐忽视创新回报的大小，转而认为创新是大势所趋，组织必须创新以保持和其他组织的一致性。另外，由于创新的不确定性，在风险规避的驱动下组织倾向于跟随大多数组织的行为进而决定采纳还是拒绝创新。

(2) 竞争压力

企业要想长久地保持优于竞争对手的竞争优势就必须创新。如果企业因为没有采纳创新而使绩效低于其他采纳者，企业便会在竞争压力的作用下模仿或跟随其他组织采纳创新[203]。但是盲目的"跟风"不一定会达到企业预期的效果，极有可能使有效的管理技术得不到有效的扩散，反而导致无效的管理技术扩散，从而影响企业创新应用绩效。

学者们从制度主义视角，结合理性分析理论对组织采纳创新的心理进行了更宏观的分析，认为潮流压力与组织对创新回报的预期两个因素共同决定组织是否采纳创新。在组织对创新回报的评价存在模糊性的情况下，创新便会在潮流压力的推动下发生扩散。创新扩散早期，独立理性的采纳行为启动了采纳潮流，规范性和竞争性的潮流压力进一步推动了该潮流，从而使创新不断发生扩散。政府、专业团队、其他采纳者都有可能成为组织潮流压力的施加者。从制度主义视角分析创新采纳理论使传统创新扩散理论得到完善，并且使学者们逐步意识到社会与竞争等外部环境的重要性。本章将借鉴制度理论中的竞争压力与潮流压力来归纳创新采纳的环境影响因素，进一步丰富创新采纳理论内容。

---

① Abrahamson E, Rosenkopf L.Social Network Effects on the Extent of Innovation Diffusion: A Computer Simulation[J]. Organization Science,1997:8(3), 289-309.

② Rorgers E.M. Diffusion of Innovation [M]. 4th edition. New York: The Free Press，1995.

7.2 基于元分析的建筑企业精益建设技术采纳影响因素分析

7.2.1 元分析研究方法简介

元分析是一种可以对大量数据进行定量整合与描述的分析方法。1976年，Glass首次提出该方法，并将其定义为用来综合大量同类研究并进行再分析的定量分析法。采用元分析对相关的研究成果进行整合，以期对该研究问题有一个全面的了解或普遍性的认识。元分析研究方法的研究结论具有普遍的代表性，研究不同领域能够取得最佳效果。

常用的元分析软件为Revman 5.0，具体分析步骤如下：首先将标准差(SD)通过转换公式转换为标准误(SE)，并将变量间的相关系数(r)通过Fisher的r-Z转换公式转换为效应值Z值，然后通过Revman 5.0软件计算出以标准误倒数加权后的效应值，并得到其95%置信区间。其中，r值为元分析的主要输出结果，其统计意义并不局限于绝对值，即r值的大小并不能绝对地推断出变量间相关程度的高低。r值的主要作用是进行比较分析，即通过对比r值来判断哪一组变量间的相关程度较高。

7.2.2 基于元分析的技术采纳影响因素研究

创新技术主要通过企业采纳创新来进行扩散。有关企业技术创新采纳相关研究于20世纪60年代起在不同领域开始展开，并伴随着大量的实证研究。20世纪90年代末，学者们将技术采纳的研究视角从一般性技术创新采纳具体到了企业层面，开始研究个体与组织在技术创新采纳过程中的行为。企业组织行为从组织行为学角度来看分为个体、群体、组织三个层次，研究企业技术创新采纳行为是研究企业组织层面的采纳行为。由于组织层面的采纳行为并不等于组织中所有个体采纳行为的简单相加，这种行为同时受到所属环境中多个因素的影响，所以非常有必要从新的角度对组织创新采纳行为进行研究。

(1) 基于元分析的TAM模型研究

技术接受模型(简称TAM)最早由Davis在1989年提出，最初Davis主要用该模型研究信息系统低使用率问题。随着应用的不断扩展，该模型也得到不断完善，研究方向从模型框架的构建发展到外部变量的研究，研究对象也从最初的大众人群到目前的特定人群。TAM理论的解释能力得到不断提升，并被大量应用到各种不同种类技术、不同的任务、服务于不同组织、不同的国家中不同类型的使用者。目前经济管理领域、信息系统与信息管理研究领域中有关技术接受模型的相关研究已经得到学者的广泛关注。

本章的样本主要来自EBSCO、ProQuest、CNKI、ScienceDirect、Google五大数据库，在这五个数据库中输入"技术接受""技术采纳""Technology Acceptance Model""TAM"等关键字搜索有关TAM的文献(包括期刊及学位论文)。选取2008—2012年近5年出版的文献，搜索文献共计587篇。为了探究上述问题，选取的样本必须符合以下标准：①选取的每个研究样本中所研究的变量必须包括使用态度、感知有用性、使用意图、感知易用性中的至少两个变量；②单个研究需要报告样本规模、有关的统计值(r、t、F等值)；③选取的研究不分组织层面，个体或行业层面；④所选取的研究不分技术种类。最终筛选文献共计158篇，其中中文文献107篇，英文文献51篇。符合进行元分析文献数最少不能低于15个的原则。

进行技术采纳影响因素数据处理时，采用的是Revman 5.0软件。根据样本量的大小，选取BI-UA(即使用意图与使用行为)之间的关系为例来说明，其他关系没有一一列举，但使用方法是一致的。BI-UA的元分析，采用Excel 2003对数据进行处理如表7-1所示。

表7-1　BI-UA的Excel数据处理结果

Study ID	r	N	ρ	Zρ
1	0.62	169	0.77	0.102
2	0.51	200	0.57	0.064
3	0.37	127	0.41	0.043
4	0.60	579	0.61	0.070
5	0.72	441	0.79	0.107
6	0.68	256	0.75	0.096
7	0.65	142	0.70	0.087
8	0.64	243	0.70	0.087
9	0.70	215	0.74	0.094
10	0.49	600	0.51	0.056
11	0.65	102	0.71	0.089
12	0.39	550	0.40	0.042
13	...	...	...	...
36	0.79	232	0.86	0.128

表7-1是对BI-UA(即使用意图与使用行为)之间的关系进行统计，主要有34篇文献对BI-UA的关系进行了归纳，其中r代表文献中BI-UA的关系系数，N代表文献中样本的大小，ρ代表平均差，Zρ代表标准误差。

利用Revman 5.0中的元分析功能对所收集的数据进行同质性检验，并显示出森林图，结果如图7-1所示。

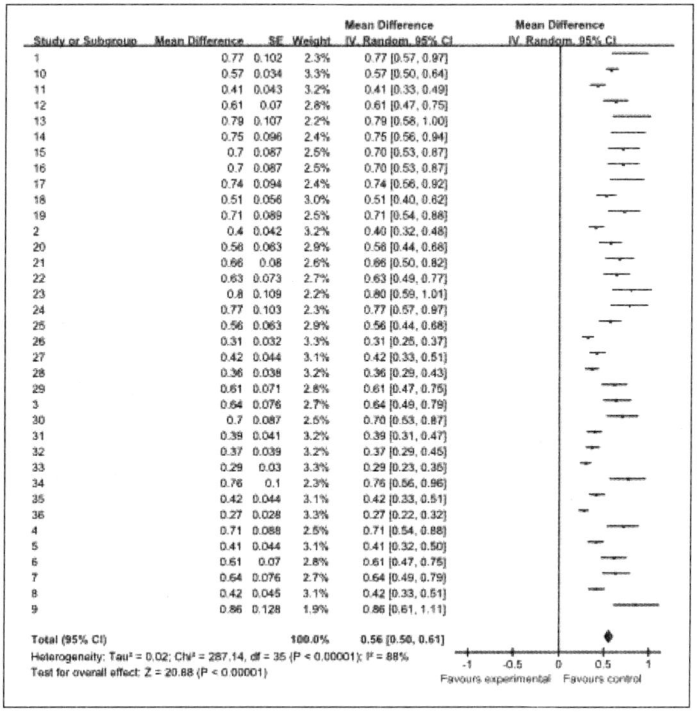

图7-1 森林图

从图7-1中可以发现，该研究统计结果为显著($Q=287.14$，$df=35$，$P<0.00001$，$I^2=88\%$)，说明效果量并非来自同一个总体，所以选取的模型应该为随机效应模型而不能是固定效应模型。行为意向与实际行为的关系$Z=0.56$($P<0.01$)，将Fisher's Z 转换为Person'r，得到行为意向与实际行为的关系的普遍性相关系数$r=0.508$，置信区间为(0.458，0.558)。根据Cohen的分类标准(r接近0.1为小效应量，r接近0.3为中等效应量，r接近0.5为大效应量)，得到的效应量为大效应量，呈显著正相关。

(2) 基于元分析的TOE理论框架研究

结合创新采纳相关研究，将环境、技术与组织三类影响组织采纳创新技术的因素纳入到TOE框架中。分析的样本主要来自EBSCO、ProQuest、CNKI、ScienceDirect、Google学术五大数据库，在这五个数据库中输入"TOE""技术 组织 环境""TOE Framework"等关键字搜索有关TOE的文献(包括期刊及学位论文)。选取2008—2012年近5年出版的文献，搜索文献共计52篇。选取单个研究报告了样本规模、有关的统计值(r、t、F等值)的样本，最终筛选文献共计31篇，其中中文文献16篇，英文文献15篇。符合进行元分析文献数最少不能低于15个的原则。

经过对31篇文献进行分析，结果如表7-2所示。这里仅包括有5个以上样本支持的因素，少于5个样本支持的不再提及。

由以上方法可以得出其他关系的显著性，如表7-2所示。

表7-2　其他关系的显著性

变量名称	df(k-1)	Zr均值	Z值	置信区间	Q值	I²	r均值
感知易用性-感知有用性	45	0.45	8.44	(0.35,0.54)	83.44	88%	0.56
感知有用性-使用态度	37	0.27	7.88	(0.17,0.36)	67.38	90%	0.45
感知易用性-使用态度	32	0.34	6.45	(0.24,0.43)	78.59	76%	0.37
感知有用性-使用意图	47	0.38	7.46	(0.28,0.47)	74.39	67%	0.47
感知易用性-使用意图	26	0.44	5.36	(0.34,0.53)	69.82	89%	0.38
使用态度-使用意图	42	0.22	6.78	(0.12,0.31)	58.38	83%	0.45
资源就绪度	14	0.34	6.21	(0.24,0.45)	72.92	81%	0.33
市场竞争压力	14	0.35	7.23	(0.26,0.45)	63.08	79%	0.34
技术兼容性	5	0.36	7.27	(0.26,0.46)	6.84	27%	0.35
技术复杂性	5	0.25	5.23	(0.15,0.34)	1.88	0%	0.24
技术优越性	7	0.27	6.37	(0.19,0.35)	10.35	32%	0.26
风险控制	7	0.20	5.21	(0.14,0.29)	6.31	25%	0.19
政府方面压力	10	0.37	7.29	(0.27,0.47)	10.55	35%	0.36
企业技术基础设施条件	6	0.43	12.7	(0.36,0.49)	7.8	23%	0.41
领导支持与参与	20	0.44	12.9	(0.37,0.49)	75.4	75%	0.42
潮流压力	9	0.27	8.82	(0.21,0.34)	10.21	12%	0.26

表7-2是对所有关系的显著性进行统计并总结，其中df代表的是自由度，即每种关系文献的数量k-1；Zr代表均值；Z值代表效应值；Q值代表卡方值，反映了不同文献中对于某一组变量相关系数的异质程度。

经过对189篇文献分析后，对有关感知易用性、感知有用性、使用态度、使用意图、使用行为之间的关系以及影响组织创新采纳因素的相关研究进行归纳总结。这里仅包括有5个以上样本支持的因素，少于5个样本支持的不再提及。利用Revman 5.0软件进行元分析，计算结果如表7-2所示。其中r均值为影响因素与采纳意愿之间的相关系数，其中感知易用性与感知有用性、感知有用性与使用态度、感知有用性与使用意图之间的关系比较显著，以及政府压力、领导支持、企业技术基础设施条件为对采纳意愿影响较大的因素。由元分析的结果可以得出影响技术采纳的因素为潮流压力、政府方面压力、市场竞争压力、风险控制、领导支持与参与、资源就绪度、企业技术基础设施条件、技术兼容性、技术复杂性与技术优越性等。

7.2.3 精益建设技术采纳概念模型构建

本章结合TOE模型对精益建设技术采纳概念模型进行构建，主要是因为TOE模型具有强系统性与强概括性。首先，将TAM模型与TOE模型进行整合，这样不仅可以有效利用TAM模型的强解释能力与简洁等优点，还可以进一步拓展TOE理论；其次，借鉴制度理论中的竞争压力与潮流压力来归纳创新采纳的环境影响因素，进一步丰富本研究理论内容。在此基础上，本研究以技术的相对优势、技术的复杂性、技术的可试性、技术的兼容性和可察性来表征精益建设技术的技术特性，以领导支持和参与、风险控制能力、资源就绪度和企业信息技术基础设施条件来表征企业的组织特性，以潮流压力和市场竞争压力来表征企业的环境特性。精益建设技术采纳的概念模型如图7-2所示。

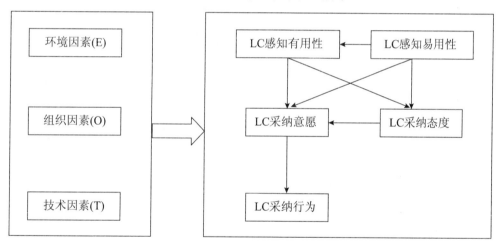

图7-2　精益建设技术采纳的概念模型

7.2.4 精益建设技术采纳影响因素研究假设

根据元分析结果中有关影响技术采纳的相关因素作为影响精益建设技术采纳的影响因素，做出以下假设。

精益建设技术采纳的环境因素：

(1) 潮流压力

政府、专业团队、其他组织是潮流压力的施加者，他们的引导、建议与行为都会影响组织对于精益建设技术的采纳行为。同时，如果相类似的组织或项目使用精益建设技术的范围在逐渐扩大，也会对组织采纳精益建设技术产生压力。因此，对潮流压力做出如下假设：

H1：潮流压力与精益建设采纳意愿正相关。

(2) 市场竞争压力

随着技术的进步，组织面临的外部竞争对手的压力、商业模式的发展趋势、供应链上下游企业采纳精益建设技术的压力以及行业标准的发展带来的压力等都是企业可以感知到的市场竞争压力。组织感知到的竞争压力越大，为了获取和维护竞争优势，越可能采纳精益建设技术。因此，对市场竞争压力做出如下假设：

H2：市场竞争压力与精益建设采纳意愿正相关。

精益建设技术采纳的组织因素：

(3) 领导支持与参与

领导支持与参与是指企业领导人对某类项目的偏好，或者是整个组织对于某类项目的偏好，如果能得到领导支持与参与的项目，其资源支持是会相当丰富的；领导支持与参与直接影响精益建设技术的实施。因此，对领导支持与参与做出如下假设：

H3：领导支持与参与精益建设采纳意愿正相关。

(4) 风险控制能力

精益建设技术采纳的风险可能存在于使用过程中以及精益建设技术实施过程中，由于使用人员缺乏经验，以及整个组织可能缺乏精益建设技术实施经验，使得精益建设技术采纳导致风险产生。此外，管理者的忽视或者认知错误也有可能导致精益建设技术的实施风险产生。因此，对组织的风险控制能力做出如下假设：

H4：风险控制能力与精益建设采纳意愿正相关。

(5) 资源就绪度

组织是否具备采纳精益建设技术的资源直接制约着组织的采纳决策，主要强调的是组织对采纳创新所需资源的准备能力，对此做出如下假设：

H5：资源就绪度与精益建设采纳意愿正相关。

(6) 企业信息技术基础设施条件

企业信息技术基础设施条件主要包括企业与业务单位的协调情况、进行项目管理与资金预算管理等方面，这些信息技术基础设施的完备情况直接影响组织对于精益建设技术的采纳。因此，对于企业信息技术基础设施条件做出如下假设：

H6：企业信息技术基础设施条件与精益建设采纳意愿正相关。

精益建设技术采纳的技术因素：

(7) 精益建设技术相对优势

技术相对优势是衡量潜在的技术接受者对于新技术相较于原有技术在何种程度上有优势的一种感知，是影响技术采纳行为的重要因素。因此，对精益建设技术相对优势做出如下假设：

H7：精益建设技术相对优势与精益建设采纳意愿正相关。

(8) 精益建设技术兼容性

兼容性主要指创新能够被潜在技术接受者的价值理念、现实需求、经营理念与信念所接受并与其保持一致性的性质，兼容性的高低直接决定了企业实施创新技术过程中的难易程度。在实际操作中，企业在选取创新技术前，主要考虑企业兼容性比较好的技术，排除兼容性不高的技术，所以技术兼容性是企业采纳创新技术的重要影响因素。技术兼容性主要指新技术与企业当前技术基础之间的兼容性。如果企业引用技术兼容性不高的新技术便会与企业现有技术系统产生冲突，使企业无法应用新技术。因此，对精益建设技术兼容性做出如下假设：

H8：精益建设技术兼容性与精益建设采纳意愿正相关。

(9) 精益建设技术复杂性

技术复杂性指使用者对于技术使用上的难易程度的界定。技术使用越复杂，采纳越困难，精益建设技术的复杂性对采纳有负作用。因此，对精益建设技术复杂性做出如下假设：

H9：精益建设技术复杂性与精益建设采纳意愿负相关。

(10) 精益建设技术可试性

精益建设技术可试性就是指精益建设技术可被试验的程度。对精益建设技术可试性做出如下假设：

H10：精益建设技术可试性与精益建设采纳意愿正相关。

(11) 精益建设技术可察性

技术可察性指技术使用者可以通过新闻媒介或其他途径直接对创新技术的优缺点与技术特性的感知程度，只要能感受到精益建设技术所带来的优势，企业就会愿意接受这些技术创新。对精益建设技术可察性做出如下假设：

H11：精益建设技术可察性与精益建设采纳意愿正相关。

精益建设技术感知易用性：

对精益建设技术的感知易用性不仅会影响人们的有用认知，而且会直接影响人们对于精益建设技术的采纳态度和采纳意愿。因此，对精益建设技术感知易用性做出如下假设：

H12：精益建设技术感知易用性与精益建设技术感知有用性正相关。

H13：精益建设技术感知易用性与精益建设技术采纳态度正相关。

H14：精益建设技术感知易用性与精益建设技术采纳意愿正相关。

精益建设技术感知有用性：

对精益建设技术的感知有用性会直接影响精益建设技术使用者的态度和意愿。因此，对精益建设技术做出如下假设：

H15：精益建设技术感知有用性与精益建设技术采纳态度正相关。

H16：精益建设技术感知有用性与精益建设技术采纳意愿正相关。

精益建设技术采纳态度：

对精益建设技术的采纳态度直接影响着组织对精益建设技术的采纳意愿。因此，对精益建设技术采纳态度做出如下假设：

H17：精益建设技术采纳态度与精益建设技术采纳意愿正相关。

精益建设技术采纳意愿：

对精益建设技术的采纳意愿又直接影响组织对于精益建设技术的采纳行为。因此，对精益建设技术采纳意愿做出如下假设：

H18：精益建设技术采纳意愿与精益建设技术采纳行为正相关。

综合以上分析，得出影响精益建设技术采纳的研究模型，如图7-3所示。

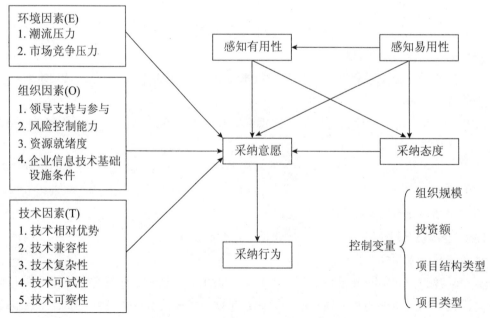

图7-3　精益建设技术采纳的研究模型

从图7-3可以看出，研究模型还设计了4个控制变量，分别是组织规模、投资额、项目结构类型和项目类型。通过分析各控制变量对模型中所有变量的影响，尤其是对精益建设技术采纳的影响关系与影响程度，从而得出各控制变量对模型的影响情况。

7.2.5 调查问卷的设计、发放与回收

针对精益建设技术采纳影响因素所涉及的环境、组织、技术、感知有用性、感知易用性、采纳态度、采纳意愿和采纳行为等方面设计问卷，设计问卷之前阅读了技术采纳、技术接受、TOE、TAM等为关键词的大量国内外相关文献，并与课题组成员和相关专家进行探讨，确定了调查问卷，并分发一部分问卷进行小样本调查，根据问卷结果以及发放过程中出现的问题进行了更正。调查采用邮寄与专人送达等方式，具体处理结果如前文所示。

🔺 7.3 建筑企业精益建设技术采纳影响因素实证分析

7.3.1 测量模型评价

(1) 信度分析

采用SPSS 19.0对问卷所有测量项进行信度分析，得到精益建设技术采纳模型中所有影响因素的Cronbach's α值，并运用SPSS 19.0对所有测量项均值、标准差、校正的项总计相关系数CITC进行分析，具体分析结果如表7-3所示。

表7-3 精益建设技术采纳的影响因素具体分析结果

变量	量表编号	均值	标准偏差	校正的项总计相关系数CITC	Cronbach's α
潮流压力	E11	3.89	1.095	0.577	0.811
	E12	3.27	1.065	0.652	
	E13	3.56	1.129	0.763	
市场竞争压力	E21	3.80	0.991	0.617	0.858
	E22	3.09	1.298	0.816	
	E23	3.26	1.259	0.803	
领导支持与参与程度	O11	3.04	1.293	0.731	0.829
	O12	3.85	0.997	0.566	
	O13	3.28	1.293	0.812	

变量	量表编号	均值	标准偏差	校正的项总计相关系数CITC	Cronbach's α
风险控制能力	O21	3.42	1.248	0.861	0.927
	O22	3.46	1.132	0.841	
	O23	2.90	1.294	0.857	
资源就绪度	O31	3.56	1.030	0.758	0.898
	O32	3.14	1.205	0.836	
	O33	3.20	1.167	0.815	
企业信息技术基础设施条件	O41	3.39	1.214	0.889	0.901
	O42	3.03	1.420	0.734	
	O43	3.30	1.199	0.892	
	O44	2.79	1.080	0.636	
技术相对优势	T11	3.38	1.152	0.857	0.933
	T12	3.12	1.315	0.877	
	T13	3.10	1.248	0.860	
技术兼容性	T21	3.29	1.252	0.847	0.923
	T22	3.10	1.141	0.861	
	T23	2.82	1.246	0.829	
技术复杂性	T31	3.61	1.887	0.625	0.835
	T32	3.33	1.076	0.655	
	T33	3.43	1.101	0.622	
技术可试性	T41	2.79	1.197	0.846	0.914
	T42	2.99	1.385	0.856	
	T43	3.42	1.045	0.817	
技术可察性	T51	3.32	1.144	0.823	0.930
	T52	3.04	1.275	0.864	
	T53	3.14	1.282	0.890	
感知易用性	EPEU1	3.95	0.982	0.706	0.882
	EPEU2	3.21	1.255	0.813	
	EPEU3	3.12	1.120	0.820	
感知有用性	EPU1	3.47	1.161	0.780	0.865
	EPU2	3.90	1.023	0.725	
	EPU3	2.99	1.287	0.746	

(续表)

变量	量表编号	均值	标准偏差	校正的项总计相关系数CITC	Cronbach's α
采纳态度	AT1	3.69	1.060	0.809	0.908
	AT2	3.30	1.303	0.844	
	AT3	3.24	1.231	0.814	
采纳意愿	A1	3.24	1.206	0.831	0.933
	A2	3.46	1.296	0.897	
	A3	3.35	1.160	0.866	
采纳行为	B1	2.89	1.303	0.704	0.852
	B2	3.65	0.976	0.781	
	B3	3.21	1.031	0.726	

从表7-3可以看出精益建设技术采纳的影响因素具体分析结果中所有Cronbach's α值均大于0.8，根据前文判断标准，说明量表子变量之间与问题项之间达到较高的内部一致性，问卷信度较好。

校正的项总计相关系数(Corrected Item-Total Correlation，CITC)分析结果反映的是测量项目与其他项目之间的相关程度。表7-3中所有校正的项总计相关系数均大于0.4，据此可以得出本次问卷量表设计具有一定的合理性，且鉴别度较好。

(2) 效度分析

为了提高问卷的效度，与相关领域的学者进行了深入探讨，并根据其提出的意见对问卷进行了相应修改。正式发放问卷之前组织了小规模的预调查，根据被调查者提出的疑问、建议等，对问卷的术语表达、结构设计等进行了修改，以达到表面效度的标准。同时，问卷设计是在总结前人研究成果的基础上，综合了专家的意见进行反复修改之后形成的，因此内容效度较高。对于构建效度，通常采用因子分析对其进行测量。Kerlinger(1986)指出因子分析对构建效度进行检验时，可以用因子载荷来反映所测量项与构想概念所提取主成分两者之间的相关程度，相关程度越高则效度越高。因子分析属于降维的分析方法，用因子分析对量表的构建效度进行分析也就是主因子的提取过程，即通过用少数综合指标概括出所有变量的信息，达到降维的目的。

采用探索性因子分析方法，在进行因子分析之前须检验巴特利特球体(Bartlett's Test of Sphericity)和KMO值是否满足前文的判定条件。

如果两个条件都满足，采用主成分因子分析法对数据进行因子分析，转轴方式为最大转轴法，并以特征值为0.8以上为标准进行因子个数的选取，变量的因子负载也要在0.5以上，未达标准的舍弃。下面将分别对精益建设技术采纳过程中的影响因素做因子分析。

① 环境因素

通过对影响精益建设技术采纳的环境特性方面的因素进行因子分析，结果显示KMO值为0.682(>0.6)，达到做因子分析的标准；巴特利特球体检验的x^2统计值的显著性概率为0.000，达到显著性标准。有关环境因素的具体检验结果如表 7-4所示。

表7-4　环境因素KMO测度和巴特利特球体检验结果

取样足够度的 Kaiser-Meyer-Olkin 度量		0.682
Bartlett 的球形度检验	近似卡方	657.456
	df	15
	Sig.	0.000

② 组织因素

用SPSS 19.0对影响精益建设技术采纳的组织特性方面的因素进行因子分析，结果显示KMO检验结果为0.768(>0.6)，达到做因子分析的标准；巴特利特球体检验的x^2统计值的显著性概率为0.000，达到显著性标准。有关组织因素的具体检验结果如表 7-5所示。

表7-5　组织因素KMO测度和巴特利特球体检验结果

取样足够度的 Kaiser-Meyer-Olkin 度量		0.768
Bartlett 的球形度检验	近似卡方	2 216.118
	df	78
	Sig.	0.000

③ 技术因素

通过对影响精益建设技术采纳的技术特性方面的因素进行因子分析，结果显示KMO值为0.800(>0.6)，达到做因子分析的标准；巴特利特球体检验的x^2统计值的显著性概率为0.000，达到显著性标准。有关技术因素的具体检验结果如表 7-6 所示。

表7-6　技术因素KMO测度和巴特利特球体检验结果

取样足够度的 Kaiser-Meyer-Olkin 度量		0.800
Bartlett 的球形度检验	近似卡方	2 973.903
	df	105
	Sig.	0.000

通过对影响精益建设技术采纳的环境、组织和技术特性三方面的因素进行因子分析结果显示KMO值为0.873(>0.6)，说明可以做因子分析；巴特利特球体检验的x^2统计值的显著性概率为0.000，达到显著性标准。SPSS 19.0 检验结果如表 7-7 所示。

表7-7 环境、组织和技术因素KMO测度和巴特利特球体检验结果

取样足够度的 Kaiser-Meyer-Olkin 度量		0.873
Bartlett 的球形度检验	近似卡方	13 774.607
	df	1 176
	Sig.	0.000

分别提取影响精益建设技术采纳的环境、组织和技术特性特征值大于0.8的主成分作为因子，共提取出16个因子，其特征值分别为10.523，3.477，2.799，2.616，2.179，1.741，1.595，1.358，1.191，1.159，1.074，1.020，0.925，0.905，0.836，0.827；对应累计解释总体方差变异为：69.846%。这16个因子分别是潮流压力，市场竞争压力，领导支持与参与，风险控制能力，资源就绪度，企业信息技术基础设施条件，技术相对优势，技术兼容性，技术复杂性，技术可试性，技术可察性，感知易用性，感知有用性，采纳态度，采纳意愿和采纳行为。环境、组织和技术因素的因子分析部分结果如表 7-8 所示。

表7-8 环境、组织和技术因素的因子分析结果(部分)

	旋转成分矩阵[a]															
	成分															
	1	2	3	4	5	6	7	8	9	10	11	12	13	14	15	16
E11	0.082	0.121	0.124	0.151	0.021	0.037	0.037	0.189	0.653	0.011	0.161	0.081	0.122	0.168	-0.043	0.121
E12	0.198	-0.004	0.380	0.190	0.052	0.002	0.012	0.249	0.544	0.066	-0.035	-0.179	-0.011	0.049	0.133	-0.106
E13	0.179	0.050	0.090	0.131	0.037	0.006	-0.043	0.076	0.654	0.113	0.123	0.302	0.065	0.111	0.091	-0.007
E21	0.069	0.231	0.098	0.121	0.047	0.013	0.739	0.131	0.025	0.069	0.062	0.099	0.106	0.068	-0.018	0.181
E22	0.126	-0.023	0.151	0.065	0.113	0.049	0.746	-0.135	-0.031	0.130	0.061	0.126	-0.026	0.111	0.164	-0.048
E23	0.254	0.257	-0.186	0.067	0.055	-0.105	0.610	0.037	0.042	-0.072	0.216	0.074	0.023	0.157	0.112	-0.087
O11	0.041	-0.047	-0.022	0.033	0.019	0.806	0.027	0.105	-0.029	0.027	0.017	0.020	0.120	0.016	0.074	-0.151
O12	0.046	0.045	0.026	0.025	0.012	0.806	-0.015	0.092	-0.065	0.037	-0.023	0.079	0.188	0.053	0.020	-0.006
O13	0.049	-0.080	-0.034	0.013	0.012	0.698	-0.019	-0.036	0.160	0.077	0.017	0.023	0.188	-0.055	-0.090	0.226
O21	0.038	-0.004	0.298	0.064	-0.048	0.033	0.186	0.000	0.054	0.151	0.092	0.001	0.020	0.750	0.089	0.029
O22	0.218	0.156	0.376	0.186	0.047	0.084	0.163	-0.009	0.332	0.061	0.212	0.035	-0.067	0.519	0.035	-0.034
O23	0.152	0.327	-0.007	0.075	-0.094	-0.055	0.060	0.211	0.199	0.022	0.075	0.203	0.008	0.668	-0.071	0.052
O31	0.066	-0.073	0.050	0.063	-0.059	0.060	0.022	0.138	0.078	0.056	-0.046	0.026	0.759	0.060	-0.048	0.182
O32	-0.069	0.113	0.089	0.013	0.086	0.313	0.105	-0.007	0.033	-0.067	0.048	-0.043	0.701	-0.091	0.019	-0.174

（续表）

							旋转成分矩阵[a]									
							成分									
	1	2	3	4	5	6	7	8	9	10	11	12	13	14	15	16
O33	0.050	-0.007	0.025	0.037	0.063	0.295	-0.033	-0.125	0.020	0.093	-0.116	0.108	0.696	0.017	0.059	-0.061
O41	0.217	0.647	0.039	0.159	0.010	-0.019	0.237	0.066	0.123	0.179	0.021	0.025	-0.013	0.082	-0.037	-0.073
O42	0.320	0.566	0.199	0.063	0.123	-0.067	0.117	0.134	-0.069	0.005	0.220	0.028	0.115	-0.034	0.076	0.187
O43	0.167	0.688	0.048	0.083	0.094	-0.013	0.079	-0.045	0.101	0.180	0.028	0.161	-0.072	0.120	0.151	0.083
O44	0.228	0.752	-0.178	-0.029	0.057	-0.012	0.023	0.114	0.025	0.150	0.113	0.111	0.021	0.075	0.110	-0.009
T11	0.060	0.192	0.008	0.054	-0.100	0.076	-0.060	0.677	0.196	-0.082	0.059	0.213	0.022	0.063	0.253	-0.087
T12	0.152	0.059	0.115	0.128	-0.068	0.107	0.001	0.742	0.103	0.028	-0.025	0.171	-0.010	0.063	0.043	0.198
…	…	…	…	…	…	…	…	…	…	…	…	…	…	…	…	…

提取方法：主成分。

旋转法：具有Kaiser标准化的正交旋转法。

a. 旋转在 10 次迭代后收敛。

7.3.2　假设检验

结构方程模型中，模型参数的估计方法通常采用广义最小二乘法和最大似然估计法，这里采用最大似然数法对模型参数进行估计。对模型参数估计后还要评价数据间的拟合程度，通常采用卡方、RMSEA、GFI、AGFI、CFI五个指标进行评估。卡方、RMSEA两个指标的分析结果表示模型的协方差矩阵与原协方差矩阵之间的拟合程度；GFI、AGFI两个指标主要表示整体模型绝对适合度；CFI的大小代表的是模型的相对拟合度。按照前文假设模型的关系建立模型，使用 AMOS 17.0 软件对问卷数据处理后，只有 RMSEA 满足要求，而得到的 GFI、AGFI、CFI 都不满足要求，因此需要对模型进行调整。根据 AMOS 17.0 软件运行的结果，同时，根据 AMOS 17.0 软件中的修正指数(Modification Indices)来修正模型。当然，还要考虑经验数据，而非仅仅根据修正指数这个理论数据来修正模型，精益建设技术采纳模型的实证关系如图7-4所示。从本模型的各个指标值来看(如表7-9所示)，本研究的精益建设技术采纳过程中的技术采纳模型是拟和比较好的模型，从统计上是可以接受的。

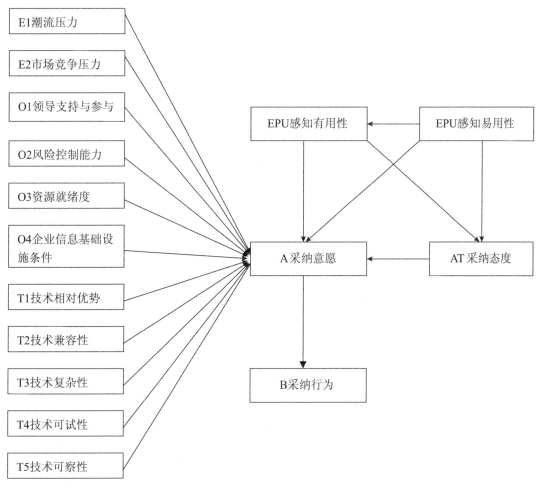

图7-4 LC技术采纳模型的关系图

表7-9 结构方程模型拟合结果

指标	卡方值与自由度比		拟合优度指数		修正拟合优度指数		模型比较适合度		近似误差均方根	
评价标准	可以接受	好	可以接受	好	可以接受	好	可以接受	好	可以接受	好
	≤5.0	≤3.0	[0.70,0.9]	>0.9	[0.70,0.9]	>0.9	[0.70,0.9]	>0.9	≤0.01	≤0.08
构建模型	3.422		0.708		0.745		0.796		0.076	

要想进一步了解各变量之间的因果关系，需要分析各变量之间的显著性与路径系数，进而构建出路径关系图。有关变量之间的显著性水平判断标准为：p 值在0.05以上则为显著，假设成立；否则为不显著，假设不成立。运用AMOS 17.0对变量之间的显著性与路径系数进行分析，结果如表7-10所示，并得出最终的精益建设技术采纳影响因素实证关系图(如图7-5所示)。

表7-10　结构方程模型的路径关系

变量之间的关系	P值(P<0.05)	显著性	路径系数
潮流压力与采纳意愿的关系	0.001	显著	0.035
市场竞争压力与采纳意愿的关系	0.000 2	显著	0.053
领导支持与参与程度与采纳意愿的关系	0.000 3	显著	0.047
风险控制能力与采纳意愿的关系	0.000 2	显著	0.034
资源就绪度与采纳意愿的关系	0.000 3	显著	0.030
企业信息技术基础设施条件与采纳意愿的关系	0.000 1	显著	0.259
技术相对优势与采纳意愿的关系	0.000 2	显著	0.070
技术兼容性与采纳意愿的关系	0.000 3	显著	0.053
技术复杂性与采纳意愿的关系	0.000 6	显著	-0.081
技术可试性与采纳意愿的关系	0.000 5	显著	0.033
技术可察性与采纳意愿的关系	0.000 9	显著	0.063
感知易用性与感知有用性的关系	0.000 1	显著	0.975
感知易用性与采纳态度的关系	0.000 4	显著	0.319
感知易用性与采纳意愿的关系	0.000 4	显著	0.305
感知有用性与采纳态度的关系	0.000 3	显著	0.506
感知有用性与采纳意愿的关系	0.002	显著	0.086
采纳态度与采纳意愿的关系	0.000 6	显著	0.090
采纳意愿与采纳行为的关系	0.000 9	显著	0.781

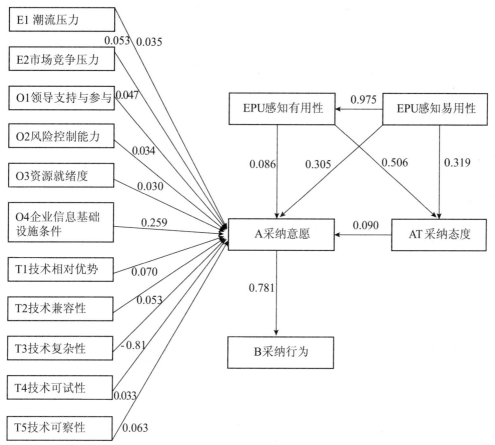

图7-5 精益建设技术采纳模型的实证关系图

由精益建设技术采纳模型的实证关系表，对本研究的假设进行验证，如表7-11所示。

表7-11 精益建设技术采纳模型的假设验证

研究假设	验证结果
假设1：潮流压力与精益建设技术采纳意愿正相关	成立
假设2：市场竞争压力与精益建设技术采纳意愿正相关	成立
假设3：领导支持与参与与精益建设技术采纳意愿正相关	成立
假设4：风险控制能力与精益建设技术采纳意愿正相关	成立
假设5：资源就绪度与精益建设技术采纳意愿正相关	成立
假设6：企业信息基础设施条件与精益建设技术采纳意愿正相关	成立
假设7：精益建设技术相对优势与精益建设技术采纳意愿正相关	成立
假设8：精益建设技术兼容性与精益建设技术采纳意愿正相关	成立

研究假设	验证结果
假设9：精益建设技术复杂性与精益建设技术采纳意愿负相关	成立
假设10：精益建设技术可试性与精益建设技术采纳意愿正相关	成立
假设11：精益建设技术可察性与精益建设技术采纳意愿正相关	成立
假设12：精益建设感知易用性与精益建设感知有用性正相关	成立
假设13：精益建设感知易用性与精益建设采纳态度正相关	成立
假设14：精益建设感知易用性与精益建设采纳意愿正相关	成立
假设15：精益建设感知有用性与精益建设采纳态度正相关	成立
假设16：精益建设感知有用性与精益建设采纳意愿正相关	成立
假设17：采纳态度与采纳意愿正相关	成立
假设18：精益建设技术采纳意愿与精益建设技术采纳行为正相关	成立

从图7-5及表7-11可以看出，影响因素的显著性关系都得到了验证，环境、组织、技术方面的因素会直接影响精益建设技术采纳意愿；精益建设技术感知易用性通过精益建设技术感知有用性和精益建设技术采纳态度间接影响精益建设技术采纳意愿，但同时对精益建设技术采纳意愿有直接影响；精益建设技术感知有用性通过精益建设技术采纳态度间接影响精益建设技术采纳意愿，但同时对精益建设技术采纳意愿有直接影响；精益建设技术采纳态度直接影响精益建设技术采纳意愿；精益建设技术采纳意愿又对精益建设技术采纳行为产生直接影响。精益建设技术感知易用性、企业信息基础设施条件与精益建设技术采纳意愿的显著性关系比较强，也就是说精益建设技术感知易用性、企业信息基础设施条件对精益建设技术采纳意愿有比较大的影响。

7.4 基于SVM的建筑企业精益建设技术采纳决策模型构建

7.4.1 基于精益建设技术采纳影响因素的决策指标体系构建

Tornatzky和Fleischer(1990)在总结技术扩散影响因素相关研究的基础上，提出技术-组织-环境(Technology-Organization-Environment，TOE)模型，用于更全面地分析技术创新采纳影响因素。TOE模型认为，技术特征、组织特征和环境特征主要影响一个组织对技术创新的采纳。TOE模型具有较强的系统性，结合技术本身特点和组织内外因素，成为组织信息技术吸纳相关研究的经典理论模型，被广泛地用于组织技术接受影响因素分析中。通过前一小节结构方程模型的研究，得出组织精益建设技术采纳影响因素，如表7-12所示。

表7-12　精益建设技术采纳决策指标体系

影响因素	环境因素		组织因素				技术因素				
二级指标	潮流压力	市场竞争压力	领导支持与参与	风险控制	资源就绪度	企业信息技术基础设施条件	技术相对优势	技术兼容性	技术复杂性	技术可试性	技术可察性

7.4.2　精益建设技术采纳决策模型构建

通过MATLAB 7.11版本实现相关数据处理，并使用Libsvm工具箱实现SVM模型。Libsvm是中国台湾大学教授林智任等人设计开发的一个通用SVM软件包，提供线性、多项式、径向基和S形函数四种常用的核函数，可以快速有效地解决多类问题、多类问题的概率估计、对不平衡样本加权、交叉验证选择参数等，以及分类(包括C-SVC，n-SVC)、回归(包括e-SVR，n-SVR)和分布估计(one-class-SVM)等问题，操作简单，易于使用。

(1) 模型整体流程

利用SVM建立的回归模型对精益建设技术采纳影响因素与综合项目效用进行回归拟合。假定各项精益建设技术采纳影响因素指标与综合项目效用之间相关，即把各项精益建设技术采纳影响因素指标作为自变量，综合项目效用指标作为因变量。具体算法流程如图7-6所示。

图7-6　模型整体流程

(2) 变量的选取及数据预处理

根据模型的假定，训练数据选取精益建设技术采纳影响因素数据的前450个样本数据作为自变量，综合项目效用指标得分的前450个样本数据作为因变量，通过自变量数据和因变量数据的归一化处理以后，训练SVM模型；然后选取剩余的第451～542个样本数据进行归一化处理，作为模型回归的预测数据。

训练集和预测集归一化处理采用的归一化映射为：

$$f: x \rightarrow y = \frac{x - x_{\min}}{x_{\max} - x_{\min}} \tag{7-1}$$

式中，x，$y \in R^n$，$x_{\min}=\min(x)$，$x_{\max}=\max(x)$。这里采用MATLAB自带的映射函数

mapminmax函数来实现这一操作。

(3) 参数的选择

用SVM作回归预测时，需要调节相关参数才能得到比较理想的预测准确率，其主要参数是惩罚参数c和核函数参数g。在某种意义下最优参数可以通过采用交叉验证(Cross Validation，CV)思想得到，并且这样能有效地避免发生欠学习和过学习状态，最终能够较理想地预测测试集合。

SVM作分类时，交叉验证选择最佳参数c和g主要是通过一定范围内取值c和g，把训练集作为原始数据集，利用交叉验证(K-CV)方法得到c和g在训练集验证分类准确率，并选择最后取得最高的训练集验证分类准确率的那组c和g作为最佳参数。但这样会出现多组c和g对应于高验证分类准确率，因此最佳参数选取最高验证分类准确率对应的那组c和g。由于过高的c会导致训练集分类准确率很高但测试集分类准确率很低的过学习状态，降低分类器泛化能力。所以认为在能够达到最高验证分类准确率的所有成对c和g中，更佳的选择对象是较小的惩罚参数c对应的参数组。当SVM用于回归时，借鉴同样的思想选择最佳的参数。

对于SVM用于回归预测问题，可由Libsvm工具箱自带的SVMcgForRegress.m来实现。其函数接口为：

[mse，bestc，bestg]= ...

SVMcgForRegress(train_label，train，cmin，cmax，gmin，gmax，v，cstep，gstep，msestep)

输入：

train_label：训练集标签(待回归的变量)；

train：训练集(自变量)；

cmin：惩罚参数c的变化范围的最小值(取以2为底的幂指数后)，默认为-5；

cmax：惩罚参数c的变化范围的最大值(取以2为底的幂指数后)，默认为5；

gmin：参数g的变化范围的最小值(取以2为底的幂指数后)，默认为-5；

gmax：参数g的变化范围的最大值(取以2为底的幂指数后)，默认为5；

v：Cross Validation的参数，默认为5；

cstep：参数c步进的大小，默认为1；

gstep：参数g步进的大小，默认为1；

msestep：最后显示MSE图时的步进大小。

输出：

mse：Cross Validation过程中的最低均方差；

bestc：最佳的参数c；

bestg：最佳的参数g。

利用SVMcgForRegress.m寻找回归的最佳参数，首先进行粗略寻找，寻找结果的等高线图和3D图如图7-7所示，经过观察粗略寻找的结果后再进行精细选择，精细选择最佳参数的等高线图和3D图如图7-8所示。

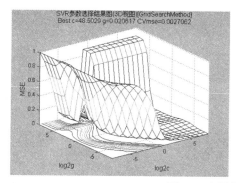
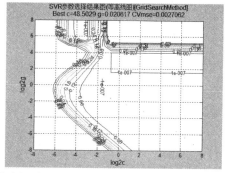

图7-7 参数粗略选择结果图

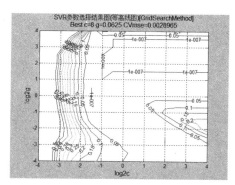
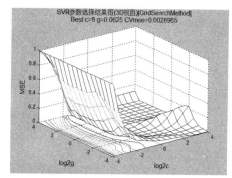

图7-8 参数精细选择结果图

由图7-7和图7-8参数选择的结果图的等高线图和3D图粗略选择和精细选择得到的参数如表7-13所示。

表7-13 参数选择结果

选择方式	bestc	bestg	mse
粗略选择	48.502 9	0.020 617	0.002 706 2
精细选择	8	0.062 5	0.002 896 5

根据精细选择结果，确定最佳参数c的值为8，最佳参数g的值为0.062 5，作为SVM模型训练回归参数。

7.4.3 仿真结果分析

确定参数 c、g 之后，在 MATLAB 中利用 LIBSVM 的训练命令 svmtrain，训练出预测模型 PS_mode，以第451～542个样本的处理数据作为输入，利用该模型和预测命令 svmpredict 得出结果表明，该模型预测的均方误差 MSE=7.51954e-005，精度较高，符合模型要求。

模型最终拟合结果如图7-9所示，预测模型的误差如图7-10所示。在该模型基础上利用精益建设技术采纳影响因素相关数据进行拟合，技术实施产生的项目效用的预测输出与实际输出能够拟合。由误差图可知，除少数奇异值外绝对误差值大部分集中在-0.05～0.05，误差绝对值较小，说明误差结果比较稳定。这充分体现了SVM具有较好的泛化能力和学习能力。

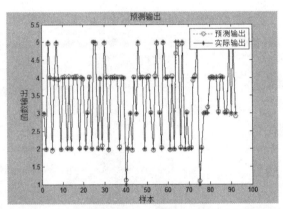

图7-9　SVM预测输出与实际输出的拟合结果

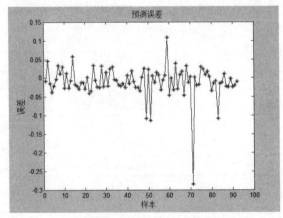

图7-10　SVM预测输出与实际输出的拟合结果误差图

7.4.4 精益建设技术采纳实例分析

根据表7-12选择的指标及企业经济发展相关资料，选择了以下调查项目进行案例分析，如表7-14所示。这里针对项目组织采纳精益建设技术特征，输入层取13项精益建设技术采纳影响因素，输出层为该项目应用精益建设技术后所取得的效用。本节所用的效用值是企业所得利润、成本及所花费用三项指标的平均值。当某项目的指标值经输入层进入网络，网络使用训练好的权值进行计算，以训练好的预测模型为基础，最后输出层输出的值就是该项目实施精益建设技术后的最后得分，得分越高的企业预期效果越好，越适合采纳创新技术。这里所确定的效用是以542份有效问卷的效用综合指标的平均值作为标准的，其效用平均值为3.505。

表7-14 调查项目精益建设技术采纳结果分析

项目名称	预测输出	实际输出	误差	是否达到期望效用	是否开始采纳	采纳是否成功
天津宝洁牙膏厂房扩建及配套工程	3.747	3.785	0.038	是	是	是
阳光丽景	4.178	4.215	0.037	是	是	是
金正帝景	3.936	3.965	0.029	是	是	是
鹿泉市商贸大厦工程	2.917	2.985	0.068	否	否	否

通过四个项目的实证分析，有三个项目在潮流压力、市场竞争压力、领导支持与参与、风险控制能力、资源就绪度、企业信息基础设施条件、技术相对优势、技术兼容性、技术复杂性、技术可试可察性、感知有用性与感知易用性等指标上处于优势，输出值较高，分别为3.785、4.215、3.965，采纳精益建设技术成功概率较大并实际在采用过程中取得了成功，基本达到了预期的效果。有一个项目输出值较低，为2.985，意味采纳精益建设技术成功概率较低，建议等待时机，这证明了判断的正确性及支持向量机预测模型的实用性。

第8章　精益建设技术采纳成熟度模型

本章通过分析前文介绍的与精益建设技术采纳相关的理论知识，初步构建了评价体系，进行专家打分，使用模糊偏好关系群决策法找到主要影响因素和指标，建立精益建设技术采纳成熟度最终评价指标体系，构建利用ANP计算权重的模糊综合评价的成熟度模型。最后，依据所构建的精益建设技术采纳成熟度模型，对某公司的两个项目进行精益建设技术采纳成熟度的评价，分析各个项目的优缺点，并对评价结果进行比较和分析，确定该公司今后精益建设技术采纳的改进方向，检验模型的正确性和实用性，为研究成果在行业中的应用奠定基础。

8.1　概述

建设项目在实施过程中出现的生产效率低下、生产效果不佳的问题，在一定程度上源于建设项目管理理论和方法的落后。本章研究发现精益建设技术采纳成熟度模型并进行评价，验证了模型的科学性，有针对性地提出优化决策方案，这对企业提高精益建设技术采纳管理水平、提高生产效率具有重要的现实意义。

就建筑企业而言，尽管近年来精益建设技术采纳的越来越多，但目前仍处于起步阶段，精益建设技术的制度化、规范化程度较低，采纳的作用和效果饱受争议。目前精益建设存在着这样的问题：人们意识到有实施精益建设的必要性，但重视程度不高，而执行则更弱。精益流程体系不完善，人力资源管理的其他工作不配套，精益选择的方法、内容、时间等不恰当，精益效果缺乏跟踪和评估等问题。要解决精益建设在建设工程领域存在的问题，需要建立科学合理的成熟度评价体系，为我国今后实施大规模精益建设提供科学依据，并以精益建设实施水平的提高作为考察我国建筑企业核心竞争力提升的重要参考指标。精益建设的管理过程与项目管理的过程非常相似，可以利用项目管理的方法进行管理，这是取得良好精益建设效果的内在要求。因此，在精益建设中应用项目管理是必要的和可行的。项目管理成熟度模型作为判断企业项目管理能力水平的一个标准，能够对企业采纳精益建设技术进行评价，找出不足之处，并不断改进，使精益建设成为战略管理的基本职能和处于持续改进的过程[205]。

8.1.1　项目管理成熟度定义

项目管理成熟度模型(Project Management Maturity Model，PMMM)是用来衡量组织是否按照目标和条件成功实施项目的能力，"成熟度"是指不断地改善项目管理的能力，进而提高项目的成功率。"模型"是指从低级向高级的发展过程。

因此，成熟度模型是一套科学的体系和方法，它引导一个组织的项目管理能力的持续发展，提高实施项目的成功率。项目管理成熟度包括项目组织管理能力和相应的结果、提升能力的顺序、评估能力的方法三部分内容，缺一不可[206]。如图8-1所示。

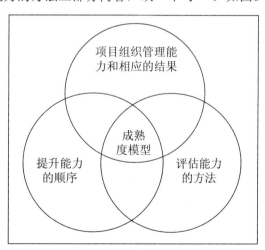

图8-1　成熟度模型结构图

资料来源：吴兆明. IT企业项目管理成熟度评价模型研究[D]. 江苏：江南大学，2008:14-15.

8.1.2 几种常见的项目管理成熟度模型

(1) SEI的CMM模型

1987年，美国卡内基·梅隆大学软件研究院(SEI)率先在软件行业提出了CMM成熟度模型，为项目管理成熟度奠定了基础。CMM将管理能力划分为5个等级、18个关键过程域、52个目标。5个等级如下：①初始级，在这个水平的组织，软件过程是临时的和混乱的，基本没有过程被定义，通常依靠个人能力来获得成功；②可重复级，在这一水平上，基本的项目管理过程被组织建立来跟踪项目的进度和成本，这些管理过程和方法可用于当前和今后类似的项目；③已定义级，在这一水平，管理活动的过程被文档化、标准化；④已定量级，在这一水平，收集软件过程和产品质量的详细措施，对其有定量的理解和控制；⑤优化级，处于这一水平，组织能够从过程、创意和技术中得到量化反馈，不断地进行持续改进[207]。

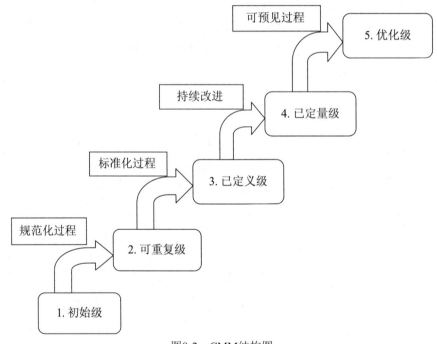

图8-2　CMM结构图

(2) 美国项目管理协会的OPM3模型

组织项目管理成熟度模型(Organizational Project Management Maturity Model，OPM3)是美国项目管理协会发布的新标准。该模型由成熟度4个等级、项目管理的9大领域和5大过程、组织项目管理3个维度构成。成熟度等级分别为：①标准级，成熟度最低等级，被公认为标准的质量水平；②测量级，与标准级相比较，可以量化比较多大程度上的优势的等级；③控制级，控制某事的发生，阻止不好的事情出现、增加或扩散；④持续改进级，这是某事不断改进或完善的过程[208]。

(3) Kerzner的K-PMMM模型

K-PMMM模型分为5个等级。分别为：①通用术语级，鼓励员工使用项目管理通用术语进行沟通；②通用过程级，可将在一个项目上成功应用的管理过程重复用于其他项目；③单一方法级，将进度管理、全面质量管理、协调管理、变革管理等方法结合起来使用，其核心是项目管理；④基准比较，将本企业与同行进行比较，获取比较信息，进行改进；⑤持续改进，通过基准比较获得信息，进而改进项目管理战略规划[209]。

该模型采用了问卷调查方法，分层次提出若干评估方法和自我评估题，共有183道题。根据评估企业选出的答案，将每道题的得分进行汇总得到一个总分，这个总分可以评估该企业的成熟度能力，分析不足与制定改进措施，为改善和提高企业管理水平提供依据。

(4) James和Kevin的项目管理成熟度模型

该模型分为SEI的五级成熟度和描述项目管理关键领域两个维度，模型提供了一个改进框架，使企业能够与同行业佼佼者进行比较，最终确定一个结构化的改进路线[210]。

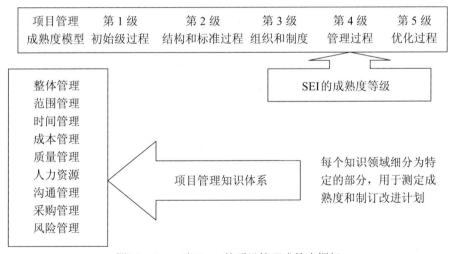

图8-3　James和Kevin的项目管理成熟度框架

通过对以上四种常用的项目管理成熟度模型的论述，可以看出这些模型本身各有特点，主要是针对软件行业应用较多，但在建筑领域涉及的比较少，模型的理论性较强、评价方法主要是定性描述，缺少定量评价。

本章在前人研究成果的基础上，结合精益建设技术采纳的实际情况，构建精益建设技术采纳成熟度评价模型。

综上所述，本章将项目管理成熟度理论、精益建设理论、技术采纳理论相结合，构建适合精益建设技术采纳的成熟度模型，并举例分析。本章着重介绍项目管理成熟度模型的理论及应用，结合我国企业精益建设实施的具体特点，构建精益建设技术采纳成熟度模型，为建筑企业精益建设采纳成熟度的评价和持续改进提供技术支持。为更好地探讨精益建设技术采纳成熟度模型构建的合理性和科学性，采用该模型对某公司已完工项目的精益建设采纳水平进行评价，从而促进企业的精益建设采纳水平不断地提升。

8.2 精益建设技术采纳成熟度评价指标体系构建

根据精益建设技术采纳的特点，结合项目管理的十大知识领域和成熟度评价理论，建立科学的、实用的精益建设技术采纳成熟度的评价指标体系，从精益建设技术的采纳前和采纳后两个阶段来分析，这两个阶段涉及采纳的初始设想、规划阶段到采纳实施评估阶段的全过程。精益建设技术采纳主要由技术启动阶段、技术规划阶段、技术实施阶段、技术控制评估阶段以及技术优化阶段五大阶段构成，其中技术启动阶段和技术规划阶段属于采纳前阶段，技术实施阶段、技术控制评估阶段和技术优化三个阶段属于采纳后阶段。建立指标体系主要是从这五大阶段来考虑影响技术采纳成熟度的因素，因此，把五大阶段的能力作为一级指标，在一级指标下建立二级指标。

8.2.1 精益建设技术采纳成熟度评价指标体系初步构建

(1) 精益建设技术采纳成熟度评价指标体系构建原则

精益建设技术采纳成熟度评价指标，是由一系列相互联系、能敏感反映精益建设技术采纳成熟度状况及存在问题的指标构成的。精益建设技术采纳成熟度评价体系，可以客观地测评建筑企业精益建设技术采纳的现状及实施能力，识别建筑企业实施精益建设技术的优势和劣势，制定改进计划，提高建筑企业管理水平，这对于提升我国建筑行业低碳化具有重大意义[211]。

基于前面对项目管理成熟度和精益建设技术的发展过程和特点进行分析，本章从采纳精益技术的主体角度出发，涉及采纳前和采纳后的两个过程，充分结合项目管理成熟度的特点，力求建立科学的精益建设技术采纳成熟度评价指标体系[208]。

建立精益建设技术采纳成熟度评价指标体系，须遵循以下原则：

① 科学性原则

设计精益建设技术采纳成熟度评价指标体系时，要以科学理论为指导，重点对采纳精益建设技术过程中的关键问题进行分析。各项指标的概念界定要清楚，计算范围要明确，不能含糊其辞，无论采用何种评价方法和建立何种数学模型，指标体系都必须符合客观实际的要求；建立的指标体系要尽量减少评价人员的主观性，以客观科学的方法解决问题，还要广泛征求专家的意见。设计出的评价指标体系要在逻辑结构上严谨、合理，并具有针对性。

② 系统性原则

精益建设技术采纳成熟度评价指标体系是一个整体，由不同领域和不同层次的指标所构成，各项指标之间的层次关系和数量关系具有很强的系统性，应该采用系统的研究方法构建合理的指标体系，达到使指标体系的整体效果最佳的目的。

③ 客观性原则

指标体系要能真实准确地反映精益建设技术采纳的成熟度，并且要避免加入自己的主观因素，这是建立合理指标体系的基本要求。在设计指标体系时，在查阅大量资料文献的基础上，科学设计指标体系，保证各个指标的可行性，符合客观实际，有稳定的数据来源。

④ 全面性原则

在设计指标体系时，要统筹兼顾各方面的因素，精益建设技术采纳成熟度评价体系的设计要包括全部过程的所有要素，关键指标不能遗漏。

⑤ 层次性与独立性原则

设计评价体系时要注意层次性原则，可由一级指标分解成二级指标，由二级指标再分解成三级指标，组成树状结构的指标体系。建立指标体系时，指标之间要界限分明，避免雷同，同一层次的指标界限明确，这体现指标制定的独立性原则。

⑥ 定性分析与定量分析相结合的原则

为了客观准确地评价问题，需要定量化反映精益建设技术采纳成熟度的定性指标，把不能定量的问题转化成科学准确的定量指标[212]。

(2) 精益建设技术采纳成熟度初步评价指标体系

通过对精益建设的内容以及项目管理成熟度指标体系的研究，结合我国建筑行业的特殊性，将技术采纳的五个过程能力作为一级指标，再将一级指标分解成二级指标，建立了如表8-1所示的精益建设技术采纳成熟度初步评价指标体系[213]。

评价结构共设计为三个层次：目标层、准则层和指标层。目标层即为评价的目标，是精益建设技术采纳成熟度。准则层是对精益建设采纳成熟要素的类型进行识别与分析。准则层确定了技术采纳的五个过程作为评价的指标，其中包括：启动过程能力、规划过程能力、实施过程能力、控制和评估过程能力、优化过程能力。第三层次是指标层，使用36个指标描述和分析5个准则层的评价要素，指标是根据精益建设技术的特点，同时借鉴了已有成熟度模型的评价指标。

表8-1　精益建设技术采纳成熟度初步评价指标体系

目标层	准则层	指标层
精益建设技术采纳成熟度初步评价指标体系X	启动过程能力X_1	信息获取及认知能力X_{11}
		需求分析能力X_{12}
		组织分析能力X_{13}
		可行性分析能力X_{14}
		预期采纳效果分析能力X_{15}
	规划过程能力X_2	管理层规划能力X_{21}
		采纳步骤规划能力X_{22}
		采纳范围界定能力X_{23}
		采纳目标界定能力X_{24}
		采纳费用规划能力X_{25}
		采纳时间估计的准确率X_{26}
		采纳风险规划能力X_{27}
		采纳工作分解的合理性X_{28}
		采纳计划与员工互动性X_{29}
	实施过程能力X_3	管理层支持度X_{31}
		企业财务支持度X_{32}
		团队合作能力X_{33}
		员工学习能力X_{34}
		员工执行能力X_{35}
		采纳进展报告的频率X_{36}
		采纳技术执行能力X_{37}
		员工处理复杂技术能力X_{38}

(续表)

目标层	准则层	指标层
精益建设技术采纳成熟度初步评价指标体系X	评估和控制过程能力X_4	采纳进度控制能力X_{41}
		采纳范围控制能力X_{42}
		采纳费用控制能力X_{43}
		采纳风险控制能力X_{44}
		员工对精益建设技术的接受度X_{45}
		员工理论与实践技能X_{46}
		精益建设技术采纳效果评估X_{47}
		员工及时反馈能力X_{48}
		精益建设技术采纳效率与业绩评估X_{49}
	优化过程能力X_5	评估结果利用能力X_{51}
		专业团队测评能力X_{52}
		管理层提出改进措施能力X_{53}
		新技术使用频率X_{54}
		员工持续优化能力X_{55}

8.2.2 精益建设技术采纳成熟度评价指标筛选

由于以上建立的精益建设技术采纳成熟度评价体系包含一些主观成分，为使指标体系更加客观且符合当前建筑行业精益技术采纳现状，必须利用科学方法对指标进行筛选，这里采用模糊偏好关系群决策方法筛选关键指标，剔除次要指标，最终确立精益建设技术采纳成熟度评价指标体系。

(1) 模糊偏好关系群决策的基本理论及步骤

该方法使用专家经验和知识，构建模糊评判矩阵，排序指标，然后挑选指标，最后建立精益建设技术采纳成熟度评价体系。

使用模糊偏好关系群决策法，首先请建筑行业专家根据准则层下指标的重要程度构建模糊判断矩阵，计算每位专家的模糊判断矩阵与相应的模糊一致矩阵之间的距离，然后根据专家的偏差程度确定专家权重，根据专家权重和专家判断矩阵进而得到群组判断矩阵，最后根据群组矩阵可以得到准则层下面的指标排序，筛选出主要评价指标[214]。

模糊偏好关系基本性质[215]：

定义1：设有论域$S=\{S1|i \in M, M=1,2,\cdots,n\}$为决策问题的方案集，二元比较矩阵$A=(a_{ij})_{n \times n}$

为方案直积 $S \times S$ 上的一个模糊子集，$0 \leqslant a_{ij} \leqslant 1$，表示方案 S_i 优于 S_j 的程度，若满足下列性质：

① 如果 $a_{ij}=0.5$，表示方案 S_i 和 S_j 一样好(表示为)。

② 如果 $0 \leqslant a_{ij} \leqslant 0.5$，表示方案 S_j 优于方案 S_i(表示为 $S_j > S_i$)。a_{ij} 值越小，表示方案 S_j 优于方案 S_i 的程度越大。

③ 如果 $0.5 \leqslant a_{ij} \leqslant 1$，表示方案 S_i 优于方案 S_j(表示为 $S_i > S_j$)。a_{ij} 值越大，表示方案 S_i 优于方案 S_j 的程度越大。

性质1 一个模糊矩阵，$A=(a_{ij})_{n \times n}$，如果其元素满足以下条件，则其具有互补性。

$$\begin{cases} a_{ij} = 0.5 \\ a_{ij} + a_{ji} = 1 \end{cases} \forall i,j \in \{1,2,\cdots,n\} \tag{8-1}$$

性质2 一个模糊判断矩阵，$A=(a_{ij})_{n \times n}$，如果满足以下条件，则其具有互补性。

$$a_{ij}=a_{ik}-a_{jk}+0.5, \forall i,j,k \in \{1,2,\cdots,n\} \tag{8-2}$$

$$\text{或者} \ a_{ij}+a_{jk}+a_{ki}=\frac{3}{2}, \forall i,j,k \in \{1,2,\cdots,n\} \tag{8-3}$$

定理1 对于模糊判断矩阵 $A=(a_{ij})_{n \times n}$，若对其进行如下数学变换：

$$b_{ij} = 0.5 + \frac{1}{n}\left(\sum_{j=1}^{n} a_{ij} - \sum_{j=1}^{n} a_{ji}\right), \forall i,j \in \{1,2,\cdots,n\} \tag{8-4}$$

则由此建立的矩阵 $B=(b_{ij})_{n \times n}$ 具有互补一致性。

定义2 $A=(a_{ij})_{n \times n}$，$B=(b_{ij})_{n \times n}$ 为模糊判断矩阵，矩阵范数

$$\|A-B\|=\sum_{i=1}^{n}\sum_{j=1}^{n}|a_{ij}-b_{ij}| \text{表示} A，B \text{间的距离，记为} d(A,B) \tag{8-5}$$

模糊偏好关系的集结及排序[216]：

假设在评价活动中有 m 位专家，即 $E_1,E_2,\cdots,E_m$，记第 k 位专家针对方案集中的 n 个方案给出的模糊矩阵为 $A_k=(a_{ij}^{(k)})_{n \times n}(k \in M)$，$w_k$ 为第 k 位专家的权重，满足：$w_k > 0$，$\sum_{k=1}^{m} w_k = 1$，将 m 个判断矩阵集结进而得到综合判断矩阵 $\overline{A} = (\overline{a_{ij}})_{n \times n}$，$\overline{A}$ 是群体判断的综合反映，$\overline{A}$ 与所有判断矩阵之间距离的总和是最小，因此可建立下面的最优化模型：

$$\min J = \frac{1}{2}\sum_{k=1}^{m} w_k \sum_{i=1}^{n}\sum_{j=1}^{n}(\overline{a_{ij}} - a_{ij}^{(k)})^2 \tag{8-6}$$

定理2 $\overline{A} = (\overline{a_{ij}})_{n \times n}$ 是判断矩阵 $A_k=(a_{ij}^{(k)})_{n \times n}(k \in M)$ 集结得到的综合判断矩阵，则：

$$\overline{a_{ij}} = \sum_{k=1}^{m} w_k \times a_{ij}^{(k)}, i,j \in I, w_k > 0, \sum_{k=1}^{m} w_k = 1 \tag{8-7}$$

定理3 设 $A=(a_{ij})_{n \times n}$ 是模糊判断矩阵，则其权重向量 $w=(w_1,w_2,\cdots,w_n)$ 可由下面的公式计算：

$$w_i = \frac{1}{n} - \frac{1}{2a} + \frac{1}{na}\sum_{j=1}^{n} a_{ij}, i \in I \tag{8-8}$$

式中，参数$a \geqslant \dfrac{n-1}{2}$，$a$越小表明决策者越重视方案间重要程度的差异，$a$越大表明决策者越不重视方案间重要程度的差异，在实际应用中，我们取$a = \dfrac{n-1}{2}$，这是最重视方案间重要程度差异的取法。

根据定义2，计算$d(A_k, A_k^*)$，$k \in M$，A_k^*为A_k的一致性判断矩阵，简记$d^{(k)}$。在集结模糊判断矩阵的过程中，需要根据如下方法确定专家权重。

① 若$A_k(k \in M)$均为模糊一致矩阵(即$d^{(k)}=0$)或$d^{(k)}(k \in M)$均相等，则令：

$$w_k = \frac{1}{m} \tag{8-9}$$

② 若$A_k(k \in M)$均为模糊非一致矩阵，$d^{(k)} \neq 0$，$(k \in M)$则令：

$$w_k = {(d^{(k)})^{-\alpha}} \Big/ {\sum_{k=1}^{m} (d^{(k)})^{-\alpha}} \tag{8-10}$$

式中，$\alpha \geqslant 1$，一般取$\alpha=1$，显然，$\sum_{k=1}^{m} w^k = 1$

③ 若m个判断矩阵中有$(1 \leqslant 1 \leqslant m)$个为模糊判断矩阵，$m-1$个模糊非一致性判断矩阵，不妨设$A_1, A_2, \cdots, A_n$为模糊一致矩阵，$A_{1+1}, A_{1+2}, \cdots, A_m$为模糊非一致性判断矩阵，则令：

$$w^k = \begin{cases} \dfrac{1}{n} \Big/ [1 + \sum_{k=1+1}^{m} d^{(k)^{-\alpha}}], & 1 \leq k \leq 1 \\[3mm] {(d^{(k)})^{-\alpha}} \Big/ [1 + \sum_{k=1+1}^{m} (d^{(k)})^{-\alpha}], & 1+1 \leq k \leq m \end{cases} \tag{8-11}$$

(2) 精益建设技术采纳成熟度最终评价指标体系

为确定精益建设技术采纳成熟度评价指标体系，假设有相同的知识和能力，增加专家的数量可以使决策更准确。这里邀请4位建筑行业资深专家和学者，针对精益建设技术采纳成熟度初步评价指标体系建立了模糊判断矩阵，确定专家权重，进而得到群组判断矩阵。计算群组判断矩阵，可以得到每个指标的排序值，进而可以确定关键指标。

由于篇幅所限，仅以控制和评估过程的指标筛选为例，对精益建设技术采纳成熟度评价指标进行筛选。控制和评估过程包含9个指标，4位专家通过两两比较建立了互补模糊判断矩阵，如下所示：

$$A_1 = \begin{pmatrix} 0.50 & 0.80 & 0.20 & 0.60 & 0.10 & 0.70 & 0.25 & 0.40 & 0.30 \\ 0.20 & 0.50 & 0.09 & 0.40 & 0.06 & 0.45 & 0.10 & 0.15 & 0.10 \\ 0.80 & 0.91 & 0.50 & 0.80 & 0.40 & 0.90 & 0.40 & 0.70 & 0.60 \\ 0.40 & 0.60 & 0.20 & 0.50 & 0.30 & 0.60 & 0.20 & 0.40 & 0.35 \\ 0.90 & 0.94 & 0.60 & 0.70 & 0.50 & 0.93 & 0.45 & 0.65 & 0.67 \\ 0.30 & 0.55 & 0.10 & 0.40 & 0.07 & 0.50 & 0.15 & 0.30 & 0.35 \\ 0.75 & 0.90 & 0.60 & 0.80 & 0.55 & 0.85 & 0.50 & 0.70 & 0.65 \\ 0.60 & 0.85 & 0.30 & 0.60 & 0.35 & 0.70 & 0.30 & 0.50 & 0.40 \\ 0.70 & 0.90 & 0.40 & 0.65 & 0.33 & 0.35 & 0.35 & 0.60 & 0.50 \end{pmatrix}$$

$$A_2 = \begin{pmatrix} 0.50 & 0.95 & 0.70 & 0.85 & 0.45 & 0.90 & 0.55 & 0.75 & 0.80 \\ 0.05 & 0.50 & 0.25 & 0.40 & 0.10 & 0.45 & 0.20 & 0.30 & 0.35 \\ 0.30 & 0.75 & 0.50 & 0.65 & 0.25 & 0.70 & 0.35 & 0.55 & 0.60 \\ 0.15 & 0.60 & 0.35 & 0.50 & 0.10 & 0.55 & 0.20 & 0.40 & 0.45 \\ 0.55 & 0.90 & 0.75 & 0.90 & 0.50 & 0.85 & 0.60 & 0.80 & 0.85 \\ 0.10 & 0.55 & 0.30 & 0.45 & 0.15 & 0.50 & 0.35 & 0.40 & 0.42 \\ 0.45 & 0.80 & 0.65 & 0.80 & 0.40 & 0.65 & 0.50 & 0.70 & 0.75 \\ 0.25 & 0.70 & 0.45 & 0.60 & 0.20 & 0.60 & 0.30 & 0.50 & 0.55 \\ 0.20 & 0.65 & 0.40 & 0.55 & 0.15 & 0.25 & 0.25 & 0.45 & 0.50 \end{pmatrix}$$

$$A_3 = \begin{pmatrix} 0.50 & 0.90 & 0.70 & 0.76 & 0.60 & 0.85 & 0.65 & 0.60 & 0.75 \\ 0.10 & 0.50 & 0.30 & 0.40 & 0.15 & 0.45 & 0.25 & 0.20 & 0.35 \\ 0.30 & 0.70 & 0.50 & 0.60 & 0.35 & 0.65 & 0.45 & 0.40 & 0.55 \\ 0.24 & 0.60 & 0.40 & 0.50 & 0.25 & 0.70 & 0.35 & 0.30 & 0.45 \\ 0.40 & 0.85 & 0.65 & 0.75 & 0.50 & 0.80 & 0.60 & 0.50 & 0.70 \\ 0.15 & 0.55 & 0.35 & 0.30 & 0.20 & 0.50 & 0.30 & 0.25 & 0.40 \\ 0.35 & 0.75 & 0.55 & 0.65 & 0.40 & 0.70 & 0.50 & 0.45 & 0.60 \\ 0.40 & 0.80 & 0.60 & 0.70 & 0.45 & 0.75 & 0.55 & 0.50 & 0.65 \\ 0.25 & 0.65 & 0.45 & 0.55 & 0.30 & 0.40 & 0.40 & 0.35 & 0.50 \end{pmatrix}$$

$$A_4 = \begin{pmatrix} 0.50 & 0.75 & 0.40 & 0.80 & 0.45 & 0.65 & 0.60 & 0.55 & 0.70 \\ 0.25 & 0.50 & 0.15 & 0.55 & 0.20 & 0.40 & 0.60 & 0.30 & 0.45 \\ 0.60 & 0.85 & 0.50 & 0.90 & 0.80 & 0.75 & 0.70 & 0.65 & 0.80 \\ 0.20 & 0.45 & 0.10 & 0.50 & 0.15 & 0.35 & 0.30 & 0.25 & 0.40 \\ 0.55 & 0.80 & 0.20 & 0.85 & 0.50 & 0.70 & 0.65 & 0.60 & 0.75 \\ 0.35 & 0.60 & 0.25 & 0.65 & 0.30 & 0.50 & 0.45 & 0.40 & 0.55 \\ 0.40 & 0.40 & 0.30 & 0.70 & 0.35 & 0.55 & 0.50 & 0.45 & 0.60 \\ 0.45 & 0.70 & 0.35 & 0.75 & 0.40 & 0.60 & 0.55 & 0.50 & 0.65 \\ 0.30 & 0.55 & 0.20 & 0.60 & 0.25 & 0.40 & 0.40 & 0.35 & 0.50 \end{pmatrix}$$

根据性质2判断，以上几个矩阵都为模糊判断非一致性矩阵，由定理1可以计算得到互补一致性矩阵如下：

$$A_1^* = \begin{pmatrix} 0.50 & 0.69 & 0.25 & 0.43 & 0.21 & 0.52 & 0.31 & 0.41 & 0.39 \\ 0.31 & 0.50 & 0.06 & 0.24 & 0.02 & 0.33 & 0.12 & 0.22 & 0.20 \\ 0.75 & 0.94 & 0.50 & 0.68 & 0.46 & 0.77 & 0.56 & 0.66 & 0.64 \\ 0.57 & 0.76 & 0.32 & 0.50 & 0.28 & 0.59 & 0.38 & 0.48 & 0.46 \\ 0.79 & 0.98 & 0.54 & 0.72 & 0.50 & 0.81 & 0.60 & 0.70 & 0.68 \\ 0.48 & 0.67 & 0.23 & 0.41 & 0.19 & 0.50 & 0.29 & 0.39 & 0.37 \\ 0.69 & 0.88 & 0.44 & 0.62 & 0.40 & 0.71 & 0.50 & 0.60 & 0.58 \\ 0.59 & 0.78 & 0.34 & 0.52 & 0.30 & 0.61 & 0.40 & 0.50 & 0.48 \\ 0.61 & 0.80 & 0.36 & 0.54 & 0.32 & 0.63 & 0.42 & 0.52 & 0.50 \end{pmatrix}$$

$$A_2^* = \begin{pmatrix} 0.50 & 0.93 & 0.70 & 0.85 & 0.47 & 0.86 & 0.58 & 0.76 & 0.84 \\ 0.07 & 0.50 & 0.27 & 0.42 & 0.04 & 0.43 & 0.16 & 0.33 & 0.41 \\ 0.30 & 0.73 & 0.50 & 0.65 & 0.27 & 0.66 & 0.38 & 0.56 & 0.64 \\ 0.15 & 0.58 & 0.35 & 0.50 & 0.12 & 0.51 & 0.23 & 0.41 & 0.49 \\ 0.53 & 0.96 & 0.73 & 0.88 & 0.50 & 0.89 & 0.61 & 0.78 & 0.87 \\ 0.14 & 0.57 & 0.34 & 0.49 & 0.11 & 0.50 & 0.22 & 0.40 & 0.48 \\ 0.42 & 0.84 & 0.62 & 0.77 & 0.39 & 0.78 & 0.50 & 0.67 & 0.76 \\ 0.24 & 0.67 & 0.44 & 0.59 & 0.22 & 0.60 & 0.33 & 0.50 & 0.58 \\ 0.16 & 0.59 & 0.36 & 0.51 & 0.13 & 0.52 & 0.24 & 0.42 & 0.50 \end{pmatrix}$$

$$A_3^* = \begin{pmatrix} 0.50 & 0.90 & 0.70 & 0.79 & 0.55 & 0.85 & 0.65 & 0.60 & 0.77 \\ 0.10 & 0.50 & 0.30 & 0.40 & 0.15 & 0.45 & 0.25 & 0.20 & 0.37 \\ 0.30 & 0.70 & 0.50 & 0.60 & 0.35 & 0.65 & 0.45 & 0.40 & 0.57 \\ 0.21 & 0.60 & 0.40 & 0.50 & 0.25 & 0.55 & 0.35 & 0.30 & 0.48 \\ 0.45 & 0.85 & 0.65 & 0.75 & 0.50 & 0.80 & 0.60 & 0.55 & 0.72 \\ 0.15 & 0.55 & 0.35 & 0.45 & 0.20 & 0.50 & 0.30 & 0.25 & 0.42 \\ 0.35 & 0.75 & 0.55 & 0.65 & 0.40 & 0.70 & 0.50 & 0.45 & 0.62 \\ 0.40 & 0.80 & 0.60 & 0.70 & 0.45 & 0.75 & 0.55 & 0.50 & 0.67 \\ 0.23 & 0.63 & 0.43 & 0.52 & 0.28 & 0.58 & 0.38 & 0.33 & 0.50 \end{pmatrix}$$

$$A_4^* = \begin{pmatrix} 0.50 & 0.75 & 0.40 & 0.80 & 0.45 & 0.65 & 0.60 & 0.55 & 0.71 \\ 0.25 & 0.50 & 0.15 & 0.55 & 0.20 & 0.40 & 0.35 & 0.30 & 0.46 \\ 0.60 & 0.85 & 0.50 & 0.90 & 0.55 & 0.75 & 0.70 & 0.65 & 0.81 \\ 0.20 & 0.45 & 0.10 & 0.50 & 0.15 & 0.35 & 0.30 & 0.25 & 0.41 \\ 0.55 & 0.80 & 0.45 & 0.85 & 0.50 & 0.70 & 0.65 & 0.60 & 0.76 \\ 0.35 & 0.60 & 0.25 & 0.65 & 0.30 & 0.50 & 0.45 & 0.40 & 0.56 \\ 0.40 & 0.65 & 0.30 & 0.70 & 0.35 & 0.55 & 0.50 & 0.45 & 0.61 \\ 0.45 & 0.70 & 0.35 & 0.75 & 0.40 & 0.60 & 0.55 & 0.50 & 0.66 \\ 0.29 & 0.54 & 0.19 & 0.59 & 0.24 & 0.44 & 0.39 & 0.34 & 0.50 \end{pmatrix}$$

根据定义2，可以求得$d^{(k)}$分别为：

$d^{(1)}=3.81$，$d^{(2)}=2.28$，$d^{(3)}=1.36$，$d^{(4)}=2.19$

根据式8-10，求得专家权重分别为：

$w^1=0.14$，$w^2=0.23$，$w^3=0.39$，$w^4=0.24$

根据以上专家的权重，可以得到关于指标的群组判断矩阵如下：

$$\overline{A} = \begin{pmatrix} 0.50 & 0.86 & 0.56 & 0.77 & 0.46 & 0.79 & 0.56 & 0.59 & 0.69 \\ 0.14 & 0.50 & 0.22 & 0.44 & 0.14 & 0.44 & 0.30 & 0.24 & 0.34 \\ 0.44 & 0.78 & 0.50 & 0.71 & 0.44 & 0.72 & 0.48 & 0.54 & 0.63 \\ 0.23 & 0.56 & 0.29 & 0.50 & 0.20 & 0.57 & 0.28 & 0.33 & 0.42 \\ 0.54 & 0.86 & 0.56 & 0.80 & 0.50 & 0.81 & 0.59 & 0.63 & 0.74 \\ 0.21 & 0.56 & 0.28 & 0.43 & 0.19 & 0.50 & 0.33 & 0.33 & 0.43 \\ 0.44 & 0.70 & 0.52 & 0.72 & 0.41 & 0.67 & 0.50 & 0.54 & 0.64 \\ 0.41 & 0.76 & 0.46 & 0.68 & 0.37 & 0.67 & 0.46 & 0.50 & 0.59 \\ 0.31 & 0.66 & 0.37 & 0.58 & 0.26 & 0.36 & 0.36 & 0.41 & 0.50 \end{pmatrix}$$

根据式(8-8)，排序群组判断矩阵，可以得到指标有限顺序如下：

$$X_{45}>X_{41}>X_{43}>X_{47}>X_{48}>X_{49}>X_{44}>X_{46}>X_{42}$$

通过向专家咨询，选取前5位的指标作为精益建设技术采纳成熟度控制和评估过程的最终评价指标是比较合理的，即员工精益建设技术接受度、采纳进度控制、采纳费用控制、采纳效果评估和员工及时反馈能力5个指标。

利用同样的方法，根据专家筛选的指标，可以得到精益建设技术采纳成熟度最终评价指标体系共20项，如表8-2所示。

表8-2 精益建设技术采纳成熟度最终评价指标体系

目标层	一级指标	二级指标
精益建设技术采纳成熟度最终评价指标体系U	启动过程能力U_1	信息获取及认知能力U_{11}
		需求分析能力U_{12}
		可行性分析能力U_{13}
	规划过程能力U_2	管理层规划能力U_{21}
		采纳步骤规划能力U_{22}
		采纳范围界定能力U_{23}
		采纳费用规划能力U_{24}
		风险规划能力U_{25}
	实施过程能力U_3	管理层支持度U_{31}
		企业财务支持力度U_{32}
		团队合作能力U_{33}
		员工学习能力U_{34}
	评估和控制过程能力U_4	采纳进度控制能力U_{41}
		采纳费用控制能力U_{42}
		员工对LC技术的接受度U_{43}
		LC技术采纳效果评估U_{44}
		员工对LC及时反馈能力U_{45}
	优化过程能力U_5	评估结果利用能力U_{51}
		管理层提出改进措施能力U_{52}
		员工持续优化能力U_{53}

8.2.3 精益建设技术采纳成熟度评价要素及指标确定

上一节使用模糊偏好关系群决策方法筛选了初步评价指标体系，剔除了次要指标，选出主要影响因素，最终确定了精益建设技术采纳成熟度评价指标体系。下面对各个指标进行逐一介绍：

(1) 启动过程能力

① 信息获取及认知能力：企业提供良好的平台供获取精益建设技术相关的信息及学习途径。

② 需求分析能力：采纳精益建设技术的初始阶段，分析该技术对公司的目前需求及未来发展需要的重要程度。

③ 可行性分析能力：采纳精益建设技术的初始阶段，分析公司利用该技术是否可行以及可行性程度，并且有无风险。

(2) 规划过程能力

① 管理层规划能力：公司决定采纳精益建设技术后，公司对该技术如何运用到建筑项目中做的具体规划。

② 采纳步骤规划能力：公司决定采纳精益建设技术后，公司对采纳该技术的进度和里程碑事件进行的规划。

③ 采纳范围界定能力：公司决定采纳精益建设技术后，公司制定的使用该技术的人员范围做出的具体限定。

④ 采纳费用规划能力：公司决定采纳精益建设技术后，公司对采纳该技术的每个里程碑事件所需要的费用进行严格计划。

⑤ 风险规划能力：公司对采纳该技术后会遇到的风险进行预测及提出防范措施。

(3) 实施过程能力

① 管理层支持度：实施精益建设技术的过程中，管理层对采纳行为的支持程度。

② 企业财务支持度：公司对实施精益建设技术的财务投入力度。

③ 团队合作能力：公司团队互相支持和监督实施精益建设技术。

④ 员工学习能力：通过公司培训和员工自学，员工学习精益建设技术的相关知识，并且运用到工作中。

(4) 控制和评估过程能力

① 采纳进度控制能力：对采纳精益建设技术的进度和里程碑事件进行严格跟踪与控制，并及时修改采纳进度。

② 采纳费用控制能力：对采纳精益建设技术所需费用进行严格跟踪与控制，并调整预测采纳费用。

③ 员工对精益建设技术的接受度：员工通过学习对精益建设技术的接受程度，并且心理上认知该技术。

④ 采纳效果评估能力：采纳新技术对公司绩效和工作效率的提升，并且进行评估。

⑤ 员工精益建设技术反馈能力：员工工作中运用精益建设遇到的问题及提高实施该技术的方法是否有畅通的反馈渠道，管理层对员工的反馈如何处理，等等。

(5) 优化过程能力

① 评估结果利用能力：公司对评估结果的利用及重视程度。

② 管理层改进措施能力：公司根据评估结果和会议讨论，制定改进精益建设技术的鼓励措施和惩罚条例，等等。

③ 员工持续优化改进能力：员工持续运用精益建设技术，并且在工作中不断优化和提高使用该技术的能力。

8.3 精益建设技术采纳成熟度评价模型构建

8.3.1 精益建设技术采纳成熟度等级划分

对建筑行业精益建设技术采纳成熟度进行明确的等级划分是构建精益建设技术采纳成熟度评价模型的基础。参照项目管理成熟度等级的定义，将精益建设技术采纳成熟度等级定义为企业采纳及实施精益建设技术水平在达到最终成熟的过程中所达到的各个过程能力成熟度的中间平台。其中每个等级采纳精益建设技术水平都有明确的界定，能够在一定程度上反映建筑企业采纳精益建设技术的成熟度[217]。因此在项目管理成熟度模型的基础上，结合企业采纳精益建设技术的特点，将企业采纳该技术划分为5个有序的等级，分别是初始级、简单级、规范级、成熟级、持续改进级，形成一个能力逐步上升的成熟度模型。每个等级的采纳水平是下一个等级的基础，成熟度不断提高的过程也是采纳精益建设技术逐渐成熟和规范化的过程[205]。如图8-4所示。

(1) 等级一：初始级

在初始级，精益建设技术采纳没有正式的技术前期策划，也没有新技术执行的规程和计划。采纳前公司管理层及员工都不了解该技术，不做需求分析和可行性分析，盲目引入该技术。采纳后该技术管理方法显得很混乱，不能满足规定要求，该技术实施的各过程没有完整的定义和程序，且没有制定一套规范合理的执行手册；采纳的过程性难以估计，实施该技术的进度不可预料且很难控制，没有正式的步骤和准则确保精益建设技术过程的实施。其仅仅代表一个初始的引入状态，对一般的精益建设技术采纳而言，虽然达不到简单级的要求，但存在一些基本的过程控制机制，并且有一些定性管理措施及少量的定量管理。

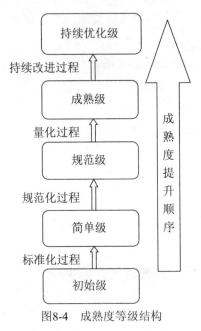

图8-4　成熟度等级结构

(2) 等级二：简单级

在简单级，已经有非正式的和不完整的方法将该技术引入和实施。这个阶段采纳主体已经建立了基本的精益建设技术的实施制度及行为规范手册，方便对该技术引入和实施的过程进行有效的控制。经过简单级，实施过程中遇到的一些问题得到识别，但这些问题没有形成正式的文件，管理层对实施精益建设技术的过程应有一定程度的识别和控制，但采纳和实施主要是依靠公司的员工共同努力，才能达到预期效果。

(3) 等级三：规范级

在规范级，精益建设技术采纳成熟度模型要求实现标准的规范化过程，在此等级中要求采纳主体具有完整、规范的实施该技术的管理体系。为实现精益建设技术成功采纳，在采纳该技术前，对公司采纳该技术进行基本的前期分析，进而对采纳行为进行决策，引入该技术后，制定规范合理的执行手册和惩处条例，对公司员工进行培训，并进行考核，制定相应的控制措施。在精益建设技术采纳的持续期间，公司团队的各个员工能够互相支持和监督实施该技术，并且找出实施过程中出现的问题，与上级进行双向沟通。与简单级相比，达到规范级的企业有很强的合作能力，团队了解精益建设技术采纳的基本任务，具有执行类似的和可重复的工作的实力。

(4) 等级四：成熟级

在成熟级，精益建设技术实施体系的完善程度有了很大的提高，引入该技术前请专门的管理团队做详细的需求分析和可行性分析，执行该技术的相关信息和过程形成正式的文档和规定，各个采纳过程都有明确的定义，组织的培训确实能提高员工实施该技术的能力，员工也能自发学习并改进个人的技术能力。企业能够同时有效地计划、实施和控制多个精益建设技术。该技术实施过程的数据资料被规范化并收集保存在数据库内，用于有效评估和分析精益建设技术采纳的全过程。

(5) 等级五：持续改进级

持续改进级是精益建设技术采纳成熟度模型的最高等级，该技术的采纳及实施体系的方法和应用得到持续改进，并进行不断的优化，以达到精益求精，最终实现可持续改进的最高等级。这一等级体现的是精益建设技术实施的最高水平。当然，持续改进级并不是静止的，其与规范级和成熟级之间始终存在着周而复始的循环改进过程。

8.3.2 精益建设技术采纳成熟度评价指标权重确定

用若干个指标进行综合评价时，从评价对象对目标的重要程度来看，并非同等重要。为了体现各个评价指标对评价目标的重要性程度，确定指标体系后，需要对各个指标设定权重。权重也称权数，在二级指标上，它表示各二级指标对目标的重要程度，权重之和为1。在三级指标上，权重是指各三级指标对二级指标的重要程度。相同的指标数值，不同的权数，会导致完全不相同的评价结论。因此，确定权重是评价中相当重要的问题。

目前已有许多确定属性权重的方法，这些方法可以分为三大类，即主观赋权法、客观赋权法和组合赋权法[218]。主观赋权法主要有层次分析法、德尔菲法、网络分析法、特征值法等，研究比较成熟。这类方法所计算权重的准确性取决于专家的知识和经验积累，能够较好地反映评价对象的背景和评价者的意图，主观性较强。客观赋权法的原始数据是由评价矩阵中各指标的实际数据组成。如熵值法、变异系数法等，但这类方法的缺点是容易出现"重要指标权重小，而不重要指标权重大"的现象。组合赋权法是将主观赋权法和客观赋权法相互结合而形成的，它将主、客观赋权法的权重系数给定合理的比例，进而求出综合评价权重。这种方法在主观赋权的同时，减少赋权的主观随意性，从而使决策结果更加真实、可靠。

本章确定的精益建设技术采纳成熟度指标体系由目标层、准则层和指标层构成，具有层次性，目前我国关于精益建设技术采纳成熟度的研究很少，相关数据也很难获得，因此选用主观赋权法确定权重。

精益建设技术采纳成熟度指标体系建立后，确定一级指标和二级评价指标的权重时，一般是基于层次分析法，但是二级指标下的各指标之间并不相互独立，而是相互影响，例如，员工学习能力会影响员工对精益技术的接受情况，因此本章采用层次分析法的改进模型——网络分析法，使其结果更加科学并符合实际，构建的准则层网络结构图如图8-5所示。

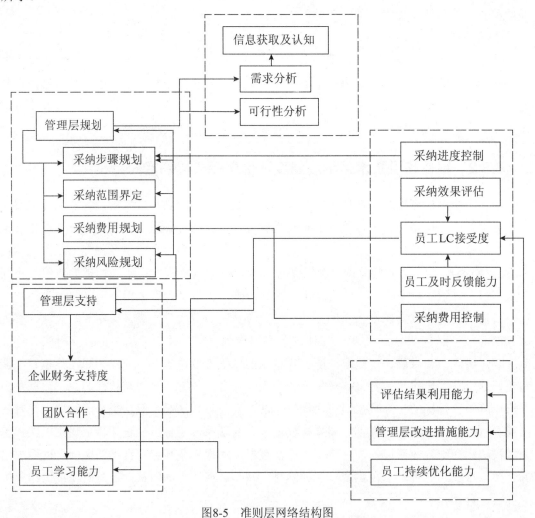

图8-5　准则层网络结构图

8.3.3 基于模糊综合评判的精益建设技术采纳成熟度评价

(1) 精益建设技术采纳成熟度评价指标的评价标准

精益建设技术采纳成熟度的评价应制定一定的标准。评价标准是综合评价的基础，科学、合理的评价标准对评价结果有很大影响。结合我国建筑企业采纳精益技术的实际情况以及对文献的整理，评判标准包括5个准则层和20个指标层，采用五级评分法，如表8-3所示[219]。

表8-3 精益建设技术采纳成熟度评价指标评分标准

准则层	指标层	成熟度等级				
		初始级1	简单级2	规范级3	成熟级4	持续改进级5
启动过程能力 U_2	信息获取及认知能力 U_{11}	不做分析	进行简单的分析	进行基本分析	进行较详细的分析	进行非常详细的分析
	需求分析能力 U_{12}	不做分析	进行简单的分析	进行基本分析	进行较详细的分析	进行非常详细的分析
	可行性分析能力 U_{13}	不做分析	进行简单的分析	进行基本分析	进行较详细的分析	进行非常详细的分析
规划过程能力 U_2	管理层规划能力 U_{21}	不做规划	进行简单的规划	进行基本规划	进行较详细规划	进行非常详细规划
	采纳步骤规划能力 U_{22}	不设置里程碑事件	设置简单的里程碑事件	设置基本的里程碑事件	设置较详细的里程碑事件	设置非常详细的里程碑事件
	采纳范围界定能力 U_{23}	不进行界定	进行简单界定	进行基本界定	进行较详细界定	进行非常详细界定
	采纳费用规划能力 U_{24}	不做规划	进行简单规划	进行基本规划	进行较详细规划	进行非常详细的规划
	采纳风险规划能力 U_{25}	不做规划	进行简单规划	进行基本规划	进行较详细规划	进行非常详细的规划
实施过程能力 U_3	管理层支持度 U_{31}	不支持	不太支持	一般支持	比较支持	非常支持
	企业财务支持度 U_{32}	不支持	不太支持	一般支持	比较支持	非常支持
	团队合作能力 U_{33}	工作团队效率非常低	工作团队效率比较低	工作团队效率一般	工作团队效率比较高	工作团队效率非常高
	员工学习能力 U_{34}	员工学习能力很差	员工学习能力较差	员工学习能力一般	员工学习能力较强	员工学习能力非常强

准则层	指标层	成熟度等级				
		初始级1	简单级2	规范级3	成熟级4	持续改进级5
控制和评估过程能力U_4	采纳进度控制能力U_{41}	不进行控制	进行初步控制	进行一般控制	进行较严格控制	进行非常严格控制
	采纳费用控制能力U_{42}	不进行控制	进行初步控制	进行一般控制	进行较严格控制	进行非常严格控制
	员工对精益建设技术的接受度U_{43}	非常消极	比较消极	态度一般	比较积极	非常积极
	管理层采纳效果评估U_{44}	不进行评估	进行简单评估	进行基本评估	进行较详细评估	进行非常详细评估
	员工对精益建设反馈能力U_{45}	不进行评估	进行简单评估	进行基本评估	进行较详细评估	进行非常详细评估
优化过程能力U_5	评估结果利用能力U_{51}	不利用评估结果	较少利用评估结果	基本利用评估结果	较好利用评估结果	充分利用评估结果
	管理层提出改进措施能力U_{52}	不提出措施	提出较少改进措施	提出一般改进措施	提出较多改进措施	提出非常多改进措施
	员工持续优化能力U_{53}	差	较差	一般	较强	非常强

(2) 模糊综合评价的基本方法及步骤

精益建设技术采纳成熟度的评价指标体系包括目标层、准则层和指标层三个层次，因为建筑行业没有熟练掌握精益技术，缺乏数据支撑，大部分指标很难从定量的角度进行研究，因此考虑使用模糊综合评价法来克服这些缺点。

模糊综合评价法是在模糊数学的基础上，应用模糊关系合成的原理，将一些不易定量、边界不清的因素定量化，利用多个因素对被评价事物隶属等级状况进行综合性评价的一种方法，因而比较适用于精益建设技术采纳成熟度的评价[220]。

精益建设技术采纳成熟度模糊综合评价分两个步骤：第一步是根据准则层的因素进行单因素评价；第二步是根据指标层的因素进行综合评价。

步骤如下：

① 因素集的确定

设$U=\{U_1,U_2,\cdots,U_m\}$为被评价对象的m个因素(即评价指标)。根据建立的模型，精益建设技术采纳成熟度评价共分为5个准则层因素，20个指标层因素。各因素集关系及内容分别为：

$U=\{U_1,U_2,\cdots,U_5\}=\{$启动过程能力，规划过程能力，实施过程能力，控制和评估过程能力，优化过程能力}；

U_1={U_{11},U_{12},U_{13}}={信息获取及认知能力，需求分析能力，可行性分析能力}；

U_2={U_{21},U_{22},U_{23},U_{24},U_{25}}={管理层规划能力，采纳步骤规划能力，采纳范围界定能力，采纳费用规划能力，采纳风险规划能力}；

U_3={U_{31},U_{32},U_{33},U_{34}}={管理层支持度，企业财务支持度，团队合作能力，员工学习能力}；

U_4={U_{41},U_{42},U_{43},U_{44},U_{45}}={采纳进度控制能力，采纳费用控制能力，员工精益建设接受度，采纳效果评估，员工及时反馈能力}；

U_5={U_{51},U_{52},U_{53}}={评估结果利用能力，管理层提出改进措施能力，员工持续优化能力}。

上述因素U_1={i=1,2,3,4,5}都是模糊的，集合U={U_1,U_2,…,U_5}便是评判项目技术采纳成熟度的因素集。

② 评价等级集确定

按照精益建设技术采纳成熟度划分为5个等级：初始级(V_1)，简单级(V_2)，规范级(V_3)，成熟级(V_4)，持续改进级(V_5)。评价等级集合由上述5个评价等级元素构成：V={V_1,V_2,V_3,V_4,V_5}={初始级，简单级，规范级，成熟级，持续改进级}。

③ 建立权重集

在评价过程中，各个因素的重要程度是不一样的，且因素之间是具有相互关系的，为了真实反映各因素的重要程度，采用层次分析法对U中各个因素U_1={i=1,2,3,4,5}设定相应的权重a_1={i=1,2,3,4,5}，采用网络分析法对U_1={U_{11},U_{12},…,U_m}确定相应的权重a_{ij}(i=1,2,3,4,5；j=1,2,3,4,5)。

各因素的权重集为A=(a_1,a_2,…,a_5)，A_1=(a_{11},a_{12},…,a_m)

通常各权重集满足归一性和非负性条件，即

$$\sum_{i=1}^m a_i = 1, \quad a_i \ge 0, \quad (i=1,2,3,4,5) \tag{8-12}$$

$$\sum_{i=1}^s \sum_{j=1}^n a_{ij}=1, \quad a_{ij} \ge 0, \quad (i=1,2,3,4,5; \ j=1,2,3,4,5) \tag{8-13}$$

权重集可视为因素集上的模糊子集，并可表示为

$$A = \frac{a_1}{U_1} + \frac{a_2}{U_2} + \cdots + \frac{a_m}{U_m} \tag{8-14}$$

④ 建立评价集

评价集规定了某一评价因素的评价结果的选择范围。通常用V表示，即V={V_1,V_2,V_3,V_4,V_5}。各元素V_i(i=1,2,3,4,5)代表各种可能的评价结果。模糊评价就是在考虑所有影响因素的前提下，从评价集中选出最佳的评价结果[221]。

⑤ 单因素模糊评判

在构造了评价集后，要单独从每个因素出发进行评判，确定从单因素来看被评价对象对评价集元素的隶属程度，进而得到模糊关系矩阵：

$$R = \begin{bmatrix} r_{11} & r_{12} & \cdots & r_{1n} \\ r_{21} & r_{22} & \cdots & r_{2n} \\ \vdots & \vdots & \vdots & \vdots \\ r_{m1} & r_{m2} & \cdots & r_{mn} \end{bmatrix} \tag{8-15}$$

矩阵R是因素集U_i和评价集V之间的一种模糊关系，R中第i行第j列元素表示被评级对象从因素U_{ij}来看对$V_k(k=1,2,3,4,5)$的隶属程度。

⑥ 综合因素模糊评判

精益建设技术采纳成熟度的单因素模糊评判，只能反映被评判对象对其中一个因素的隶属程度，并没有考虑所有因素，所以需要进行多因素综合评价。利用合适的算子将因素的权重集A与被评价对象的模糊关系矩阵R进行合成，得到被评价对象的模糊综合评价结果B，即

$$B = A \cdot R = (a_1, a_2, \cdots, a_m) \begin{bmatrix} r_{11} & r_{12} & \cdots & r_{1n} \\ r_{21} & r_{22} & \cdots & r_{2n} \\ \cdots & \cdots & \cdots & \cdots \\ r_{m1} & r_{m2} & \cdots & r_{mn} \end{bmatrix} = (b_1, b_2, \cdots, b_m) \tag{8-16}$$

其中b_j是由A与R的第j列运算得到的，它表示被评价对象从整体上看对V_j的隶属程度。

⑦ 评判指标的处理

得到评判指标后，可选择加权平均法、最大隶属度法或模糊分步法对模糊评价结果向量进行分析[222]。

🔺 8.4 实例分析

在建立精益建设技术采纳成熟度评价指标体系及评价模型之后，下面通过实例来说明其应用过程。主要包括权重确定、单因素模糊评价和综合因素模糊评价。

8.4.1 权重确定

权重确定通过问卷调查数据处理获得。问卷调研对象为已完工建筑工程项目，调研地区涉及河北、江苏、天津、北京、内蒙古、山东等19个省市，324个项目，共计发出问卷770

份，收回问卷710份，有效问卷为677份，有效问卷回收率为87.9%。具体问项如表8-4所示。

表8-4 调查问卷具体问项(部分)

准则层	指标层	成熟度等级					评分
		初始级(1分)	简单级(2分)	规范级(3分)	成熟级(4分)	持续改进级(5分)	
启动过程能力	信息获取及认知能力	不做分析	进行简单的分析	做一般的分析	进行较详细的分析	进行非常详细的分析	
	需求分析能力	不做分析	进行简单的分析	做一般的分析	进行较详细的分析	进行非常详细的分析	
	……	……	……	……	…….	……	
规划过程能力	管理层规划能力	个人意愿	只做简单的规划	基本规划	较详细规划	非常详细规划	
	采纳步骤规划能力	没有设置里程碑事件	有简单的里程碑事件	有基本的里程碑事件	有比较详细的里程碑事件	有非常详细的里程碑事件	
	……	……	……	……	……	……	
实施过程能力	管理层支持度	不支持	不太支持	一般支持	比较支持	非常支持	
	企业财务支持度	不支持	不太支持	一般支持	比较支持	非常支持	
	……	……	……	……	……	……	
控制和评估过程能力	采纳进度控制能力	不控制	初步控制	一般控制	较严格控制	非常严格控制	
	采纳范围控制能力	不控制	初步控制	一般控制	较严格控制	非常严格控制	
	……	……	……	……	……	……	
控制和评估过程能力	员工对LC反馈能力	非常差	比较差	一般	比较好	非常好	
	LC技术采纳效率与业绩评估	不进行评估	简单评估	一般	较详细评估	非常详细评估	
优化过程能力	评估结果利用能力	差	较差	一般	较强	非常强	
	专业团队测评能力	差	较差	一般	较强	非常强	
	……	……	……	……	……	……	

(1) 问卷的信度和效度分析

利用SPSS 19.0对收回的677份问卷进行可靠性分析，得出Cronbach's α的值为0.904，根据前述判定标准，本问卷的可靠性程度比较高，如表8-5所示。

表8-5　可靠性统计量

Cronbach's Alpha	基于标准化项的 Cronbachs Alpha	项数
0.904	0.907	36

利用SPSS 19.0对数据进行结构效度分析，检验结果如表8-6所示，效度系数为0.900，根据根据前述判定标准，本问卷的效度比较高，因此问卷的结构设计比较有效。

表8-6　KMO和Bartlett的检验

取样足够度的 Kaiser-Meyer-Olkin 度量		0.900
Bartlett 的球形度检验	近似卡方	11 816.551
	df	1 225
	Sig.	0.000

(2) 评价指标权重的确定

通过上面对精益建设技术采纳因素的分析可以看出，启动过程能力、规划过程能力、实施过程能力、控制和评估过程能力及优化过程能力内部各因素之间是相互依存的，此时用层次分析法有一定的局限性。网络分析法(ANP)将系统内各元素的关系用网络结构表示，网络层中的元素可能相互影响，因此ANP更适合对评价指标设定权重。所以首先根据各个元素之间的相互关系构建网络结构模型，然后借助于Super Decisions软件计算指标权重，更科学地对精益建设技术采纳成熟度指标进行评价。

为了计算的权重更真实客观地反映实际问题，将问卷数超过5份的项目作为计算权重的原始数据。经过统计有73个项目的问卷数超过5份，每个项目的数据具有较大相似性，为了使数据具有差异性，将每个项目取均值合成一份问卷，共合成73份问卷。将每份问卷中的各项数据根据网络结构图进行两两比较输入超级决策软件(Super Decisions软件)中，得到一份指标权重，最后将73份问卷的指标权重求平均值，得到综合的权重。

首先，根据ANP的基本原理，依据精益建设技术采纳成熟度评价指标之间具有的相互影响关系，按照图8-6找出各因素之间的关联关系，然后在超级决策软件中构建精益建设技术采纳成熟度评价指标的ANP结构模型，如图8-6所示。

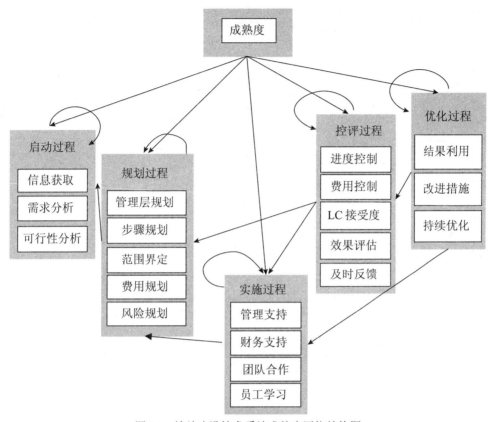

图8-6　精益建设技术采纳成熟度网络结构图

确定ANP网络后，进行两两指标的比较，然后归一化处理，得到无权重超矩阵。接着使用1-9标度赋值法对各指标的关系打分。详见附录A。图8-7为Super Decisions软件的指标间的重要性比较界面。

评价目标是精益建设技术采纳成熟度能力最大，全部元素以成熟度能力最大为评判准则进行比较。网络层中有元素组U_1、U_2、U_3、U_4、U_5，其中U_i中有元素U_{ij}(i=1、2、3、4、5)。以评价目标为主准则，以U_i为次准则，按元素组内元素对U_i的影响力大小进行间接优势度比较，构造判断矩阵。下面以规划过程能力元素组为例进行介绍。

以规划过程能力为次准则是指，各指标对规划过程能力的影响程度比值。图8-8表示对规划过程能力影响程度来说，实施过程能力比优化过程能力影响稍微重一些。判断矩阵的一致性检验结果和准则层的指标对规划过程能力的影响程度比值如图8-8所示。

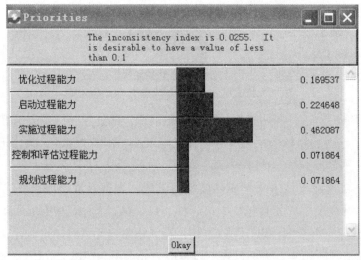

图8-7 Super Decisions软件评价标准两两判断矩阵打分界面示例

图8-8 指标判断矩阵一致性检验和1级指标权重

　　将5个指标对规划过程能力的影响系数做归一化处理，从而得到所有5个指标对规划过程能力的影响系数之比为0.169 57∶0.224 648∶0.462 087∶0.071 864∶0.071 864，一致性比值为0.002 5<0.1，如图8-8所示。故该判断矩阵具有满意一致性，符合实际情况，权重系数可以被接受。

构建网络层的判断矩阵。以评价目标为主准则，以U_i中的元素$U_{ij}(j=1，2，3，4，5)$为次准则，元素组U_i中的元素U_{ij}按其对的影响力大小进行间接优势度比较，即构造判断矩阵。如以实施过程能力元素组中的"管理层支持"为主准则，以"技术采纳成熟度"为次准则，可建立如图8-9所示的判断矩阵。

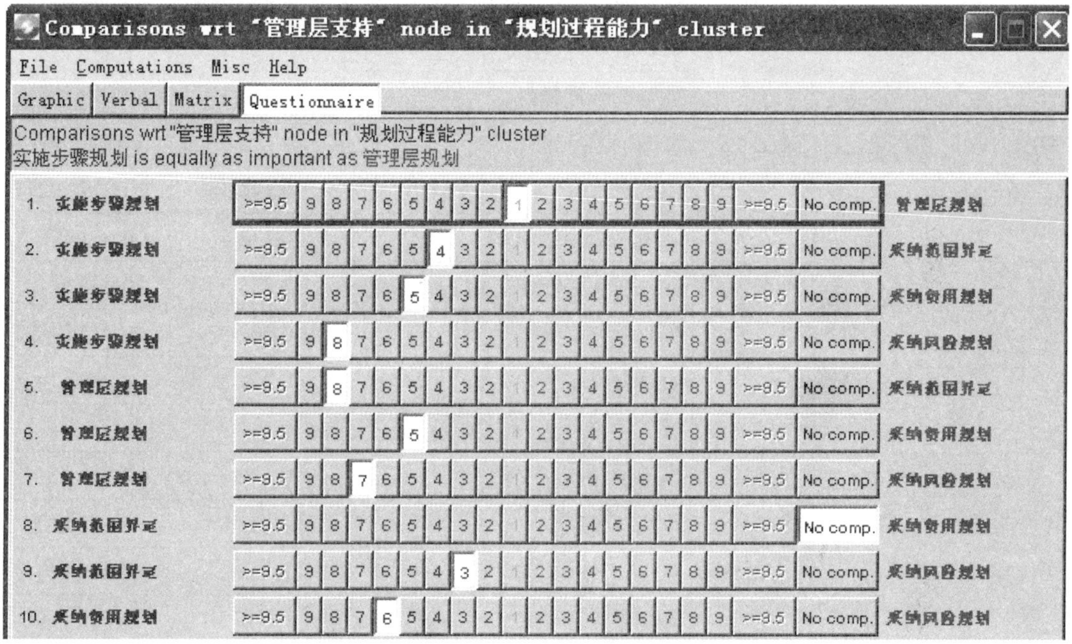

图8-9　Super Decisions两两判断矩阵打分界面

图8-9中表示对管理层支持度的影响程度来说，实施步骤规划和管理层规划对管理层支持度的影响程度相同，实施步骤规划和管理层规划比采纳风险规划对管理层支持度的影响程度明显重要。该矩阵的一致性比值为0.059 9<0.1，因此该判断矩阵具有满意一致性，可以被接受。

通过以上的步骤可以建立判断矩阵，归一化处理后可以得到超矩阵、加权超矩阵和极限超矩阵，依据加权超矩阵和极限超矩阵可得到各指标对应的权重和极限，子元素集对应的极限即为三级指标相对于总目标所对应的权重。

依次输入73份问卷的各个指标间的重要程度比较值，得出73组指标对应的权重和极限，经过加权计算得出各个三级指标相对于二级指标的权重和三级指标相对于一级指标的极限即权重，如表8-7所示。

表8-7 一级和二级评价指标的权重和子元素集对应的极限

元素集	权重	子元素集	权重	极限
启动过程能力U_1	0.137 5	信息获取U_{11}	0.416 2	0.085 184
		需求分析U_{12}	0.328 2	0.066 838
		可行性分析U_{13}	0.255 6	0.039 628
规划过程能力U_2	0.251 9	管理层规划U_{21}	0.255 5	0.067 614
		实施步骤规划U_{22}	0.346 5	0.092 885
		采纳范围界定U_{23}	0.122 3	0.025 66
		采纳费用规划U_{24}	0.143 3	0.035 632
		采纳风险规划U_{25}	0.132 4	0.031 122
实施过程能力U_3	0.236 6	管理层支持U_{31}	0.245 7	0.068 941
		企业财务支持U_{32}	0.302 2	0.082 319
		团队合作U_{33}	0.237 3	0.049 614
		员工学习U_{34}	0.214 8	0.052 51
控制和评估过程U_4	0.104 6	进度控制U_{41}	0.132 9	0.019 13
		费用控制U_{42}	0.148 8	0.017 863
		员工LC接受度U_{43}	0.416 2	0.049 201
		采纳效果评估U_{44}	0.160 2	0.020 109
		员工及时反馈U_{45}	0.141 9	0.018 344
优化过程能力U_5	0.239 4	评估结果利用能力U_{51}	0.304 5	0.049 806
		管理层改进措施U_{52}	0.457 6	0.083 303
		员工持续优化能力U_{53}	0.237 9	0.044 295

由表可知，元素集的权重为：

$A=\{0.137\ 5,\ 0.251\ 9,\ 0.236\ 6,\ 0.134\ 6,\ 0.239\ 4\}$

由计算结果可知，相对于精益建设技术采纳成熟度总目标，5大过程能力重要性程度分别为0.137 5、0.251 9、0.236 6、0.134 6、0.239 4。其中规划过程能力最为重要，其次是实施过程能力和优化过程能力，这两个过程重要性程度相差不大；启动过程能力和控制评估过程能力重要性程度最低，且相差程度也很小。由此可知，企业应该更加重视规划过程能力，即对精益建设采纳的进度、费用、范围、风险等都进行具体的规划。

子元素集的权重分别为：

$$A_1=\{0.416\ 2，0.328\ 2，0.255\ 6\}$$

由计算结果可知，在启动过程能力中，信息获取能力重要性程度最高，可行性分析能力重要性程度最低，需求分析能力重要性程度居于中间。因此，企业采纳精益建设技术的启动阶段，应着重提高信息获取能力，可通过培训学习、杂志订阅、交流学习等手段提高该项能力。

$$A_2=\{0.255\ 5，0.346\ 5，0.122\ 3，0.143\ 3，0.132\ 4\}$$

由计算结果可知，在规划过程能力中，实施步骤规划能力重要性程度最高，管理层规划能力稍低一些，采纳范围界定能力、采纳费用规划能力和采纳风险规划能力重要性程度最低，且相差不大。因此，采纳精益建设技术的规划阶段应具体规划各个实施步骤，并确定各个实施步骤的里程碑事件，对控制和评估阶段奠定基础。

$$A_3=\{0.245\ 7，0.302\ 2，0.237\ 3，0.214\ 8\}$$

由计算结果可知，在实施过程能力中，各指标的重要性程度由高到低依次为企业财务支持力度、管理层支持、团队合作、员工学习。可以看出企业财务支持力度对企业采纳精益建设技术的实施阶段影响最大，增加精益建设技术的财务投入力度，能够提高采纳精益建设技术的实施能力。

$$A_4=\{0.132\ 9，0.148\ 8，0.416\ 2，0.160\ 2，0.141\ 9\}$$

由计算结果可知，在控制和评估过程中，员工精益建设接受度的重要性程度高达0.42，采纳效果评估能力重要性程度达到0.16，其余三项重要性程度都在0.15以下，5项指标的重要性程度结果相差较大。因此，在采纳精益建设技术的控制和评估阶段，应尽可能提高员工对精益建设技术的接受程度，可通过培训学习、制定新制度、绩效考核等方式使员工从思想上、行为上都接受精益建设技术。

$$A_5=\{0.304\ 5，0.457\ 6，0.237\ 9\}$$

由计算结果可知，在优化过程中，各指标的重要性程度由高到低依次为管理层改进措施、评估结果利用能力、员工持续优化能力。根据采纳效果评估结果，管理层能否提出合理的改进措施，对采纳精益建设技术优化过程具有重要影响。

$$A=\{0.085\ 184，0.066\ 838，0.039\ 628，0.067\ 614，0.092\ 885，0.025\ 66，0.035\ 632，$$
$$0.031\ 122，0.068\ 941，0.082\ 319，0.049\ 614，0.052\ 51，0.019\ 13，0.017\ 863，0.049\ 201，$$
$$0.020\ 109，0.018\ 344，0.049\ 806，0.083\ 303，0.044\ 295\}$$

由计算结果可知，针对精益建设技术采纳成熟度来说，实施步骤规划能力、信息获取和认知能力、管理层改进措施能力和企业财务支持力度这四项指标的重要性程度相对较高，都高于0.08，进度控制能力、费用控制能力和员工及时反馈能力这三项指标的重要性程度相对较低，都低于0.02，因此，为了提高精益建设技术采纳的成熟度，在启动阶段提高员工的信息获取和认知能力，在规划阶段提高实施步骤规划能力，在实施阶段增加财务投入力度，在优化阶段应提高管理层改进措施能力。控制和评估阶段中，除了员工精益建设技术接受度以外，其他四个指标的重要性程度都比较低，可以在成熟度水平比较高的时候逐步提升，在成熟度水平比较低的时候应注重提高员工精益建设技术接受度。

8.4.2　单因素层的模糊评价、综合因素模糊评价

本节根据上节计算出的权重结果，进行单因素层的模糊评价和综合因素模糊评价。首先根据专家对单因素层指标的评价，形成单因素的评判矩阵；然后将各单因素层的评判矩阵进行集结，得到模糊综合评判矩阵，计算出综合因素模糊评价结果，将综合因素模糊评价结果与单因素层的模糊评价结果进行比较；最后分别对两个项目的单因素层和综合因素模糊评价结果进行对比，分析原因并提出改进方向。

(1) 案例一　书香苑小区项目

① 项目概况

书香苑小区是某公司承建的民用建筑项目，建筑面积32万平方米，共分为三期。一期建于1998年，建筑面积6.2万平方米，是水泥墙结构，有些是单气，外墙是磁砖。二期建于2003年，建筑面积12万平方米，属于砖混结构。三期建于2008年，建筑面积17.8万平方米，属于框架结构。对该项目人员共发放20份问卷，分别调查了对该项目有充分了解的项目经理1名、工程师4名、施工员10名、资料员4名、造价员1名，其中有2名本科学历、4名大专学历、5名中专学历、9名高中及以下学历。

下面对该项目进行单因素模糊评价和综合因素模糊评价。

② 单因素模糊评价

第一，启动过程能力模糊评判

启动过程能力包括：信息获取及认知能力、需求分析能力和可行性分析能力。

根据调查问卷统计，30%的专家对启动过程能力中信息获取能力评判结果为初始级，40%评判结果为简单级，15%评判结果为规范级，10%评判结果为成熟级，5%评判结果为成熟级。因此，启动过程能力中信息获取能力的模糊评判向量为(0.30，0.40，0.15，0.10，0.05)。

同样统计出：

需求分析能力的模糊评判向量为(0.20，0.35，0.25，0.15，0.05)。

可行性分析能力的模糊评判向量为(0.25，0.20，0.30，0.15，0.10)。

因此，启动过程能力评价因素的评判矩阵为：

$$R_1 = \begin{pmatrix} 0.30 & 0.40 & 0.15 & 0.10 & 0.05 \\ 0.20 & 0.35 & 0.25 & 0.15 & 0.05 \\ 0.25 & 0.20 & 0.30 & 0.15 & 0.10 \end{pmatrix}$$

启动过程能力因素层的模糊评判

指标层各个元素对于准则层元素的判断矩阵及其排序如下：

A_1=(0.4162，0.3282，0.2556)，则：

$$B_1 = A_1 * R_1 = (0.4162，0.3282，0.2556) * \begin{pmatrix} 0.30 & 0.40 & 0.15 & 0.10 & 0.05 \\ 0.20 & 0.35 & 0.25 & 0.15 & 0.05 \\ 0.25 & 0.20 & 0.30 & 0.15 & 0.10 \end{pmatrix}$$

=(0.25，0.33，0.22，0.13，0.06)

评价结论：根据隶属度最大原则，可知"简单级"的隶属度值最大，"混乱级"的隶属度值较大。说明该项目在引入精益建设技术时，不是盲目引入，而是根据公司的实际情况和需求进行分析，且是在员工对精益建设技术了解的基础上引入的。但由于没有精益建设技术管理团队，可行性分析和需求分析不深入，导致使用精益建设技术管理不规范，在采纳前应该加强相关技术的信息收集能力和知识传播能力，并分配专业的管理团队进行技术采纳前分析。

第二，规划过程能力模糊评判

规划过程能力包括：管理层规划能力、实施步骤规划能力、采纳范围界定能力、采纳费用规划能力和采纳风险规划能力。

管理层规划能力的模糊评判向量为(0.15，0.30，0.25，0.20，0.10)；

实施步骤规划能力的模糊评判向量为(0.10，0.40，0.25，0.15，0.10)；

采纳范围界定能力的模糊评判向量为(0.15，0.30，0.20，0.20，0.15)；

采纳费用规划能力的模糊评判向量为(0.10，0.35，0.25，0.15，0.15)；

采纳风险规划能力的模糊评判向量为(0.15，0.45，0.20，0.15，0.05)。

因此，规划过程能力因素的评判矩阵为：

$$R_2 = \begin{pmatrix} 0.15 & 0.30 & 0.25 & 0.20 & 0.10 \\ 0.10 & 0.40 & 0.25 & 0.15 & 0.10 \\ 0.15 & 0.30 & 0.20 & 0.20 & 0.15 \\ 0.10 & 0.35 & 0.25 & 0.15 & 0.15 \\ 0.15 & 0.45 & 0.20 & 0.15 & 0.05 \end{pmatrix}$$

规划过程能力因素层的模糊评判

指标层各个元素对于准则层元素的判断矩阵及其排序如下：

$A_2=\{0.255\,5,\ 0.346\,5,\ 0.122\,3,\ 0.143\,3,\ 0.132\,4\}$，则：

$$B_2=A_2*R_2=(0.255\,5,\ 0.346\,5,\ 0.122\,3,\ 0.143\,3,\ 0.132\,4)*\begin{pmatrix} 0.15 & 0.30 & 0.25 & 0.20 & 0.10 \\ 0.10 & 0.40 & 0.25 & 0.15 & 0.10 \\ 0.15 & 0.30 & 0.20 & 0.20 & 0.15 \\ 0.10 & 0.35 & 0.25 & 0.15 & 0.15 \\ 0.15 & 0.45 & 0.20 & 0.15 & 0.05 \end{pmatrix}$$

$=(0.13,\ 0.36,\ 0.24,\ 0.17,\ 0.11)$

评价结论：根据隶属度最大原则，"简单级"的隶属度值最大，说明该项目在采纳精益建设技术前进行简单的规划，但对采纳的费用、步骤、进度没有做具体详细的规划。"规范级"的隶属度值较大，说明在采纳精益建设技术的规划阶段在逐步的规范化，规划工作不断细致，专业管理团队的能力不断增强。在此阶段，公司应该制定具体的里程碑事件和详细的费用预算、预测采纳新技术后会遇到的风险与实现的收益，等等。

第三，实施过程能力模糊评判

实施过程能力包括：管理层支持度、企业财务支持力度、团队合作能力和员工学习能力。

管理层支持度的模糊评判向量为(0.14，0.23，0.41，0.14，0.09)；

企业财务支持力度的模糊评判向量为(0.20，0.30，0.20，0.15，0.15)；

团队合作能力的模糊评判向量为(0.05，0.25，0.40，0.20，0.10)；

员工学习能力的模糊评判向量为(0.05，0.25，0.35，0.30，0.05)。

因此，实施过程能力评价因素的评判矩阵为：

$$R_3 = \begin{pmatrix} 0.14 & 0.23 & 0.41 & 0.14 & 0.09 \\ 0.20 & 0.30 & 0.20 & 0.15 & 0.15 \\ 0.05 & 0.25 & 0.40 & 0.20 & 0.10 \\ 0.05 & 0.25 & 0.35 & 0.30 & 0.05 \end{pmatrix}$$

实施过程能力因素层的模糊评判

指标层各个元素对于准则层元素的判断矩阵及其排序如下：

A_3={0.245 7，0.302 2，0.237 3，0.214 8}，则：

$$B_3=A_3*R_3=(0.245\ 7，0.302\ 2，0.237\ 3，0.214\ 8)*\begin{pmatrix} 0.14 & 0.23 & 0.41 & 0.14 & 0.09 \\ 0.20 & 0.30 & 0.20 & 0.15 & 0.15 \\ 0.05 & 0.25 & 0.40 & 0.20 & 0.10 \\ 0.05 & 0.25 & 0.35 & 0.30 & 0.05 \end{pmatrix}$$

$$=(0.12，0.33，0.26，0.19，0.10)$$

评价结论：根据隶属度最大原则，"简单级"隶属度值较大，说明该项目精益建设技术实施过程能力较差，管理层不太重视精益建设技术的运用，财务投入力度较少。"规范级"隶属度值较大，说明精益建设技术实施过程有逐步规范化的趋势，管理层已经开始重视精益建设技术，投入力度也较之前有所增加，此外，团队合作能力和员工学习能力也都影响了精益建设技术实施水平，因此在这些方面有待提高。

第四，控制和评估过程能力模糊评判

控制和评估过程能力包括：进度控制能力、费用控制能力、员工精益建设接受度、采纳效果评估能力和员工反馈能力。

进度控制能力的模糊评判向量为(0.05，0.20，0.50，0.15，0.10)；

费用控制能力的模糊评判向量为(0.00，0.30，0.35，0.30，0.05)；

员工精益建设接受度的模糊评判向量为(0.15，0.30，0.35，0.15，0.05)；

采纳效果评估能力的模糊评判向量为(0.15，0.35，0.20，0.2，0.10)；

员工反馈能力的模糊评判向量为(0.10，0.30，0.25，0.20，0.15)。

因此，控制和评估过程能力评价因素的评判矩阵为：

$$R_4=\begin{pmatrix} 0.05 & 0.20 & 0.50 & 0.15 & 0.10 \\ 0.00 & 0.30 & 0.35 & 0.30 & 0.05 \\ 0.15 & 0.30 & 0.35 & 0.15 & 0.05 \\ 0.15 & 0.35 & 0.20 & 0.20 & 0.10 \\ 0.10 & 0.30 & 0.25 & 0.20 & 0.15 \end{pmatrix}$$

控制和评估过程能力因素层的模糊评判

指标层各个元素对于准则层元素的判断矩阵及其排序如下：

A_4={0.132 9，0.148 8，0.416 2，0.160 2，0.141 9}，则

$$B_4=A_4*R_4=(0.132\,9,\ 0.148\,8,\ 0.416\,2,\ 0.160\,2,\ 0.141\,9)*\begin{pmatrix} 0.05 & 0.20 & 0.50 & 0.15 & 0.10 \\ 0.00 & 0.30 & 0.35 & 0.30 & 0.05 \\ 0.15 & 0.30 & 0.35 & 0.15 & 0.05 \\ 0.15 & 0.35 & 0.20 & 0.20 & 0.10 \\ 0.10 & 0.30 & 0.25 & 0.20 & 0.15 \end{pmatrix}$$

$$=(0.29,\ 0.33,\ 0.11,\ 0.19,\ 0.08)$$

评价结论：根据隶属度最大原则，"简单级"隶属度值最大，"混乱级"隶属度值较大，说明该项目在采纳精益建设技术的控制和评估过程能力较差，虽然在采纳进度、采纳费用都有简单的控制标准，但由于没有具体的控制计划，控制情况比较差，计划修改不及时。不过相较之前来说，还是有很多进步的。从员工的角度，公司对员工虽然进行精益建设技术学习培训，但因为没有相应的考核机制，使很多培训流于形式，员工从心理上没有真正的接受精益建设技术，有的员工在工作中运用精益建设技术，但不能把问题反馈给上级，这些都影响了精益建设技术的采纳水平。

第五，优化过程能力模糊评判

优化过程能力包括：评估结果利用能力、管理层提出改进措施能力和员工持续优化能力。

评估结果利用能力的模糊评判向量为(0.10，0.25，0.30，0.25，0.10)；

管理层提出改进措施能力的模糊评判向量为(0.05，0.20，0.40，0.20，0.15)；

员工持续优化能力的模糊评判向量为(0.05，0.25，0.35，0.20，0.15)。

因此，优化过程能力评价因素的评判矩阵为：

$$R_5=\begin{pmatrix} 0.10 & 0.25 & 0.30 & 0.25 & 0.10 \\ 0.05 & 0.20 & 0.40 & 0.20 & 0.15 \\ 0.05 & 0.25 & 0.35 & 0.20 & 0.15 \end{pmatrix}$$

优化过程能力因素层的模糊评判

指标层各个元素对于准则层元素的判断矩阵及其排序如下：

$A_5=\{0.304\,5,\ 0.457\,6,\ 0.237\,8\}$，则：

$$B_5=A_5*R_5=(0.304\,5,\ 0.457\,6,\ 0.237\,8)*\begin{pmatrix} 0.10 & 0.25 & 0.30 & 0.25 & 0.10 \\ 0.05 & 0.20 & 0.40 & 0.20 & 0.15 \\ 0.05 & 0.25 & 0.35 & 0.20 & 0.15 \end{pmatrix}$$

$$=(0.23,\ 0.36,\ 0.19,\ 0.12,\ 0.10)$$

评价结论：根据隶属度最大原则，"简单级"隶属度值最大，"混乱级"隶属度值较大，说明该项目采纳精益建设技术的优化过程能力较差，不能充分利用控制和评估结果，更不能通过评估结果制定合理的鼓励措施和奖惩机制。因为员工自身没有真正接受精益建设技术，所以对于自主持续采纳精益建设技术也没有动力。但是相较以前而言，还是有一定改善的。

③ 综合因素模糊评判

根据上面的5个过程能力的单因素模糊判断矩阵，可以推导出精益建设技术采纳成熟度综合能力因素评判矩阵为：

$$R = \begin{pmatrix} R_1 \\ R_2 \\ R_3 \\ R_4 \\ R_5 \end{pmatrix} = \begin{pmatrix} 0.30 & 0.40 & 0.15 & 0.10 & 0.05 \\ 0.20 & 0.35 & 0.25 & 0.15 & 0.05 \\ 0.25 & 0.20 & 0.30 & 0.15 & 0.10 \\ 0.15 & 0.30 & 0.25 & 0.20 & 0.10 \\ 0.10 & 0.40 & 0.25 & 0.15 & 0.10 \\ 0.15 & 0.30 & 0.20 & 0.20 & 0.15 \\ 0.10 & 0.35 & 0.25 & 0.15 & 0.15 \\ 0.15 & 0.45 & 0.20 & 0.15 & 0.05 \\ 0.14 & 0.23 & 0.41 & 0.14 & 0.09 \\ 0.20 & 0.30 & 0.20 & 0.15 & 0.15 \\ 0.05 & 0.25 & 0.40 & 0.20 & 0.10 \\ 0.05 & 0.25 & 0.35 & 0.30 & 0.05 \\ 0.05 & 0.20 & 0.50 & 0.15 & 0.10 \\ 0.00 & 0.30 & 0.35 & 0.30 & 0.05 \\ 0.15 & 0.30 & 0.35 & 0.15 & 0.05 \\ 0.15 & 0.35 & 0.20 & 0.20 & 0.10 \\ 0.15 & 0.35 & 0.20 & 0.20 & 0.10 \\ 0.10 & 0.25 & 0.30 & 0.25 & 0.10 \\ 0.05 & 0.20 & 0.40 & 0.20 & 0.15 \\ 0.05 & 0.25 & 0.35 & 0.20 & 0.15 \end{pmatrix}$$

$B=A*R=(0.085\,184，0.066\,838，0.039\,628，0.067\,614，0.092\,885，0.025\,66，0.035\,632，0.031\,122，0.068\,941，0.082\,319，0.049\,614，0.052\,51，0.019\,13，0.017\,863，0.049\,201，0.020\,109，0.018\,344，0.049\,806，0.083\,303，0.044\,295)*

$$\begin{pmatrix} 0.30 & 0.40 & 0.15 & 0.10 & 0.05 \\ 0.20 & 0.35 & 0.25 & 0.15 & 0.05 \\ 0.25 & 0.20 & 0.30 & 0.15 & 0.10 \\ 0.15 & 0.30 & 0.25 & 0.20 & 0.10 \\ 0.10 & 0.40 & 0.25 & 0.15 & 0.10 \\ 0.15 & 0.30 & 0.20 & 0.20 & 0.15 \\ 0.10 & 0.35 & 0.25 & 0.15 & 0.15 \\ 0.15 & 0.45 & 0.20 & 0.15 & 0.05 \\ 0.14 & 0.23 & 0.41 & 0.14 & 0.09 \\ 0.20 & 0.30 & 0.20 & 0.15 & 0.15 \\ 0.05 & 0.25 & 0.40 & 0.20 & 0.10 \\ 0.05 & 0.25 & 0.35 & 0.30 & 0.05 \\ 0.05 & 0.20 & 0.50 & 0.15 & 0.10 \\ 0.00 & 0.30 & 0.35 & 0.30 & 0.05 \\ 0.15 & 0.30 & 0.35 & 0.15 & 0.05 \\ 0.15 & 0.35 & 0.20 & 0.20 & 0.10 \\ 0.15 & 0.35 & 0.20 & 0.20 & 0.10 \\ 0.10 & 0.25 & 0.30 & 0.25 & 0.10 \\ 0.05 & 0.20 & 0.40 & 0.20 & 0.15 \\ 0.05 & 0.25 & 0.35 & 0.20 & 0.15 \end{pmatrix}$$

$=(0.28,0.30,0.18,0.14,0.10)$

评价结论：根据隶属度最大原则，可知"简单级"隶属度值最大，"混乱级"隶属度值较大，但两者相差不大。说明该项目精益建设技术采纳水平较差，虽然每个阶段都处于"简单级"，但是启动阶段、控制和评估阶段和优化阶段"混乱级"的隶属度值也较大，说明在采纳精益建设技术时对于采纳前分析和规划、采纳后评价和优化的重视程度不高，相对来说比较重视在施工过程中精益建设的具体使用。

(2) 案例二 太阳城项目

① 项目概况

太阳城项目历经7年建设，太阳城一期完成了包括联排别墅、花园洋房、高层住宅等总面积达200万平方米的建筑，建设了太阳城国际俱乐部、世界名犬园、五星级会所、太阳湖茶社、蒸汽小火车、三可湖、琴湾等相关生活、娱乐、景观配套项目，一期工程已于2011年12月完工。对该项目人员共发放了20份问卷，分别调查了对该项目有充分了解的项目经理2名、施工员4名、资料员3名、造价工程师2名，建造师3名，造价员2名，其他人员4名。其中有3名研究生学历、6名本科学历、2名大专学历、3名中专学历和6名高中及以下学历。

② 单因素模糊评价

第一，启动过程能力模糊评判

启动过程能力评价因素的评判矩阵为：

$$R_1 = \begin{pmatrix} 0.10 & 0.25 & 0.35 & 0.20 & 0.10 \\ 0.05 & 0.27 & 0.47 & 0.16 & 0.05 \\ 0.05 & 0.20 & 0.50 & 0.15 & 0.10 \end{pmatrix}$$

启动过程能力因素层的模糊评判

指标层各个元素对于准则层元素的判断矩阵及其排序如下：

$A_1 = \{0.416\,2, \ 0.328\,2, \ 0.255\,6\}$，则：

$$B_1 = A_1 * R_1 = (0.416\,2, \ 0.328\,2, \ 0.255\,6) * \begin{pmatrix} 0.10 & 0.25 & 0.35 & 0.20 & 0.10 \\ 0.05 & 0.27 & 0.47 & 0.16 & 0.05 \\ 0.05 & 0.20 & 0.50 & 0.15 & 0.10 \end{pmatrix}$$

$$= (0.07, \ 0.24, \ 0.43, \ 0.18, \ 0.08)$$

评价结论：根据隶属度最大原则，可知"规范级"隶属度值最大，说明该项目在采纳精益建设技术前，进行充分的信息收集，员工对精益建设技术有了充分的了解，而且还请专业管理团队对引入新技术进行需求分析和可行性分析。"简单级"隶属度值较大说明各项分析不够细致，还有许多需要完善的地方。

第二，规划过程能力模糊评判

规划过程能力评价因素的评判矩阵为：

$$R_2 = \begin{pmatrix} 0.15 & 0.30 & 0.25 & 0.20 & 0.10 \\ 0.10 & 0.25 & 0.30 & 0.25 & 0.10 \\ 0.10 & 0.30 & 0.35 & 0.20 & 0.05 \\ 0.15 & 0.35 & 0.25 & 0.15 & 0.10 \\ 0.20 & 0.30 & 0.35 & 0.15 & 0.00 \end{pmatrix}$$

规划过程能力因素层的模糊评判

指标层各个元素对于准则层元素的判断矩阵及其排序如下：

$A_2 = \{0.255\,5, \ 0.346\,5, \ 0.122\,3, \ 0.143\,3, \ 0.132\,4\}$，则：

$$B_2=A_2*R_2=(0.255\,5，0.346\,5，0.122\,3，0.143\,3，0.132\,4)*\begin{pmatrix}0.15&0.30&0.25&0.20&0.10\\0.10&0.25&0.30&0.25&0.10\\0.10&0.30&0.35&0.20&0.05\\0.15&0.35&0.25&0.15&0.10\\0.20&0.30&0.35&0.15&0.00\end{pmatrix}$$

$$=(0.13，0.29，0.30，0.20，0.08)$$

评价结论：根据隶属度最大原则，"规范级"隶属度值最大，"简单级"隶属度值较大，但两者相差不大。说明在采纳技术前已经有详细的采纳前评价与计划，不会盲目引入新技术，对采纳步骤、范围、费用都有具体的计划，能够预测采纳后的风险，并制定预防风险措施。但计划不够完善和细致，还需加强这方面的能力。

第三，实施过程能力模糊评判

实施过程能力评价因素的评判矩阵为：

$$R_3=\begin{pmatrix}0.15&0.20&0.45&0.10&0.10\\0.20&0.30&0.25&0.15&0.10\\0.05&0.25&0.45&0.15&0.10\\0.05&0.25&0.35&0.30&0.05\end{pmatrix}$$

实施过程能力因素层的模糊评判

指标层各个元素对于准则层元素的判断矩阵及其排序如下：

$A_3=\{0.245\,7，0.302\,2，0.237\,3，0.214\,8\}$，则：

$$B_3=A_3*R_3=(0.245\,7，0.302\,2，0.237\,3，0.214\,8)*\begin{pmatrix}0.15&0.20&0.45&0.10&0.10\\0.20&0.30&0.25&0.15&0.10\\0.05&0.25&0.45&0.15&0.10\\0.05&0.25&0.35&0.30&0.05\end{pmatrix}$$

$$=(0.15，0.25，0.37，0.17，0.09)$$

评价结论：根据隶属度最大原则，由计算结果可知，"规范级"隶属度值最大，"简单级"隶属度值较大。说明该项目实施过程能力较好，管理层开始重视精益建设技术采纳，财务投入力度也大大增加，但与国外同等规模项目还有很大的差距，应继续努力。

第四，控制和评估过程能力模糊评判

控制和评估过程能力评价因素的评判矩阵为：

$$R_4 = \begin{pmatrix} 0.10 & 0.20 & 0.45 & 0.20 & 0.05 \\ 0.05 & 0.30 & 0.35 & 0.25 & 0.05 \\ 0.15 & 0.30 & 0.35 & 0.15 & 0.05 \\ 0.15 & 0.30 & 0.25 & 0.20 & 0.10 \\ 0.10 & 0.30 & 0.25 & 0.20 & 0.15 \end{pmatrix}$$

控制和评估过程能力因素层的模糊评判

指标层各个元素对于准则层元素的判断矩阵及其排序如下：

A_4={0.132 9，0.148 8，0.416 2，0.160 2，0.141 9}则：

$$B_4 = A_4 * R_4 = (0.132\ 9，0.148\ 8，0.416\ 2，0.160\ 2，0.141\ 9) * \begin{pmatrix} 0.10 & 0.20 & 0.45 & 0.20 & 0.05 \\ 0.05 & 0.30 & 0.35 & 0.25 & 0.05 \\ 0.15 & 0.30 & 0.35 & 0.15 & 0.05 \\ 0.15 & 0.30 & 0.25 & 0.20 & 0.10 \\ 0.10 & 0.30 & 0.25 & 0.20 & 0.15 \end{pmatrix}$$

=(0.12，0.29，0.33，0.19，0.07)

评价结论：根据最大隶属度原则，可知"规范级"隶属度值最大，说明该项目控制和评估过程能力较好，采纳进度和采纳费用都能得到有效的控制，公司也大力实施精益建设培训计划，并有相应的考核奖励机制，使员工能够积极参加培训和自主学习，能够定量地对采纳精益建设技术后进行项目绩效和工作效率进行评价。但"简单级"隶属度值较大，说明该阶段的控制和评估工作还有很多缺陷与不足，需要改善。

第五，优化过程能力模糊评判

优化过程能力评价因素的评判矩阵为：

$$R_5 = \begin{pmatrix} 0.20 & 0.30 & 0.35 & 0.10 & 0.05 \\ 0.05 & 0.20 & 0.40 & 0.20 & 0.15 \\ 0.05 & 0.30 & 0.40 & 0.15 & 0.10 \end{pmatrix}$$

优化过程能力因素层的模糊评判

指标层各个元素对于准则层元素的判断矩阵及其排序如下：

A_5={0.304 5，0.457 6，0.237 9}，则：

$$B_5 = A_5 * R_5 = (0.304\ 5，0.457\ 6，0.237\ 9) * \begin{pmatrix} 0.20 & 0.30 & 0.35 & 0.10 & 0.05 \\ 0.05 & 0.20 & 0.40 & 0.20 & 0.15 \\ 0.05 & 0.30 & 0.40 & 0.15 & 0.10 \end{pmatrix}$$

=(0.10，0.25，0.38，0.16，0.11)

评价结论：根据最大隶属度原则，"规范级"隶属度值最大，"简单级"隶属度值较大，说明优化过程能力较好，针对精益建设技术采纳有合理的奖惩措施，员工都够自觉遵守，不断地提高自身精益建设技术运用能力，但还存在很多的漏洞，需要进一步完善。

③综合因素模糊评判

由上面的5个过程能力的单因素模糊判断矩阵，可以得出精益建设技术采纳成熟度综合能力因素评判矩阵为：

$$R = \begin{pmatrix} R_1 \\ R_2 \\ R_3 \\ R_4 \\ R_5 \end{pmatrix} = \begin{pmatrix} 0.10 & 0.25 & 0.35 & 0.20 & 0.10 \\ 0.05 & 0.27 & 0.47 & 0.16 & 0.05 \\ 0.05 & 0.20 & 0.50 & 0.15 & 0.10 \\ 0.15 & 0.30 & 0.25 & 0.20 & 0.10 \\ 0.10 & 0.25 & 0.30 & 0.25 & 0.10 \\ 0.10 & 0.30 & 0.35 & 0.20 & 0.05 \\ 0.15 & 0.35 & 0.25 & 0.15 & 0.10 \\ 0.20 & 0.30 & 0.35 & 0.15 & 0.00 \\ 0.15 & 0.20 & 0.45 & 0.10 & 0.10 \\ 0.20 & 0.30 & 0.25 & 0.15 & 0.10 \\ 0.05 & 0.25 & 0.45 & 0.15 & 0.10 \\ 0.05 & 0.25 & 0.35 & 0.30 & 0.05 \\ 0.10 & 0.20 & 0.45 & 0.20 & 0.05 \\ 0.05 & 0.30 & 0.35 & 0.25 & 0.05 \\ 0.15 & 0.30 & 0.35 & 0.15 & 0.05 \\ 0.15 & 0.30 & 0.25 & 0.20 & 0.10 \\ 0.10 & 0.30 & 0.25 & 0.20 & 0.15 \\ 0.20 & 0.30 & 0.35 & 0.10 & 0.05 \\ 0.05 & 0.20 & 0.40 & 0.20 & 0.15 \\ 0.05 & 0.30 & 0.40 & 0.15 & 0.10 \end{pmatrix}$$

$B=A*R$=(0.085 184，0.066 838，0.039 628，0.067 614，0.092 885，0.025 66，0.035 632，0.031 122，0.068 941，0.082 319，0.049 614，0.052 51，0.019 13，0.017 863，0.049 201，0.020 109，0.018 344，0.049 806，0.083 303，0.044 295)*

$$\begin{pmatrix} 0.10 & 0.25 & 0.35 & 0.20 & 0.10 \\ 0.05 & 0.27 & 0.47 & 0.16 & 0.05 \\ 0.05 & 0.20 & 0.50 & 0.15 & 0.10 \\ 0.15 & 0.30 & 0.25 & 0.20 & 0.10 \\ 0.10 & 0.25 & 0.30 & 0.25 & 0.10 \\ 0.10 & 0.30 & 0.35 & 0.20 & 0.05 \\ 0.15 & 0.35 & 0.25 & 0.15 & 0.10 \\ 0.20 & 0.30 & 0.35 & 0.15 & 0.00 \\ 0.15 & 0.20 & 0.45 & 0.10 & 0.10 \\ 0.20 & 0.30 & 0.25 & 0.15 & 0.10 \\ 0.05 & 0.25 & 0.45 & 0.15 & 0.10 \\ 0.05 & 0.25 & 0.35 & 0.30 & 0.05 \\ 0.10 & 0.20 & 0.45 & 0.20 & 0.05 \\ 0.05 & 0.30 & 0.35 & 0.25 & 0.05 \\ 0.15 & 0.30 & 0.35 & 0.15 & 0.05 \\ 0.15 & 0.30 & 0.25 & 0.20 & 0.10 \\ 0.10 & 0.20 & 0.25 & 0.20 & 0.15 \\ 0.20 & 0.30 & 0.35 & 0.10 & 0.05 \\ 0.05 & 0.20 & 0.40 & 0.20 & 0.15 \\ 0.05 & 0.30 & 0.40 & 0.15 & 0.10 \end{pmatrix}$$

=(0.11，0.26，0.36，0.18，0.09)

评价结论：根据最大隶属度原则，"规范级"隶属度值最大，"简单级"隶属度值较大，说明该公司精益建设技术采纳水平较好，虽然每个过程都有相应的规章条例，但还不尽合理，有待于进一步完善。

(3) 结果比较与原因分析

根据对书香苑小区和太阳城两个项目的精益建设技术采纳成熟度进行单因素模糊评价和综合因素模糊评价，对评价结果进行比较，如表8-8所示。

表8-8 结果比较

过程能力模糊评判	结论	书香苑小区	太阳城	结果比较
启动过程能力模糊评判	评价结论	简单级	规范级	太阳城比书香苑小区的启动过程能力强，且需求分析和可行性分析比较规范
	隶属度较大等级	混乱级	简单级	

(续表)

过程能力模糊评判	结论	书香苑小区	太阳城	结果比较
规划过程能力模糊评判	评价结论	简单级	规范级	太阳城比书香苑小区的规划过程能力强，且里程碑事件和采纳范围界定比较明确
	隶属度较大等级	规范级	简单级	
实施过程能力模糊评判	评价结论	简单级	规范级	太阳城比书香苑小区的实施过程能力强，且财务投入和管理层支持力度都比较大
	隶属度较大等级	规范级	简单级	
控制和评估过程能力模糊评判	评价结论	简单级	规范级	太阳城比书香苑小区的控制和评估过程能力强，且员工学历层次比较高，比较容易接受精益建设技术
	隶属度较大等级	混乱级	简单级	
优化过程能力模糊评判	评价结论	简单级	规范级	太阳城比书香苑小区的优化过程能力强，且管理层比较重视新技术采纳，能够提出有效的改进措施
	隶属度较大等级	混乱级	简单级	
综合因素模糊评判	评价结论	简单级	规范级	太阳城比书香苑小区的精益建设采纳水平高

通过上述两个案例的分析可以发现，太阳城的精益建设采纳水平比书香苑小区高，说明构建的精益建设技术采纳成熟度模型能够对项目进行科学有效的评价。太阳城与书香苑小区相比，优势主要体现在该项目成员学历教育、职业资格、工作经验、目标定位等几个方面。太阳城定位于创新的国际综合生态之城，是该公司创立以来投资最大的项目。因此太阳城项目工作人员的学历都比较高，工作经验比较丰富，执业能力比较强。而书香苑小区定位于工薪阶层，项目工作人员资历比较浅，投入资金比较少。所以财务投入和管理层支持对精益建设技术采纳水平的影响是非常大的，这也验证了前面权重计算结果的正确性。

第9章 基于ANP的精益建设技术选择决策模型

第6章、第7章的实证结果表明，技术应用效果通过中介变量感知有用性对实施意愿产生显著影响。到目前为止，已有的研究结果表明，精益建设技术包括最后计划者、模块化、准时化、并行工程、6S现场管理、全面质量管理、标准化作业流程、价值工程、设计与施工整合和施工均衡化等。由于每项技术的自身特点和应用的前提条件存在一些显著性的差异性，作为建筑企业而言，需要结合自身实际现状考虑，优先选择哪项或哪些技术应用到具体实践工作中，以使所选择的技术更加贴近企业的真实需求，解决现实问题，增强企业竞争能力，对这些技术选择的过程可以被称为管理决策。因而，本章节从建筑企业决策者视角来研究精益建设技术选择决策问题。高层管理者在整个实施精益建设过程中扮演着非常重要的角色。决策者是整个决策活动的主体，直接影响决策活动的成败。另外，在决策过程中，许多因素直接或者间接地影响决策者的最终选择方案。精益建设技术选择决策过程同样也面临这样的问题，本章试图构建精益建设技术选择决策模型，以帮助建筑企业决策者制定合理的最终决策方案。

9.1 网络层次分析法

网络层次分析法(Analytic Network Process，ANP)是一种实用的决策方法，它克服了层次分析法的缺点，能较好地解决复杂系统决策中所存在的内部依存和反馈效应问题。

9.1.1 网络层次分析法来源

网络层次分析法的前身——层次分析法是由Saaty教授(美国匹兹堡大学)于20世纪70年代初期提出的一种主观与客观、定性分析与定量分析相结合的多准则决策方法。该方法通过对复杂决策问题的本质、影响因素以及内在关系进行深入分析后，建立一个"目标层—准则层—方案层"构成的递阶层次结构，基于较少的定量信息，把决策的思维过程数学化，利用判断矩阵工具应对多目标、多层次和多方案的复杂系统决策问题。具体来说，层次分析法解决问题的基本思想是根据系统中各个因素之间的隶属关系把这些因素划分为不同层次，建立一个递阶层次结构体系模型。依据一定的客观现实和比例标度对隶属于同一个对象的每个层次的相对重要性进行两两比较，构建判断矩阵并赋值；利用数学运算来计算表达每个层次的相对重要性次序，赋予权重，再通过综合判断，确定每个决策方案相对总目标的重要性，加以排序，最后通过排序结果进行决策。层次分析法的典型递阶层次结构(如图9-1所示)，一般来说，层数没有限制，主要与问题的复杂程度及需要分析的详尽程度有关，但是每层所支配的要素一般情况下不要多于9个，因为支配的要素越多，就会给两两判断增加难度。

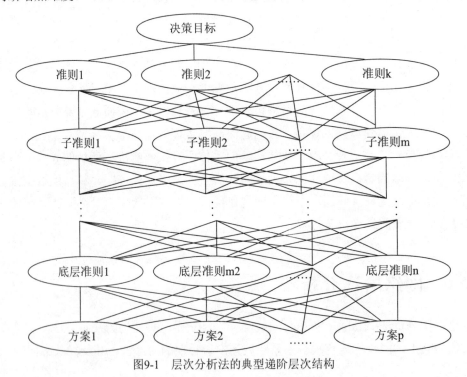

图9-1 层次分析法的典型递阶层次结构

虽然层次分析法可以有效地解决目前许多复杂系统决策问题，但是它也有很大局限性。具体而言涉及四个方面：一是任何一个要素都只能隶属于一个层次；二是层次之间不存在反馈支配关系；三是同一层次要素之间不存在内部依存关系或相互支配关系；四是跨层次的要素之间没有直接支配关系，等等。在现实决策问题中，往往系统中各层次之间或层次内部各要素之间总是存在着相互影响的错综复杂的关系，整个结构不是呈现为递阶多层次结构形式，而是网络结构形式，这时再运用层次分析法来解决该类决策问题，势必就会影响决策结果的可信度和准确性。1991年，美国匹兹堡大学Saaty教授针对这类问题，提出了反馈层次分析法，它是网络层次分析法的前身。1996年，Saaty教授系统地提出了网络层次分析法的理论与方法，用类似网络结构形式来表示系统中各要素之间的关系，而不是用简单的递阶层次结构。换句话说，网络层次分析法的结构模型比层次分析法更为复杂，该模型由宏观到微观分别存在递阶层次结构，内部循环的网络层次结构，并且层次结构内部还存在着内部依存或反馈效应。可以认为，层次分析法是网络层次分析法的一个特列，网络层次分析法比层次分析法更加能够有效地解决非常复杂的决策问题。

9.1.2 网络层次分析法原理

在网络层次分析法的网络层次结构中，将决策系统分为两大部分，即控制层和网络层(如图9-2所示)。控制层由决策目标和决策准则组成，决策准则只受到决策目标要素支配，并且认为它们之间彼此相互独立，不存在相互影响的问题，其权重可以采用层次分析法来进行计算获得；决策目标是必要条件。在某些情况下，控制层可以没有决策准则。网络层是由受控制层支配的元素组构成，元素组又由受控制层支配的元素组成，元素组之间或元素之间存在着相互影响的关系，即存在着内部依存和反馈效应，形成了一个网络结构。一个完整的网络由多个子网络组成，一个子网络包括多个元素组，一个元素组包含多个元素[223]。

网络层次分析法的网络层次结构充分考虑了决策系统中所有元素之间的相互依存和反馈关系，也就是决策系统中某个元素既有可能受到其他元素的影响和支配，也有可能影响和支配其他元素。图9-2中，弧形箭头表示元素组内部各元素之间所存在的内部依存关系；单箭头箭尾元素组内的元素影响和支配箭头指向的元素组内的元素，具有单一指向性；双箭头表示两个元素组某些元素相互影响和支配，具有双向指向性。

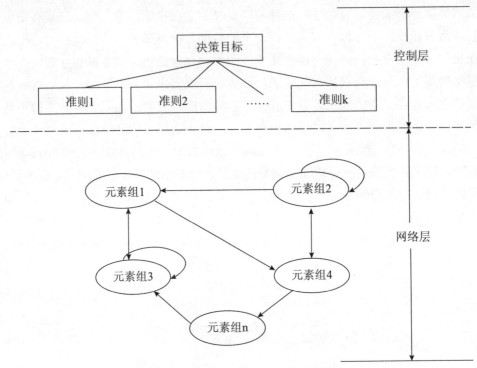

图9-2　网络层次分析法的网络层次结构

9.1.3　网络层次分析法实施步骤

网络层次分析法实施的一般步骤如下：

(1) 构建网络层次结构

系统分析需要决策问题及其本质、决策可能的影响因素及其因素间的关系，确定网络层次分析法中控制层和网络层的内容。其中控制层包括决策目标和决策准则，在某些情况下，可以没有决策准则，但是必须至少有一个决策目标；网络层包括元素、元素组、元素间或元素组间所存在的相互依存或反馈的关系，确立这些关系的方式有很多种，如文献分析、专家讨论等。通过控制层和网络层内容的确立，进而构建网络层次分析法的网络层次结构。

(2) 设计网络层次分析法中的优势度

层次分析法的一个关键步骤就是在一个准则下对受支配元素两两比较，从而构造相应的判断矩阵。但是在网络层次分析法中元素之间可能存在内部依存和反馈的关系，不是彼此独立的，这种比较一般采用直接优势度和间接优势度两种方式来进行的。

① 直接优势度是指给定一个评价准则，根据准则重要性对元素进行两两比较，选择得出适合于各元素之间相互独立的情况，类似层次分析法的结构，如表9-1所示。

表9-1　直接优度评价准则

标度	含义
1	两个元素相比，同样重要
3	两个元素相比，前者比后者稍微重要
5	两个元素相比，前者比后者比较重要
7	两个元素相比，前者比后者非常重要
9	两个元素相比，前者比后者绝对重要
2,4,6,8	上述相邻判断之间的中间状态对应的标度值
倒数	两个元素相比，后者比前者的重要性标度

② 间接优势度是指给定一个主准则，根据主准则下对次准则(第三个元素)的影响程度对元素进行两两比较，来获得间接优势度，与直接优势度有很大的不同，比较适合于元素之间存在相互依存或反馈关系的情况。

(3) 元素间两两比较，构造无权重超矩阵

设网络层次分析法的控制层中元素为$p_1, p_2, \cdots, p_m$，网络层元素组为$C_1, C_2, \cdots, C_N$，其中C_i有元素$e_{i1}, e_{i2}, \cdots, e_{in_i}$，$i=1,2,\cdots,N$。以控制层元素$P_s(s=1,2,\cdots,m)$作为准则，以$C_j$中元素$e_{j1}$为次准则，按照$C_i$中各元素对$e_{j1}$元素的影响程度进行间接优势度比较，构造判断矩阵如表9-2所示。

表9-2　P_s准则下e_i元素对e_{j1}的判断矩阵

e_{j1}	e_{i1}	e_{i2}	$\cdots$	e_{in_i}	归一化特征向量
e_{i1}					$w_{i1}^{(j1)}$
e_{i2}					$w_{i2}^{(j1)}$
$\cdots$					$\cdots$
e_{in_i}					$w_{in_i}^{(j1)}$

遵循同样的方法，依次将C_j中的其他各元素$e_{j2}(j=2,3,\cdots,n)$作为次准则，完成C_i中各元素的两两比较，构造对应的判断矩阵，最后提取每个判断矩阵的归一化特征向量合成一个矩阵W_{ij}，记为：

$$W_{ij} = \begin{bmatrix} w_{i1}^{(j1)} & w_{i1}^{(j2)} & \cdots & w_{i1}^{(jn_j)} \\ w_{i2}^{(j1)} & w_{i2}^{(j2)} & \cdots & w_{i2}^{(jn_j)} \\ \vdots & \vdots & \vdots & \vdots \\ w_{in_i}^{(j1)} & w_{in_i}^{(j2)} & \cdots & w_{in_i}^{(jn_j)} \end{bmatrix}$$

其中W_{ij}的列向量为网络层元素组C_i中元素$e_{i1},e_{i2},\cdots,e_{in_i}$对次准则元素组$C_j$中元素$e_{j1},e_{j2},\cdots,e_{jn_j}$的影响程度排序向量。若$C_i$中元素不影响$C_j$中元素，则$W_{ij}=0$。依次类推，可以获得在$P_s$准则下的无权重超矩阵$W_s$，记为：

$$W_s = \begin{bmatrix} W_{11} & W_{12} & \cdots & W_{1N} \\ W_{21} & W_{22} & \cdots & W_{2N} \\ \vdots & \vdots & \vdots & \vdots \\ W_{N1} & W_{N2} & \cdots & W_{NN} \end{bmatrix} \tag{9-1}$$

同理，分别以其他控制层元素作为主准则，构造对应的无权重判断超矩阵。由于控制层中，只有每个元素构造的超矩阵W_s的各子块W_{ij}是列归一，所以W_s还不足以显示各元素的优先权，需要再对这些元素组进行成对比较，以使无权重超矩阵转化为权重超矩阵。

(4) 元素组间两两比较，构建权重超矩阵

以控制层元素p_s为准则，对各元素组对准则$C_j(j=1,2,\cdots,N)$的重要性进行两两比较，构造判断矩阵a_j：

表9-3　p_s准则下C_i元素组对C_j的判断矩阵

C_j	C_1	C_2	$\cdots$	C_N	归一化特征向量
C_1					a_{1j}
					a_{2j}
$\cdots$					$\cdots$
C_N					a_{Nj}

求得判断矩阵a_j的归一化特征向量$(a_{1j},a_{2j},\cdots,a_{nj})^T$，其中$a_{ij}$是第$i$个元素组与第$j$个元素组的影响权重，由此得到在$p_s$准则下反映元素之间关系的权重矩阵$A_s$，记为：

$$A_s = \begin{bmatrix} a_{11} & a_{12} & \cdots & a_{1N} \\ a_{21} & a_{22} & \cdots & a_{2N} \\ \vdots & \vdots & \vdots & \vdots \\ a_{N1} & a_{N2} & \cdots & a_{NN} \end{bmatrix} \tag{9-2}$$

对无权重矩阵W_s的元素进行加权，即用权重矩阵A_s乘以无权重矩阵W_s得到权重超矩阵W_s^w，记为：

$$W_s^w = A_s \times W_s \tag{9-3}$$

(5) 求解极限超矩阵

极限超矩阵W_s^l就是权重超矩阵进行归一化处理所得到的，由于元素之间存在着内部依存和反馈关系，所以说归一化过程是一个反复迭代和趋稳的过程。在极限超矩阵W_s^l中，每列数值是按照给定准则得到的各个元素给该列所对应元素的极限相对优先权。

在层次分析法中，元素之间关系是彼此独立的，判断某准则下两个元素的优先权只需要对两个元素进行直接比较就可以确定。但在网络层次分析法中，由于元素之间存在内部依存和反馈关系，使得确定元素优先权的过程变得复杂，两个元素之间既可以直接比较，也可以间接比较，例如可以用W_{ij}表示元素i与元素j之间的直接比较，也可以用$\sum_{k=1}^{n} W_{ik} W_{kj}$表示元素$i$与元素$j$之间的间接比较。所以，在网络层次分析法中，通过求解极限超矩阵方法来确定稳定的元素优先权。

$$W_s^l = \lim_{k \to \infty} W^k$$

式中，W_s^l为极限超矩阵；W^k为权重超矩阵。

(6) 备选方案排序和敏感性分析

按照各准则权重，对每个控制准则下的极限向量进行加总，根据各备选方案的权重值进行排序，得到最佳选择方案。调整准则权重，对结果进行敏感性分析。

整体来看，网络层次分析法通过相关元素之间一系列的两两比较，构造判断矩阵，通过一致性检验后，得到无权重超矩阵，对无权重超矩阵进行加权，得到加权超矩阵，加权矩阵归一化得到极限矩阵。这些求解过程是非常复杂的，手工方式实现起来显得不太现实，一般而言在实际应用中借助相应的计算机软件来解决，其中超级决策(Super Decision，SD)软件能够很好地对任何一个网络层次分析法模型进行求解计算。

🔺 9.2 精益建设技术选择决策模型构建

9.2.1 精益建设技术选择决策影响因素确定

建筑企业决策者对精益建设技术选择的过程受到众多因素的影响，是一个非常复杂的过程。根据文献分析、高层管理者的访谈结果和前几部分的研究成果，把影响建筑企业决策者进行精益建设技术选择的因素归纳为4个层面：个体因素层面、组织因素层面、技术因素层面和环境因素层面。这里谈到的影响因素不仅仅局限于第4章所提到的因素，由于第4章的研究更多地从建筑企业员工的视角出发来考虑影响实施精益建设意愿的问题。具体而言，每个层面所包括的因素有：

层面一：个体因素层面。该层面所包括的影响因素为员工的理论知识程度、员工的实践操作技能、员工的学习接受能力、员工的实施意愿。

层面二：组织因素层面。该层面所包括的影响因素为项目特征、企业形象、信息化水平、企业文化、学习氛围。

层面三：技术因素层面。该层面包括技术采纳成熟度、技术复杂性、技术兼容性和技术相对优势。

层面四：环境因素层面。该层面包括政府政策、同类企业应用情况、供应链各方参与程度。

通过第3章和第5章的研究结论，可以明显地发现，这四个层面之间并不是彼此独立的，存在着一定的相互作用、相互影响的关系，同一个层面的元素之间、不同层面的元素之间相互依存，具有反馈作用(如图9-3所示)。因而，选择采用网络层次分析法来解决这个复杂性的精益建设技术选择决策问题。

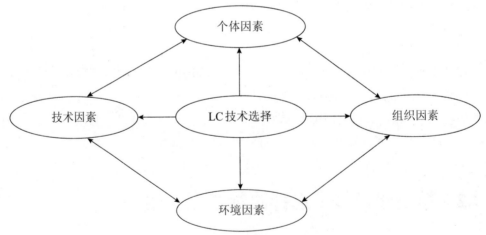

图9-3　精益建设技术选择因素分析框架

9.2.2　精益建设技术选择的网络层次分析模型

根据第3章和第5章的研究结论以及建筑企业决策者的访谈结果，基于网络层次分析方法，运用超级决策软件构建精益建设技术选择的网络层次结构模型(如图9-4所示)。

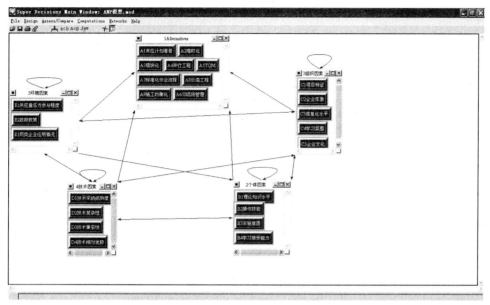

图9-4 精益建设技术选择网络层次结构

该模型一共有5个元素组(Clusters)，其中元素1为备选精益建设技术组；元素2为个体因素准则组；元素3为组织因素准则组；元素4为技术因素准则组；元素5为环境因素准则组。元素和元素组之间的关系有三种情况，分别用单箭头、双箭头和弧形箭头描述。其中单箭头是指箭尾元素(组)影响或控制箭头元素(组)；双箭头是指两个元素之间相互影响，存在着反馈关系；弧形箭头是指元素组内部元素之间存在着依存关系。具体分析如下：

元素组1：A元素组为备选精益建设技术组。到目前为止，精益建设技术有很多种，为了简化模型，通过一些建筑企业中高层管理者的访谈，采用频数分析的方法，提出在当前建筑企业中应用普适性程度比较高的三种技术，即6S现场管理、全面质量管理和模块化技术。A{A1，A2，A3}，A1：6S现场管理，A2：全面质量管理，A3：模块化技术。

元素组2：B元素组是对备选精益建设技术的个体因素分析。在该元素组中，所有元素主要从员工自身素质角度出发考虑的，包括员工的理论知识水平、员工的操作技能、员工的实施精益建设意愿和员工的学习接受能力四个方面。由于员工是企业任何活动的最终执行者，他们自身的素质水平，直接影响建筑企业决策者对精益建设技术选择的问题。B{B1，B2，B3，B4}，B1：理论知识水平，B2：操作技能，B3：实施意愿，B4：学习接受能力。其中B1影响B2和B3，B2影响B3，B3影响B4，B4影响B1和B2，可以发现B元素组内部存在依存关系。

元素组3：C元素组是对备选精益建设技术的组织因素分析。在该元素组中，所有元素主要从组织视角出发考虑的，包括项目特征、企业形象、信息化水平、学习氛围、企业文化五个方面。2013版的建设工程工程量清单计价规范中，从项目的实际要求、技术规范、标准图集、施工图纸、工程结构、使用材质及规格或安装位置等几个方面对项目特征进行描述，项目特征直接决定工程的价值，因而项目特征直接影响了建筑企业决策者是否把精益建设技术引入到具体的项目管理中。建筑业是目前碳排放的重点领域之一，也是资源消耗比较大和浪费比较严重的行业，整个社会迫切要求建筑企业改变传统的管理方式，从高碳走向低碳，最大限度地提高资源利用率，降低能耗，消除浪费，因而注重自身形象的建筑企业更加乐意把能够解决上述问题的精益建设技术引入到项目管理中来。信息化水平直接决定了一个企业内外部信息共享的程度，许多精益建设技术的实施需要企业内部信息化给予支撑，如准时化技术的核心思想是人力、材料、设备、技术和信息在需要的时候可以立刻获得，下游拉动上游，但是要很好地实现该技术的前提条件就是信息的高度共享。学习氛围主要是指整个企业给予员工所创造的硬件和软件环境，由于精益建设技术对很多企业来说，虽然早就有一些探索性尝试，但是整体来看，还不太系统和完善，往往是某个员工从实际工作角度出发积累的一些零碎经验，表现为一定的片面性和局部性，因而良好地学习氛围能够为员工提供一个知识经验共享的平台，各抒己见，逐步完善个人的知识体系，有利于精益建设技术的引入。企业文化对于企业而言表现较为宏观，很多人感觉虚无缥缈，但是企业文化的内涵往往决定了员工的行为取向，因而可以说建筑企业文化在很大程度上影响了决策者对精益建设技术的选择，比如企业文化外在表现为尊重员工和更大限度挖掘员工的工作积极性和创造性，那么建筑企业在精益建设技术选择时就有可能更加倾向于把末位计划者技术更早地引入到实际项目管理中来。C{C1、C2、C3、C4、C5}，C1：项目特征；C2：企业形象；C3：信息化水平；C4：学习氛围；C5：企业文化。其中C1影响C3、C4，C2和C5互相影响，C3影响C4，C4影响C5，因此，C元素组内部存在着依存关系。

元素组4：D元素组是对备选精益建设技术的技术因素分析。在该元素组中，所有元素主要从技术自身特征视角出发考虑，包括技术采纳成熟度、技术复杂性、技术兼容性和技术相对优势四个方面。技术采纳成熟度主要用于反映我国建设行业有关精益建设技术采纳的现状和实施能力，具体而言，对于某项精益建设技术的采纳成熟度越高，表明该项技术在我国建筑企业影响情况越好，可以说精益建设技术采纳成熟度的高低直接影响了建筑企业决策对该技术的选择。技术复杂性、技术兼容性和技术相对优势在TOE理论中已经进行了非常系统的研究，大量的实证研究结果都表明，这三者直接影响某项技术的选择问题。D{D1，D2，D3，D4}，D1：技术采纳成熟度；D2：技术复杂性；D3：技术兼容性；D4：技术相对优势。其中D2和D3相互影响，D1受到D2、D3和D4的影响，D2和D3影响D4，因此，D元素组内部存在着依存关系。

元素组5：E元素组是对备选精益建设技术的环境因素分析。在元素组中，所有元素主要是从企业外部环境视角出发考虑的，包括政府政策、同类企业采纳情况和供应链各方参与程度。政府政策对任何企业而言，都具有一定的刚性导向作用，从宏观角度引导或促使建筑企业从事或者放弃某项具体活动，对于精益建设技术选择而言也是如此，政府政策的导向直接影响建筑企业决策者对某项技术的优先选择问题，如6S现场管理在目前我国建筑企业具体项目管理中的应用非常普遍，主要原因就是政府对建设现场管理的监管力度加大，促使建筑企业更加重视对现场的管理要求。同类企业采纳情况一定程度上也影响了建筑企业决策者对某项技术选择问题，对于中小型建筑企业决策者而言更是如此。许多精益建设技术在实施过程中，需要对传统的建设生产管理模式进行变革，到目前为止，在国内一些技术还没有成功应用的案例，这就需要把国外先进的精益建设技术引入的同时，结合我国建筑企业现状进行修正和完善。在此过程中势必会形成一些风险或实施不当就会造成一些损失，由于建设项目具有一次性和独特性特点，造成很多决策者在未观察到其他同类企业采纳某项技术前提下而不敢率先采纳。建筑企业供应链各方包括总包商、分包商、供应商和业主等，各方对实施精益建设的认识程度如何，直接影响建筑企业决策者对精益建设技术选择的问题，譬如建筑企业的决策者准备把准时化技术引入到具体的项目管理中来，但是供应商不能准时小批量供货，业主不能准时给予工程款等就会造成准时化技术无法在项目管理中得到具体实施。E{E1，E2，E3}，E1：政府政策；E2：同类企业采纳情况；E3：供应链各方参与程度。其中E1影响E2和E3，E2影响E3，E1又受到E2和E3的影响，因而E元素组内部存在着依存关系。

各元素组之间的相互影响关系：B1、B2分别影响着C4、D1、D2、D3、D4，D1、D2、D3、D4分别影响着B3、E1、E2和E3，E2影响着C1，C3影响着B1、B2、B3、B4、D2、D3、E1，C1影响着E1等。

🔺 9.3 实例分析

9.3.1 H企业介绍

选择H企业作为网络层次分析法模型研究的案例，其主要原因是，到目前为止，精益建设术语对我国很多建筑企业而言还是一个相对陌生的概念，但精益建设的核心思想在许多建筑企业得到了一定程度的应用，只是在实际工作中未提及精益建设专用术语。从有关资料上查阅，该企业已经明确地在一些试点项目管理工作中提倡和推广实施精益建设，高层领导非常重视，并与某高校联合成立了精益建设应用研究小组，保障精益建设相关技术在实际工作中得到良好的运用和实施。

H企业是国有特大型建筑企业，于2004年1月6日正式重组挂牌成立，注册资本金为13.875亿元，总部位于北京，下设11家子公司和5家分公司。现有员工将近14 888人，各类专业技术人员6 466人，其中具有中高级职称的人员为2 726人，拥有一级建造师的为318人，高技能人员821人。公司具有特级铁路工程施工总承包，一级房屋建筑、市政、公路工程施工总承包，一级桥梁、隧道、铁路铺轨架梁工程专业承包，城市交通、环保、钢结构、地基与基础、土石方、建筑装修装饰、建筑智能化、预拌商品混泥土、混泥土预制构件和房地产专业承包等69项资质，年施工能力达到了200亿以上。

H企业针对试点项目的施工任务重、施工环境复杂和管理战线长等特点，聘请了某高校专家帮助他们制定了《×××项目部驻地6S实施方案》，按照6S现场管理的要求，从标识牌设立、施工区域规划、工具摆放、安全防护设施以及制定责任人的责任和督查体系等方面着手，全方面提高现场管理水平。另外，还设立了6S现场管理知识园地，提高员工的认识。通过对现场管理人员的访谈得知，6S现场管理已经在该项目得到了较好的实施和运用，并取得了不错的成效。

9.3.2　计算过程和结果分析

(1) 计算过程

选择H企业的一个试点项目，邀请公司的中高层管理者或者现场项目部负责人对网络层次分析法模型中的19个元素根据他们各自的意见进行两两判断，构造判断矩阵，通过一致性检验后，归一化处理得到无权重超矩阵。通常，网络层次分析法模型中的信度分析仍以Saaty所提出的一致性比率值(Consistency Ratio，C.R.)为标准，作为评价问卷信度的方式。如果C.R.小于或等于0.1，就认为问卷可信度符合要求，其结果在可接受的范围之内，否则就拒绝问卷的处理结果，重新邀请专家或学者对问卷中的因素进行两两比较判断。以备选精益建设技术A1为例，在其他元素组中进行两两比较，可构造表9-4～表9-7的判断矩阵。

表9-4　备选技术A1在B元素组中各元素两两比较矩阵

A1	B1	B2	B3	B4	权重
B1	1	1/2	1/4	1/3	0.095 4
B2		1	1/3	1/2	0.160 1
B3			1	2	0.467 3
B4				1	0.277 2

资料来源：数据处理结果$C.R.$=0.011 6<0.1，符合要求，其结果可以接受。

表9-5　备选技术A1在C元素组中各元素两两比较矩阵

A1	C1	C2	C3	C4	C5	权重
C1	1	1/3	1	2	1/3	0.139 4
C2		1	3	2	1	0.311 4
C3			1	1/2	1/3	0.099 4
C4				1	1/2	0.138 4
C5					1	0.311 4

资料来源：数据处理结果$C.R.$=0.042 1<0.1，符合要求，其结果可以接受。

表9-6　备选技术A1在D元素组中各元素两两比较矩阵

A1	D1	D2	D3	D4	权重
D1	1	3	2	1/2	0.301 2
D2		1	2	1/2	0.170 9
D3			1	1/3	0.117 8
D4				1	0.410 0

资料来源：数据处理结果$C.R.$=0.061 7<0.1，符合要求，其结果可以接受。

表9-7　备选技术A1在E元素组中各元素两两比较矩阵

A1	E1	E2	E3	权重
E1	1	1/3	1/2	0.163 4
E2		1	2	0.539 6
E3			1	0.297 0

资料来源：数据处理结果$C.R.$=0.008 9<0.01，符合要求，其结果可以接受。

依此类推，可以得到在其他两个备选技术A2和A3下，B、C、D和E4个元素组中各元素相互比较的结果矩阵，限于篇幅，在此不再一一列举。然后，请专家根据他们的意见对4个元素组间进行两两判断比较，应用超级决策SD软件分别计算出无权重超矩阵、权重超矩阵和极限超矩阵，同时也可得到元素组的优先权矩阵，如表9-8、表9-9和表9-10(限于此处篇幅，表9-8、表9-9和表9-10整体部分请见附录B、C、D)。

表9-8　网络层次分析法模型的精益建设技术选择无权重超矩阵

		A			B			
		A1	A2	A3	B1	B2	B3	B4
A	A1	0.000 000	0.000 000	0.000 000	0.163 424	0.600 000	0.539 614	0.163 424
	A2	0.000 000	0.000 000	0.000 000	0.539 614	0.200 000	0.163 424	0.539 614
	A3	0.000 000	0.000 000	0.000 000	0.296 961	0.200 000	0.296 961	0.296 961
…	…	…	…	…	…	…	…	…

资料来源：数据处理结果

表9-9　网络层次分析法模型的精益建设技术选择权重超矩阵

		A			B			
		A1	A2	A3	B1	B2	B3	B4
A	A1	0.000 000	0.000 000	0.000 000	0.040 856	0.200 000	0.179 871	0.081 712
	A2	0.000 000	0.000 000	0.000 000	0.134 904	0.066 667	0.054 475	0.269 807
	A3	0.000 000	0.000 000	0.000 000	0.074 240	0.066 667	0.098 987	0.148 481
…	…	…	…	…	…	…	…	…

资料来源：数据处理结果

表9-10　网络层次分析法模型的精益建设技术选择极限超矩阵

		A			B			
		A1	A2	A3	B1	B2	B3	B4
A	A1	0.093 355	0.093 355	0.093 355	0.093 355	0.093 355	0.093 355	0.093 355
	A2	0.077 797	0.077 797	0.077 797	0.077 797	0.077 797	0.077 797	0.077 797
	A3	0.074 970	0.074 970	0.074 970	0.074 970	0.074 970	0.074 970	0.074 970
…	…	…	…	…	…	…	…	…

资料来源：数据处理结果

通过极限相对优先权的综合计算，可以得到各层面影响因素的归一化权重(如表9-11所示)和备选技术最终的综合优先权排序结果(如表9-12所示)。

表9-11　各层面因素的权重

因素	权重	因素	权重
B1理论知识水平	0.040 494	C5企业文化	0.061 200
B2操作技能	0.047 647	D1技术采纳成熟度	0.044 598

（续表）

因素	权重	因素	权重
B3实施意愿	0.076 253	D2技术复杂性	0.038 785
B4学习接受能力	0.022 963	D3技术兼容性	0.040 689
C1项目特征	0.023 704	D4技术相对优势	0.070 196
C2企业形象	0.039 924	E1供应链各方支持程度	0.065 800
C3信息化水平	0.034 520	E2政府政策	0.039 375
C4学习氛围	0.049 914	E3同类企业应用情况	0.057 815

资料来源：数据处理结果

表9-12　综合优先权排序结果

Name	Ideals	Normals	Raw
A1 6S现场管理	1.000 000	0.379 305	0.093 355
A2全面质量管理	0.833 346	0.316 092	0.077 797
A3模块化	0.803 056	0.304 603	0.074 970

资料来源：数据处理结果

(2) 结果分析

从影响精益建设技术选择各因素权重来看，员工实施意愿权重值最大，也反映了建筑企业决策者在进行技术选择时，会优先考虑本企业员工采纳某项技术意愿的强度。其次是技术相对优势和供应链各方支持程度，其中某项技术相对优势越大，越容易被采纳，这个结论与TOE理论在其他行业研究的结果相符；供应链各方支持程度在技术选择时发挥着重要作用，这是因为精益建设技术的采纳过程不能仅仅依靠企业内部来实现，必须要得到供应链其他各方给予大力支持，譬如准时化技术中施工材料的准时交付问题，如果供应商不支持，那么必然会出现停工待料或产生库存等现象，造成该技术的采纳也就无法实现。另外，这两个因素之间存在强相关性，某项技术相对优势越显著，其实施效果越好，供应链各方从中收益越高，越愿意给予该项技术支持，反之某项技术越能得到供应链各方的支持，其实施效果就会越好，相对优势越显著。再次是企业文化和同类企业采纳情况，尤其同类企业采纳情况较好地体现了外部竞争者对某项技术采纳的普适性，普适性越高，企业采纳的风险就会越低，进而促使决策者选择该技术。从综合优先权排序结果来看，A1优先权最高，其次为A2，最后为A3，这一分析结果与H企业实际的精益建设技术选择决策相吻合。

第10章　总结与展望

10.1　研究总结

20世纪80年代以来，我国建筑业总产值一直处于上升态势，尤其是近几年增长速度非常迅猛，对整个社会经济发展做出了突出贡献。但从整体来看，利润水平还处于比较低的状态。究其原因，很大程度是我国建筑企业的运营管理和现场管理水平比较落后，一些企业管理模式仍属于典型的粗放式生产方式。整个建设生产过程中浪费问题比较突出，无形中增加了项目的实际成本，压缩了其利润空间。有些项目还出现了工期延长和质量下降，引起了业主的极大不满。国外具有前瞻性的一些建筑企业积极把精益思想引入到具体的项目管理中来，实现了建设成本、质量、工期和客户满意的多赢目标，这也说明精益建设在建设项目实际管理中具有可适性和可行性。通过文献分析和走访调查发现，精益建设对我国建筑企业来说还是一个相对较新的概念，其中只有部分建筑企业的管理者和员工听说过，但对其具体内涵并不是特别明晰，甚至有些建筑企业的管理者根本不知晓。但是这并不说明精益建设在我国不具备可实施性。我国很多建筑企业早把精益建设的核心思想应用到具体项目管理实践工作中，如模块化技术的预制部件部分、文明施工等，但是与国外成功采纳实施精益建设的企业相比，应用广度和深度的差异性还比较显著。对此，展开了一系列研究。具体研究成果及结论如下：

① 结合我国精益建设技术实施现状，构建了我国精益建设技术实施程度评价体系及精益建设项目绩效评价指标体系。精益建设技术实施程度评价体系包括6S管理、可视化管

理、最后计划者体系、标准化作业流程管理、准时化管理、并行工程以及会议管理7个维度22个二级指标，并通过实证研究验证了其合理性。精益建设项目绩效评价指标体系包括知识能力、财务、业主、项目管理中的控制以及管理和协调5个维度17个二级指标，该指标体系兼顾财务指标和非财务指标，当前利益与长远利益，合理论逻辑，实证中也得到合理性验证。

② 探索我国精益建设技术的实施程度与项目绩效之间的耦合关系。通过分析各种精益建设技术实施程度变化对项目绩效的影响大小，来确定其实施的重要程度及其适用性。首先构建了基于GA-BP神经网络的精益建设项目绩效各指标预测模型，实现了精益建设技术与项目绩效各个指标间的耦合。不同业主对项目的要求不同，项目绩效评价的偏重点不同，而该模型能够很好地解决这一问题，为业主提供多方面、多维度的决策支持；其次，通过构建基于SVM支持向量机的精益建设项目综合绩效预测模型，实现了精益建设技术与项目绩效综合指标间的耦合，为业主提供综合决策支持；最后通过神经网络和支持向量机变量筛选构建不同精益建设技术对精益建设项目绩效的影响程度分析模型。该模型能够有效地分析各种精益建设技术的实施程度变化对项目绩效的影响，对研究结果分析后发现，改进可视化管理和6S管理技术对建设项目绩效的改善作用最大，在建设项目施工过程中应更加重视和增加可视化管理技术和6S管理技术的实施程度。

③ 通过文献查阅和专家访谈等方式，梳理分析了精益建设理论中主要的技术或方法(如最后计划者、准时化、模块化建设、全面质量管理、标准化作业流程、6S管理和可视化)，并通过实地调研等方式，确定了符合施工现场实际情况和便于操作的28个具体的精益建设实施技术或方法。这28个技术或方法也是影响精益建设实施水平的因素，通过粗糙集和逐步判别分析法对调查数据进行处理，得到需要引起项目管理者关注的影响精益建设项目绩效的14个重要因素；另外，建立了精益建设实施影响因素的系统动力学模型，依次分析了精益建设与项目的质量控制、进度控制、成本控制、合同管理、信息管理、安全管理、组织与协调和项目绩效的关系，为今后建设项目实施精益建设技术或方法提供了支持。

④ 从建筑企业员工视角出发，构建了员工采纳精益建设意愿的概念模型。员工采纳精益建设的意愿受到环境因素、技术应用效果、学习教育、员工素质、绩效制度、感知易用性、感知有用性7个方面因素的影响，并且这7个因素之间还存在着一些联动关系。员工是企业活动的最终执行者，建筑企业也是如此。从采纳实施精益建设影响因素的解释结构模型可以得知，员工执行力直接与实施精益建设效果有关，一般而言，员工的执行力在很大程度上又受制于员工对某项活动采纳实施愿意的影响。研究结果表明，环境因素和学习

教育对员工素质有直接正向显著影响，环境因素和技术应用效果对感知有用性有直接正向显著影响，环境因素、员工素质和学习教育对感知易用性有直接正向显著影响，绩效制度对采纳意愿有直接正向显著影响。

⑤ 从组织视角构建了基于元分析的精益建设技术采纳模型，进一步厘清究竟是哪些因素影响我国建筑企业采纳实施精益建设技术。构建的精益建设技术采纳指标体系主要包括潮流压力、市场竞争压力、领导支持与参与、风险控制能力、资源就绪度、企业信息基础设施条件、技术相对优势、技术兼容性、技术复杂性、技术可试性、技术可察性、感知有用性与感知易用性13个指标(影响因素)。运用结构方程的方法对模型进行验证，研究结果表明13个指标都会直接影响精益建设技术采纳意愿；精益建设技术感知易用性通过精益建设技术感知有用性和精益建设技术采纳态度间接影响精益建设技术采纳意愿，但同时对精益建设技术采纳意愿有直接影响；精益建设技术感知有用性通过精益建设技术采纳态度间接影响精益建设技术采纳意愿，但同时对精益建设技术采纳意愿有直接影响；精益建设技术采纳态度直接影响精益建设技术采纳意愿；精益建设技术采纳意愿又对精益建设技术采纳行为产生直接影响。精益建设技术感知易用性、企业信息基础设施条件与精益建设技术采纳意愿的显著性关系比较强，也就是说精益建设技术感知易用性、企业信息基础设施条件对精益建设技术采纳意愿有比较大的影响。

⑥ 构建了基于SVM的我国建筑行业的精益建设技术采纳决策模型。选取精益建设技术采纳指标体系中的13个指标(影响因素)作为决策模型的输入变量，以项目实施精益建设技术后取得的效用综合指标作为输出变量，利用支持向量机对样本进行预测，得到该模型预测的均方误差MSE=7.51954e-005，精度较高，符合模型要求，并进一步验证了预测模型的准确性与实用性，为组织采纳精益建设技术提供理论决策支持。

⑦ 识别了影响建筑企业决策者进行精益建设技术选择的因素。建筑企业决策者进行精益建设技术选择受到个体、组织、技术和环境四个层面因素的影响，其中这四个层面因素之间还存在着相互影响的关系。根据文献分析及高层管理者访谈发现，这些因素之间也有可能存在着相互影响的关系，因而选择了多准则决策方法之一的网络层次分析法来构建了建筑企业决策者采纳精益建设技术选择决策模型，并结合H企业的某个试点项目对该决策模型进行了检验。其结果表明，员工实施意愿因素权重值最大，模型分析结果与H企业实际的精益建设技术选择决策相吻合，证明了该决策模型的有效性和可行性，为建筑企业决策者进行精益建设技术选择提供了帮助和借鉴。

⑧ 确立了精益建设技术采纳成熟度评价指标体系，构建了基于模糊综合评价法的精益建设技术采纳成熟度评价模型。运用网络分析法确定评价指标的权重，在此基础上分析

了单因素模糊评价和多因素模糊综合评判模型的建立和求解过程。通过比较案例分析对两个建设项目进行了单因素模糊评价和综合因素的模糊评价，并对两个项目的评价结果进行比较，验证了对精益建设技术采纳成熟度模型的合理性。

10.2 研究不足与展望

通过对建筑企业的实际调查发现，精益建设思想及其一些技术已经在我国建筑企业项目管理中得到一定程度的应用，但是精益建设概念对我国许多建筑企业而言还是比较陌生的，与国外相比，其应用的广度和深度有待提高。尽管本书得出了一些较有意义的结论和启示，但在研究过程中仍存在一些局限之处，需要在未来研究中加以改善，并进一步深化。

① 在研究选取的时点上，限于时间等方面原因的限制，本次研究只收集了静态数据。数据分析停留在横截面的静态研究上，这在精益建设技术实施程度的评价以及项目绩效的评价中有一定的限制。因此，今后的数据分析可根据项目管理周期选择纵截面动态分析方法，通过对不同阶段的精益建设技术实施程度以及其对项目绩效的影响程度分析来研究二者之间的关系更具有研究价值。

② 研究中虽然对调查项目进行了关于项目的类型及项目规模以及外界环境等方面的访谈，但访谈内容未被实质利用，在精益建设技术对项目绩效影响分析过程中可能会产生一定的影响，使得分析结果不太准确。在今后的研究中可对研究变量进行扩展，将控制协调变量加入精益建设技术与项目绩效耦合模型分析。另外，从目前研究来看，一些环境变量，如国家政策、社会环境以及项目本身属性等对精益建设技术与项目绩效之间的关系具有一定的控制和协调作用，因此，在未来研究中如何将环境变量纳入到精益建设技术特征与项目绩效耦合模型中去，以及纳入协调变量后模型结果分析将更加具有研究价值。

③ 精益建设实施影响因素的系统动力学模型有待进一步完善。首先，由于精益建设内涵较深，在国内尚处于不断发展过程中，各种精益建设新技术、新方法不断出现，因此系统动力学模型中的各项变量应当及时完善更新。其次，模型中变量间的因果关系虽然经过与项目管理专家、专业技术人员多次交流研究确定，可以在一定程度上保证模型的合理性，但是要使其更加完美和合理，还有待进一步的深入研究。

④ 员工实施精益建设意愿概念模型有待细化。对员工实施精益建设意愿模型的研究更加倾向于从宏观视角来考虑的，未对每个层面所包括的二阶变量进行细化研究。同时，在模型的构建过程中，有一部分研究假设是根据访谈结果提出的，即使这些假设通过了检

验，但是由于有效样本数据的限制，还是存在一定的主观性，其结论不一定适用所有建筑企业。未来研究中可以对影响员工实施精益建设意愿的每个层面进行细化，重点剖析二阶变量的构成及其之间的互动关系，同时引入相应的情景变量，如性别、收入和管理层次等，进一步挖掘在不同情景变量下各条路径的差异。在后续研究中，还可以从动态视角出发，研究影响实施精益建设的各变量如何随着时间而联动的。另外，随着我国建筑企业实施精益建设的不断深入，可以更容易地获取更多的研究样本，进一步检验、修正和完善研究模型，从而提高模型的质量，拓展研究结论的应用范围。

⑤ 在对技术采纳影响因素进行元分析时，采用的是2008—2012年的数据，这在分析时会造成一定的限制。在做精益建设技术采纳决策模型时，对于效用这个综合指标的标准值确定存在一定的局限。本书只是根据问卷样本的结果来确定的，选取的是效用综合指标的平均值，其合理性与科学性有待进一步验证。在今后的研究中，需要构建更加科学的项目效用评价指标。另外，在构建精益建设技术采纳决策模型时，仅采用支持向量机算法进行预测，因此在未来研究中选取其他预测方法得出预测结果与支持向量机得出的预测结果进行对比分析，进而选择最优决策模型。

⑥ 精益建设技术采纳成熟度的评价要素和指标需要进一步完善，比如从采纳行为所涉及的所有行为人角度建立指标体，即可从政府、施工方、承包方、设计方等多个角度进行具体的研究。另外，精益建设技术采纳成熟度模糊评判矩阵主要是由项目经理等专家的主观判断建立的，专家的不同知识背景和专业背景以及个人偏好，都会影响判断矩阵的可靠性，今后可以利用集结算子对模糊判断矩阵进行集结，提高群决策的水平；对于排序以后指标的选择问题带有一定的主观性，希望今后能够找到更加客观的方法对排序后的指标选定一个筛选边界。

表1 评分标度

标度	含义
1	表示两个元素相比，具有同样的重要性
3	表示两个元素相比，一个元素表另一个元素稍微重要
5	表示两个元素相比，一个元素表另一个元素明显重要
7	表示两个元素相比，一个元素表另一个元素强烈重要
9	表示两个元素相比，一个元素表另一个元素极端重要
2、4、6、8	为上述相邻判断的中值

表2 对于LC采纳成熟度来说，各个二级指标的两两比较判断

LC采纳成熟度	启动过程能力	规划过程能力	实施过程能力	控制和评估过程能力	优化过程能力
启动过程能力	1				
规划过程能力	—	1			
实施过程能力	—	—	1		
控制和评估过程能力	—	—	—	1	
优化过程能力	—	—	—	—	1

表3 对于LC采纳成熟度来说，优化过程能力子系统中评价指标的两两判断矩阵

LC采纳成熟度	评估结果利用能力	管理层提出改进措施能力	员工持续优化能力
评估结果利用能力	1		
管理层提出改进措施能力	—	1	
管理层提出改进措施能力	—	—	1

表4　对于LC采纳成熟度来说，启动过程能力子系统中评价指标的两两判断矩阵

LC采纳成熟度	信息获取能力	需求分析能力	可行性分析能力
信息获取能力	1		
需求分析能力	—	1	
可行性分析能力	—	—	1

表5　对于LC采纳成熟度来说，实施过程能力子系统中评价指标的两两判断矩阵

LC采纳成熟度	管理层支持度	财务支持力度	团队合作能力	员工学习能力
管理层支持度	1			
财务支持力度	—	1		
团队合作能力	—	—	1	
员工学习能力	—	—	—	1

表6　对于LC采纳成熟度来说，控制和评估过程能力子系统中评价指标的两两判断矩阵

LC采纳成熟度	采纳进度控制	采纳费用控制	员工LC接受能力	采纳效果评估	员工及时反馈能力
采纳进度控制	1				
采纳费用控制	—	1			
员工LC接受能力	—	—	1		
采纳效果评估	—	—	—	1	
员工及时反馈能力	—	—	—	—	1

表7　对于LC采纳成熟度来说，规划过程能力子系统中评价指标的两两判断矩阵

LC采纳成熟度	管理层规划能力	实施步骤规划能力	采纳范围界定能力	采纳费用规划能力	采纳风险规划能力
管理层规划能力	1				
实施步骤规划能力	—	1			
采纳范围界定能力	—	—	1		
采纳费用规划能力	—	—	—	1	
采纳风险规划能力	—	—	—	—	1

表8　对于员工持续优化能力来说，优化过程能力子系统中评价指标的两两判断矩阵

员工持续优化能力	管理层改进措施	评估结果利用能力
管理层改进措施	1	
评估结果利用能力	—	1

表9　对于员工持续优化能力来说，实施过程能力子系统中评价指标的两两判断矩阵

员工持续优化能力	员工学习能力	团队合作能力
员工学习能力	1	
团队合作能力	—	1

表10　对于管理层支持度来说，规划过程能力子系统中评价指标的两两判断矩阵

管理层支持度	管理层规划能力	实施步骤规划能力	采纳范围界定能力	采纳费用规划能力	采纳风险规划能力
管理层规划能力	1				
实施步骤规划能力	—	1			
采纳范围界定能力	—	—	1		
采纳费用规划能力	—	—	—	1	
采纳风险规划能力	—	—	—	—	1

表11　对于员工LC接受度来说，实施过程能力子系统中评价指标的两两判断矩阵

员工LC接受度	管理层支持	员工学习	团队合作
管理层支持	1		
员工学习	—	1	
团队合作	—	—	1

表12　对于管理层规划能力来说，启动过程能力子系统中评价指标的两两判断矩阵

员工持续优化能力	可行性分析能力	需求分析能力
可行性分析能力	1	
需求分析能力	—	1

表13　对于管理层规划能力来说，规划过程能力子系统中评价指标的两两判断矩阵

LC采纳成熟度	实施步骤规划能力	采纳范围界定能力	采纳费用规划能力	采纳风险规划能力
实施步骤规划能力	1			
采纳范围界定能力	—	1		
采纳费用规划能力	—	—	1	
采纳风险规划能力	—	—	—	1

附录B

网络层次分析法模型的精益建设技术选择无权重超矩阵

		A			B			
		A1	A2	A3	B1	B2	B3	B4
A	A1	0.000 000	0.000 000	0.000 000	0.163 424	0.600 000	0.539 614	0.163 424
	A2	0.000 000	0.000 000	0.000 000	0.539 614	0.200 000	0.163 424	0.539 614
	A3	0.000 000	0.000 000	0.000 000	0.296 961	0.200 000	0.296 961	0.296 961
B	B1	0.095 435	0.195 262	0.260 943	0.000 000	0.000 000	0.000 000	0.666 667
	B2	0.160 088	0.276 142	0.451 170	0.666 667	0.000 000	0.000 000	0.333 333
	B3	0.467 296	0.390 525	0.118 959	0.333 333	1.000 000	0.000 000	0.000 000
	B4	0.277 181	0.138 071	0.168 928	0.000 000	0.000 000	0.000 000	0.000 000
C	C1	0.139 373	0.377 296	0.339 580	0.666 667	0.000 000	0.000 000	0.000 000
	C2	0.311 426	0.217 124	0.215 579	0.000 000	0.000 000	0.157 054	0.000 000
	C3	0.099 360	0.136 188	0.189 206	0.000 000	0.000 000	0.000 000	0.000 000
	C4	0.138 422	0.165 553	0.094 962	0.333 333	0.000 000	0.249 299	0.000 000
	C5	0.311 419	0.103 840	0.160 673	0.000 000	0.000 000	0.593 647	0.000 000
D	D1	0.301 242	0.418 161	0.106 965	0.000 000	0.000 000	0.301 242	0.000 000
	D2	0.170 938	0.120 500	0.292 596	0.296 958	0.310 814	0.117 783	0.000 000
	D3	0.117 783	0.190 632	0.184 947	0.163 417	0.493 386	0.170 938	0.000 000
	D4	0.410 037	0.270 707	0.415 492	0.539 626	0.195 800	0.410 037	0.000 000
E	E1	0.163 417	0.625 013	0.296 958	0.000 000	0.000 000	0.000 000	0.000 000
	E2	0.539 626	0.136 500	0.163 417	0.000 000	0.000 000	0.000 000	0.000 000
	E3	0.296 958	0.238 487	0.539 626	0.000 000	0.000 000	0.000 000	0.000 000

		C					D	
		C1	C2	C3	C4	C5	D1	D2
A	A1	0.163 424	0.539 614	0.163 424	0.400 000	0.539 614	0.163 424	0.163 424
	A2	0.296 961	0.163 424	0.539 614	0.200 000	0.163 424	0.539 614	0.539 614
	A3	0.539 614	0.296 961	0.296 961	0.400 000	0.296 961	0.296 961	0.296 961
B	B1	1.000 000	0.000 000	0.000 000	0.346 201	0.000 000	0.227 045	0.345 798
	B2	0.000 000	0.000 000	0.000 000	0.346 201	0.000 000	0.227 045	0.358 116
	B3	0.000 000	0.000 000	0.000 000	0.098 211	0.000 000	0.423 587	0.122 773
	B4	0.000 000	0.000 000	0.000 000	0.209 387	0.000 000	0.122 324	0.173 313
C	C1	0.000 000	0.000 000	0.000 000	0.000 000	0.000 000	0.000 000	0.000 000
	C2	0.000 000	0.000 000	0.000 000	0.000 000	0.666 667	0.000 000	0.000 000
	C3	0.666 667	0.296 958	0.000 000	0.000 000	0.000 000	0.000 000	0.000 000
	C4	0.333 333	0.163 417	0.000 000	0.000 000	0.333 333	0.666 667	0.000 000
	C5	0.000 000	0.539 626	0.000 000	0.000 000	0.000 000	0.333 333	0.000 000
D	D1	0.000 000	0.000 000	0.000 000	0.118 959	0.000 000	0.000 000	0.000 000
	D2	0.000 000	0.000 000	0.000 000	0.260 940	0.000 000	0.16 3 417	0.000 000
	D3	0.000 000	0.000 000	0.000 000	0.168 923	0.000 000	0.539 626	0.666 667
	D4	0.000 000	0.000 000	0.000 000	0.451 178	0.000 000	0.296 958	0.333 333
E	E1	0.666 667	0.666 667	0.000 000	0.000 000	0.000 000	0.443 316	0.332 511
	E2	0.333 333	0.333 333	0.000 000	0.000 000	0.000 000	0.169 205	0.139 642
	E3	0.000 000	0.000 000	0.000 000	0.000 000	0.000 000	0.387 479	0.527 847

		D		E		
		D3	D4	E1	E2	E3
A	A1	0.539 614	0.539 614	0.163 424	0.400 000	0.500 000
	A2	0.163 424	0.163 424	0.539 614	0.200 000	0.250 000
	A3	0.296 961	0.296 961	0.296 961	0.400 000	0.250 000
B	B1	0.000 000	0.000 000	0.000 000	0.250 000	0.250 000
	B2	0.333 333	0.000 000	0.000 000	0.250 000	0.250 000
	B3	0.666 667	0.750 000	0.000 000	0.500 000	0.500 000
	B4	0.000 000	0.250 000	0.000 000	0.000 000	0.000 000

		D		E				
		D3	D4	E1	E2	E3		
C	C1	0.000 000	0.000 000	0.000 000	0.000 000	0.000 000		
	C2	0.000 000	0.000 000	0.000 000	0.000 000	0.000 000		
	C3	0.000 000	0.333 333	0.666 667	0.163 424	0.000 000		
	C4	0.000 000	0.000 000	0.333 333	0.296 961	0.333 333		
	C5	0.000 000	0.666 667	0.000 000	0.539 614	0.666 667		
D	D1	0.000 000	0.000 000	0.539 614	0.500 000	0.430 634		
	D2	0.333 333	0.000 000	0.163 424	0.250 000	0.188 916		
	D3	0.000 000	0.000 000	0.000 000	0.000 000	0.245 870		
	D4	0.666 667	0.000 000	0.296 961	0.250 000	0.134 580		
E	E1	0.666 667	0.332 511	0.000 000	0.500 000	0.666 667		
	E2	0.000 000	0.139 642	0.333 333	0.000 000	0.333 333		
	E3	0.333 333	0.527 847	0.666 667	0.500 000	0.000 000		

网络层次分析法模型的精益建设技术选择权重超矩阵

		A			B			
		A1	A2	A3	B1	B2	B3	B4
A	A1	0.000 000	0.000 000	0.000 000	0.040 856	0.200 000	0.179 871	0.081 712
	A2	0.000 000	0.000 000	0.000 000	0.134 904	0.066 667	0.054 475	0.269 807
	A3	0.000 000	0.000 000	0.000 000	0.074 240	0.066 667	0.098 987	0.148 481
B	B1	0.023 859	0.048 815	0.065 236	0.000 000	0.000 000	0.000 000	0.333 333
	B2	0.040 022	0.069 035	0.112 792	0.166 667	0.000 000	0.000 000	0.166 667
	B3	0.116 824	0.097 631	0.029 740	0.083 333	0.333 333	0.000 000	0.000 000
	B4	0.069 295	0.034 518	0.042 232	0.000 000	0.000 000	0.000 000	0.000 000
C	C1	0.034 843	0.094 324	0.084 895	0.166 667	0.000 000	0.000 000	0.000 000
	C2	0.077 857	0.054 281	0.053 895	0.000 000	0.000 000	0.052 351	0.000 000
	C3	0.024 840	0.034 047	0.047 302	0.000 000	0.000 000	0.000 000	0.000 000
	C4	0.034 605	0.041 388	0.023 740	0.083 333	0.000 000	0.083 100	0.000 000
	C5	0.077 855	0.025 960	0.040 168	0.000 000	0.000 000	0.197 882	0.000 000
D	D1	0.075 310	0.104 540	0.026 741	0.000 000	0.000 000	0.100 414	0.000 000
	D2	0.042 734	0.030 125	0.073 149	0.074 239	0.103 605	0.039 261	0.000 000
	D3	0.029 446	0.047 658	0.046 237	0.040 854	0.164 462	0.056 979	0.000 000
	D4	0.102 509	0.067 677	0.103 873	0.134 906	0.065 267	0.136 679	0.000 000
E	E1	0.040 854	0.156 253	0.074 239	0.000 000	0.000 000	0.000 000	0.000 000
	E2	0.134 906	0.034 125	0.040 854	0.000 000	0.000 000	0.000 000	0.000 000
	E3	0.074 239	0.059 622	0.134 906	0.000 000	0.000 000	0.000 000	0.000 000

(续表)

		C					D	
		C1	C2	C3	C4	C5	D1	D2
A	A1	0.040 856	0.179 871	0.163 424	0.133 333	0.269 807	0.032 685	0.040 856
	A2	0.074 240	0.054 475	0.539 614	0.066 667	0.081 712	0.107 923	0.134 904
	A3	0.134 904	0.098 987	0.296 961	0.133 333	0.148 481	0.059 392	0.074 240
B	B1	0.250 000	0.000 000	0.000 000	0.115 400	0.000 000	0.045 409	0.086 450
	B2	0.000 000	0.000 000	0.000 000	0.115 400	0.000 000	0.045 409	0.089 529
	B3	0.000 000	0.000 000	0.000 000	0.032 737	0.000 000	0.084 717	0.030 693
	B4	0.000 000	0.000 000	0.000 000	0.069 796	0.000 000	0.024 465	0.043 328
C	C1	0.000 000	0.000 000	0.000 000	0.000 000	0.000 000	0.000 000	0.000 000
	C2	0.000 000	0.000 000	0.000 000	0.000 000	0.333 333	0.000 000	0.000 000
	C3	0.166 667	0.098 986	0.000 000	0.000 000	0.000 000	0.000 000	0.000 000
	C4	0.083 333	0.054 472	0.000 000	0.000 000	0.166 667	0.133 333	0.000 000
	C5	0.000 000	0.179 875	0.000 000	0.000 000	0.000 000	0.066 667	0.000 000
D	D1	0.000 000	0.000 000	0.000 000	0.039 653	0.000 000	0.000 000	0.000 000
	D2	0.000 000	0.000 000	0.000 000	0.086 980	0.000 000	0.032 683	0.000 000
	D3	0.000 000	0.000 000	0.000 000	0.056 308	0.000 000	0.107 925	0.166 667
	D4	0.000 000	0.000 000	0.000 000	0.150 393	0.000 000	0.059 392	0.083 333
E	E1	0.166 667	0.222 222	0.000 000	0.000 000	0.000 000	0.088 663	0.083 128
	E2	0.083 333	0.111 111	0.000 000	0.000 000	0.000 000	0.033 841	0.034 910
	E3	0.000 000	0.000 000	0.000 000	0.000 000	0.000 000	0.077 496	0.131 962

		D		E		
		D3	D4	E1	E2	E3
A	A1	0.134 904	0.134 904	0.040 856	0.080 000	0.100 000
	A2	0.040 856	0.040 856	0.134 904	0.040 000	0.050 000
	A3	0.074 240	0.074 240	0.074 240	0.080 000	0.050 000
B	B1	0.000 000	0.000 000	0.000 000	0.050 000	0.050 000
	B2	0.083 333	0.000 000	0.000 000	0.050 000	0.050 000
	B3	0.166 667	0.187 500	0.000 000	0.100 000	0.100 000
	B4	0.000 000	0.062 500	0.000 000	0.000 000	0.000 000

(续表)

		D		E				
		D3	D4	E1	E2	E3		
C	C1	0.000 000	0.000 000	0.000 000	0.000 000	0.000 000		
	C2	0.000 000	0.000 000	0.000 000	0.000 000	0.000 000		
	C3	0.000 000	0.083 333	0.166 667	0.032 685	0.000 000		
	C4	0.000 000	0.000 000	0.083 333	0.059 392	0.066 667		
	C5	0.000 000	0.166 667	0.000 000	0.107 923	0.133 333		
D	D1	0.000 000	0.000 000	0.134 904	0.100 000	0.086 127		
	D2	0.083 333	0.000 000	0.040 856	0.050 000	0.037 783		
	D3	0.000 000	0.000 000	0.000 000	0.000 000	0.049 174		
	D4	0.166 667	0.000 000	0.074 240	0.050 000	0.026 916		
E	E1	0.166 667	0.083 128	0.000 000	0.100 000	0.133 333		
	E2	0.000 000	0.034 910	0.083 333	0.000 000	0.066 667		
	E3	0.083 333	0.131 962	0.166 667	0.100 000	0.000 000		

附录D

网络层次分析法模型的精益建设技术选择极限超矩阵

		A			B			
		A1	A2	A3	B1	B2	B3	B4
A	A1	0.093 355	0.093 355	0.093 355	0.093 355	0.093 355	0.093 355	0.093 355
	A2	0.077 797	0.077 797	0.077 797	0.077 797	0.077 797	0.077 797	0.077 797
	A3	0.074 970	0.074 970	0.074 970	0.074 970	0.074 970	0.074 970	0.074 970
B	B1	0.040 494	0.040 494	0.040 494	0.040 494	0.040 494	0.040 494	0.040 494
	B2	0.047 647	0.047 647	0.047 647	0.047 647	0.047 647	0.047 647	0.047 647
	B3	0.076 253	0.076 253	0.076 253	0.076 253	0.076 253	0.076 253	0.076 253
	B4	0.022 963	0.022 963	0.022 963	0.022 963	0.022 963	0.022 963	0.022 963
C	C1	0.023 704	0.023 704	0.023 704	0.023 704	0.023 704	0.023 704	0.023 704
	C2	0.039 924	0.039 924	0.039 924	0.039 924	0.039 924	0.039 924	0.039 924
	C3	0.034 520	0.034 520	0.034 520	0.034 520	0.034 520	0.034 520	0.034 520
	C4	0.049 914	0.049 914	0.049 914	0.049 914	0.049 914	0.049 914	0.049 914
	C5	0.061 200	0.061 200	0.061 200	0.061 200	0.061 200	0.061 200	0.061 200
D	D1	0.044 598	0.044 598	0.044 598	0.044 598	0.044 598	0.044 598	0.044 598
	D2	0.038 785	0.038 785	0.038 785	0.038 785	0.038 785	0.038 785	0.038 785
	D3	0.040 689	0.040 689	0.040 689	0.040 689	0.040 689	0.040 689	0.040 689
	D4	0.070 196	0.070 196	0.070 196	0.070 196	0.070 196	0.070 196	0.070 196
E	E1	0.065 800	0.065 800	0.065 800	0.065 800	0.065 800	0.065 800	0.065 800
	E2	0.039 375	0.039 375	0.039 375	0.039 375	0.039 375	0.039 375	0.039 375
	E3	0.057 815	0.057 815	0.057 815	0.057 815	0.057 815	0.057 815	0.057 815

(续表)

		C					D	
		C1	C2	C3	C4	C5	D1	D2
A	A1	0.093 355	0.093 355	0.093 355	0.093 355	0.093 355	0.093 355	0.093 355
	A2	0.077 797	0.077 797	0.077 797	0.077 797	0.077 797	0.077 797	0.077 797
	A3	0.074 970	0.074 970	0.074 970	0.074 970	0.074 970	0.074 970	0.074 970
B	B1	0.040 494	0.040 494	0.040 494	0.040 494	0.040 494	0.040 494	0.040 494
	B2	0.047 647	0.047 647	0.047 647	0.047 647	0.047 647	0.047 647	0.047 647
	B3	0.076 253	0.076 253	0.076 253	0.076 253	0.076 253	0.076 253	0.076 253
	B4	0.022 963	0.022 963	0.022 963	0.022 963	0.022 963	0.022 963	0.022 963
C	C1	0.023 704	0.023 704	0.023 704	0.023 704	0.023 704	0.023 704	0.023 704
	C2	0.039 924	0.039 924	0.039 924	0.039 924	0.039 924	0.039 924	0.039 924
	C3	0.034 520	0.034 520	0.034 520	0.034 520	0.034 520	0.034 520	0.034 520
	C4	0.049 914	0.049 914	0.049 914	0.049 914	0.049 914	0.049 914	0.049 914
	C5	0.061 200	0.061 200	0.061 200	0.061 200	0.061 200	0.061 200	0.061 200
D	D1	0.044 598	0.044 598	0.044 598	0.044 598	0.044 598	0.044 598	0.044 598
	D2	0.038 785	0.038 785	0.038 785	0.038 785	0.038 785	0.038 785	0.038 785
	D3	0.040 689	0.040 689	0.040 689	0.040 689	0.040 689	0.040 689	0.040 689
	D4	0.070 196	0.070 196	0.070 196	0.070 196	0.070 196	0.070 196	0.070 196
E	E1	0.065 800	0.065 800	0.065 800	0.065 800	0.065 800	0.065 800	0.065 800
	E2	0.039 375	0.039 375	0.039 375	0.039 375	0.039 375	0.039 375	0.039 375
	E3	0.057 815	0.057 815	0.057 815	0.057 815	0.057 815	0.057 815	0.057 815
		D		E				
		D3	D4	E1	E2	E3		
A	A1	0.093 355	0.093 355	0.093 355	0.093 355	0.093 355		
	A2	0.077 797	0.077 797	0.077 797	0.077 797	0.077 797		
	A3	0.074 970	0.074 970	0.074 970	0.074 970	0.074 970		
B	B1	0.040 494	0.040 494	0.040 494	0.040 494	0.040 494		
	B2	0.047 647	0.047 647	0.047 647	0.047 647	0.047 647		
	B3	0.076 253	0.076 253	0.076 253	0.076 253	0.076 253		
	B4	0.022 963	0.022 963	0.022 963	0.022 963	0.022 963		

		D		E				
		D3	D4	E1	E2	E3		
C	C1	0.023 704	0.023 704	0.023 704	0.023 704	0.023 704		
	C2	0.039 924	0.039 924	0.039 924	0.039 924	0.039 924		
	C3	0.034 520	0.034 520	0.034 520	0.034 520	0.034 520		
	C4	0.049 914	0.049 914	0.049 914	0.049 914	0.049 914		
	C5	0.061 200	0.061 200	0.061 200	0.061 200	0.061 200		
D	D1	0.044 598	0.044 598	0.044 598	0.044 598	0.044 598		
	D2	0.038 785	0.038 785	0.038 785	0.038 785	0.038 785		
	D3	0.040 689	0.040 689	0.040 689	0.040 689	0.040 689		
	D4	0.070 196	0.070 196	0.070 196	0.070 196	0.070 196		
E	E1	0.065 800	0.065 800	0.065 800	0.065 800	0.065 800		
	E2	0.039 375	0.039 375	0.039 375	0.039 375	0.039 375		
	E3	0.057 815	0.057 815	0.057 815	0.057 815	0.057 815		

[1] 十二五规划纲要[EB/OL]. http：//baike.baidu.com/ link?url=822PEuDv- jcTlg6o7 O3pQzIg52NgcFoXJaO5Hftv-qJPtUMy7GRqncH69pPIbbFxtvsyZHHveuDCCzgBkQwkK.

[2] Koskela L. Application of the New Production Philosophy to Construction[R]. CA：Centerfor Integrated Facility Engineering Department of Civil Engineering，Stanford，1992.

[3] Garnett N.，Jones D.T，Murray S. Strategic Application of Lean Thinking[A]. Proceedings IGLC-6[C]. Guaruja，Brazil，1998.

[4] Koskenvesa A.，Koskela L.，Tolonen T.，Sahlstedt S.，et al. Waste and Labore Productivity in Production Planning Case Finnish Construction Industry，Proceedings IGLC-18[C]. Israel，Technion，Haifa，July，2010：477-486.

[5] Salem O.，Solomon J.，Genaidy A.，Luegring M.，Site Implementation and Assessment of Lean Construction Techniques[J]. Lean Construction Journal，2005，2(2)：1-58.

[6] 齐二石. 丰田生产方式及其在中国的应用分析[J]. 工业工程与管理，1997(4)：37-40.

[7] Liker J. The Toyota Way：14 Management Principles from the World's Greatest Manufacturer[M]. The McGraw-Hill Companies，2003：12.

[8] Zipkin P. H. Does Manufacturing Need A JIT Revolution?[J]. Harvard Business Review，1991，69(1)：40-50.

[9] 刘树华，鲁建厦，王家尧. 精益生产[M]. 北京：机械工业出版社，2010.

[10] 大野耐一. 丰田生产方式[M]. 北京：中国铁道出版社，2009.

[11] 门田安弘. 新丰田生产方式[M]. 保定：河北大学出版社，2001.

[12] Womack J. P.，Jones D. T. Lean Thinking[M]. New York：Simon and Schuster，1996.

[13] Tommelein I. D. ， Riley D. ， Howell G. Parade Game： Impact of Work Flow Variability on Succeeding Trade Performance[A]. Proceedings IGLC–6[C]. Guaruja，Brazil，1998：1-14.

[14] Senaratne S.，Wijesiri D. Lean Construction as a Strategic Option： Testing its Suitability and Acceptability in Sri Lanka[J]. Lean Construction Journal，2008：34-48.

[15] Diekmann E.，Krewedl M.，Balonick J.，et al. Application of Lean Manufacturing Principles to Construction[M]. Austin： Construction Industry Institute，2004.

[16] Howell，G. Introducing Lean Construction： Reforming Project Management[J]. Lean Construction Institute，2001：1-32.

[17] 2010中国精益建造白皮书[EB/OL]. http：//www.jingyijianzao.org.

[18] Ballard G.，Howell G. What Is Lean Construction[A]. Proceedings IGLC-7[C]. Berkeley，USA，1999：1-10.

[19] Elsborg S.，Bertelsen S.，Dam A.BygLOK-a Danish Experiment on Cooperation in cConstruction[A]. Proceeding IGLC-12[C]. Copenhaguen，Denmark，2004：1-11.

[20] Lennartsson M.，Bjornfot A.，Stehn L. Lean Modular Design： Value-Based Progress of Industrialised Housing[A]. Proceeding IGLC-16[C]. Manchester，UK，2008：541-551.

[21] 谢坚勋. 精益建设——建筑生产管理模式的新发展[J]. 建设监理，2003(6)：62-63.

[22] 曹吉鸣. 工程施工管理学[M]. 北京：中国建筑工业出版社，2010.

[23] 韩美贵，王卓甫，金德智. 面向精益建造的最后计划者系统研究综述[J]. 系统工程理论与实践，2012(4)：722-730.

[24] Skoyles E. F. Material Wastage： A Misuse of Resources[J]. Building Research and Practice，1976，4(4)：232-243.

[25] Koskela L. Lean Production in Construction[A]. Proceeding IGLC-1[C]. Espoo，Finland，1993.

[26] Formoso C. T.，Isatto E. L.，Hirota E. H. Method for Waste Control in the Building Industry[A]. Proceeding IGLC-7[C]. Berkeley，USA，1999：325-334.

[27] Formoso C. T.，Soibelman L.，De Cesare C.，et al. Material Waste in Building Industry： Main Causes and Prevention[J]. Journal of Construction Engineering and Management，2002，128(4)：316-325.

[28] Garas G. L.，Anis A. R.，Gammal A. E. Materials Waste in the Egyptian Construction Industry[A]. Proceeding IGLC-9[C]. Singapore，2001：1-8.

[29] Ramaswamy K. P. ， Kalidindi N. S. Waste in Indian Building Construction Projects[A]. Proceeding IGLC-17[C]. Taipei，Taiwan，2009：3-14.

[30] Macomber H. ， Howell G. A. Two Great Wastes in Organizations[A]. Proceeding IGLC-12[C]. Copenhaguen，Denmark，2004：1-9.

[31] Koskela L. An Exploration Towards a Production Theory and Its Application to Construction[D]. VTT Building Technology，Finland，2000.

[32] Bertelsen S. ， Koskela L. Managing the Three Aspects of Production in Construction[A]. Proceeding IGLC-10[C]. Gramado，Brazil，2002：1-10.

[33] Howell G. ， Ballard G. Bringing Light to the Dark Side of Lean Construction-A Response to Stuart Green[A]. Proceeding IGLC-7[C]. Berkeley，USA，1999：33-38.

[34] 黄如宝，杨贵. 精益建设的基础理论与应用理论研究[J]. 建筑管理现代化，2006，(3)：9-12.

[35] Ballard G. ， Howell G. Lean Construction and EPC Performance Improvement[A]. Proceeding IGLC-1[C]. Espoo，Finland，1993.

[36] Ballard G. The Last Planner System of Production Control[D]. The University of Birmingham，UK，2000.

[37] 赵道致，度磊桥. 精益建筑重要工具——最后计划者技术研究[J]. 河北工程大学学报(社会科学版)，2007，(3)：1-3.

[38] Howell G. A Guide for New Users of the Last Planner System Nine Steps for Success[A]. Lean Project Consulting[C]. Japan's Industrial Structure，2002.

[39] Howell G. Moving toward Construction JIT[A]. Proceeding IGLC-3[C]. Albuquerque，USA，1995.

[40] Bertelsen S. ， Koskela L. Avoiding and Managing Chaos in Projects[A]. Proceeding IGLC-11[C]. Virginia，USA，2003：1-14.

[41] Bertelsen S. Modularization-A Third Approach to Making Construction Lean?[A]. Proceeding IGLC-13[C]. Sydney，Australia，2005：81-88.

[42] Jensen P. ， Hamon E. ， Olofsson T. Product Development through Lean Design and Modularization Principles[A]. Proceeding IGLC-17[C]. Taipei，Taiwan，2009：465-474.

[43] Erixon G. Modular Function Deployment：A Method for Product Modularization[D]. Royal Institute of Technology，Sweden，1998.

[44] Hvam L. Mortensen N. H. ， Riis J. Product Customization[M]. Springer-Verlag Berlin

and Heidelber，2007.

[45] Ulrich K. T.，Eppinger S. D. Product Design and Development[M]. McGraw-Hill International Edition，2008.

[46] Jiao J.，Simpson T.，Siddique Z. Product Family Design and Platform Based Product Development：A State-of-the-Art Review[J]. Journal of Intelligent Manufacturing，2007，18(1)：5-29.

[47] Voordijk H.，Meijboom B.，Haan J. Modularity in Supply Chains：A Multiple Case Study in the Construction Industry[J]. International Journal of Operations &Production Management，2006，26(6)：600-618.

[48] Court P. Pasquire C.，Gibb A. Modular Assembly in Healthcare Construction-a Mechanical and Electrical Case Study[A]. Proceeding IGLC-16[C]. Manchester，U-K，2008：521-532.

[49] Kamara J. M. Enablers for Concurrent Engineering in Construction[A]. Proceeding IGLC-11[C]. Virgina，USA，2003：1-13.

[50] Dowlatshahi S. A Comparison of Approaches to Concurrent Engineering[J]. International Journal of Advanced Manufacturing Technology，1994，(9)：106-113.

[51] Love P. E. D.，Gunasekaran A. Concurrent Engineering in the Construction Industry[J]. Concurrent Engineering：Research & Applications，1997，5(2)：155-162.

[52] 王宁，郭庆军，李慧民. 基于精益建设的建筑业可持续发展分析[J]. 施工技术，2010，39(9)：25-27.

[53] Salem O.，Solomon J.，Genaidy A.，Luegring M. Site Implementation and Assessment of Lean Construction Techniques[J]. Lean Construction Journal，2005，2(2)：1-21.

[54] 张娅. 略论日本的5S活动[J]. 沈阳师范大学学报(社会科学版)，2011，35(2)：149-151.

[55] Andery P.，Antonio N.，Carvalho J.，et al. Looking for What Could Be Wrong：An Approach to Lean Thinking[A]. Proceeding IGLC-6[C]. Guaruja，Brazil，1998：1-12.

[56] Burati J. L.，Matthews M. F.，Kalindi S. N. Quality Management Organizations and Techniques[J]. Journal of Construction Engineering and Management，1992，118(1)：112-128.

[57] Ahire S. L. Management Science-Total Quality Management interfaces：An Integrative Framework[J]. Interfaces，1997，27(6)：91-105.

[58] 邱光宇，刘荣桂，马志强. 浅谈精益建设在施工管理中的运用[J]. 工业建筑，

2006(36)：985-987.

[59] Santos A. Formoso C. T.，Tookey J. E. Expanding the Meaning of Standardisation within Construction Processes[J]. The TQM Magazine，2002，14(1)：25-33.

[60] Womack J. P.，Jones D. T. Lean Thinking：Banish Waste and Create Wealth in Your Corporation[M]. New York：Simon and Schuster，2003：6.

[61] 冯仕章，刘伊生. 精益建造的理论体系研究[J]. 项目管理技术，2008，(3)：18-23.

[62] Ungan，M. C. Standardization through Process Documentation[J]. Business Process Management Journal，2006，12(2)：135-148.

[63] Hamedi M.，Sharafi Z.，Ashraf-Modarres A. Standardization of Fossil-Fuel Power Plant Projects According to Lean Construction Principles[A]. Proceeding IGLC-17[C]. Taipei，Taiwan，2009：31-42.

[64] Nakagawa Y.，Shimizu Y. Toyota Production System Adopted by Building Construction in Japan[A]. Proceeding IGLC-12[C]. Copenhaguen，Denmark，2004：1-15.

[65] Kondo Y. Innovation Versus Standardization[J]. The TQM Magazine，2000，12(1)：6-10.

[66] Gudmundsson A. Boer H.，Corso M. The Implementation Processes of Standardization[J]. Journal of Manufacturing Technology Management，2004，15(4)：335-342.

[67] Mastroianni R.，Abdelhamid T. The Challenge：The Impetus for Change to Lean Project Delivery[A]. Proceeding IGLC-11[C]. Virgina，USA，2003：1-12.

[68] Schwaber K. Agile Software Development with Scrum[M]. USA：Prentice Hall，Upper Saddle River，2002.

[69] Salem O.，Grenaidy A.，Luegring M.，et al. The Path from Lean Manufacturing to Lean Construction：Implementation and Evaluation of Lean Assembly[A]. Proceeding IGLC-12[C]. Copenhaguen，Denmark，2004：1-14.

[70] West Virginia Department of Transportation. Value Engineering Manual[M]. Wvdoh Office Services Division，2004：1.

[71] 陈林，苏振民. 工程项目设计与施工整合研究[J]. 商业时代，2007，(25)：66-67.

[72] 熊巍. 浅析通过精益建设推动实施绿色施工[J]. 交通企业管理，2008，(11)：9-10.

[73] Ajzen M. F. Understanding Attitudes and Predicting Social Behavior[M]. NJ：Prentice-Hall，1975.

[74] Davis F. D.，Bagozzi R. P.，Warshaw P. R. User Acceptance of Computer Technology：A Comparison of Two Theoretical Models[J]. Management Science，1989，

35(8)：982-1003.

[75] Szajna B. Empirical Evaluation of the Revised Technology Acceptance Model[J]. Management Science，1996，42(1)：85-92.

[76] Venkatesh V.，Davis F. D. A Theoretical Extension of The Technology Acceptance Model：Four Longitudinal Field Studies[J]. Management Science，2000，46(2)：186-204.

[77] Venkatesh V.，Bala H. Technology Acceptance Model 3 and A Research Agenda on Interventions[J]. Decision Science，2008，39(2)：273-315.

[78] Rogers E M. Diffusion of Innovation[M]. 4thed，New York，The Free Press，1995.

[79] Tornatzky L G，Fleischer M，Chakrabarti A K. Processes of Technological Innovation[J]. 1990.

[80] Kennedy A M. The Adoption and Diffusion of New Industrial Products：a Literature Review[J]. European Journal of Marketing，1983，17(3)：31-88.

[81] Morrisson P. Testing a Framework for the Adoption of Technological Innovations by Organizations and the Role of Leading Edge Users[J]. Institute for the Study of Business Markets Report，1996：17.

[82] Gatignon H，Robertson T S. Technology Diffusion：an Empirical Test of Competitive Effects[J]. The Journal of Marketing，1989：35-49.

[83] Lean Construction Institute. About us. www.leanconstruction.org/about-us.

[84] Lean Construction Institute. Lean Project Delivery System White Paper[EB/OL]. www. leanconstruction. org/lpds. htm，1999：7.

[85] Wright G. Lean Construction Boosts Productivity[J]. Building Design & Construction，2000，41(12)：29-31.

[86] Salem O.，Solomon J.，Genaidy A.，et al. Lean Construction：From Theory to Implementation[J]. Journal of Management in Engineering，2006，22(4)：168-175.

[87] Koskela L.，Howell G. The Theory of Project Management：Explanation to Novel Methods[A]. Proceedings IGLC-10[C]. Gramado，Brazil，2002：1-11.

[88] Lee S. H.，Diekmann J. E.，Songer A. D.，et al. Identifying Waste：Applications of Construction Process Analysis[A]. Proceeding IGLC-7[C]. Berkeley，USA，1999：63-72.

[89] Koskela L. Making Do—The Eighth Category of Waste[A]. Proceeding IGLC-12[C]. Copenhaguen，Denmark，2004：1-10.

[90] Josephson P. E.，Saukkoriipi L. Non Value-adding Activities in Building Projects：A

Preliminary Categorization[A]. Proceeding IGLC-11[C]. Virginia，USA，2003：1-12.

[91] Marosszeky M.，Karim K.，Perera S.，et al. Improving Work Reliability Through Quality Control Mechanism[A]. Proceeding IGLC-13[C]. Sydney，Australia，2005：503-511.

[92] Emmitt S.，Sander D.，Christoffersen A. Implementing Value Through Lean Design Management[A]. Proceeding IGLC-12[C]. Copenhaguen，Denmark，2004：1-13.

[93] Rooke J.，Koskela L.，Bertelsen S.，et al. Centred Flows：A Lean Approach to Decision Making and Organization[A]. Proceeding IGLC-15[C]. Michigan，USA，2007：27-36.

[94] Erikshammar J. J，Björnfot A.，Gardelli V. The Ambiguity of Value[A]. Proceedings IGLC-18[C]. Haifa，Israel，2010：42-51.

[95] Thyssen M. H.，Emmitt S.，Bonke S.，et al. Facilitating Client Value Creation in the Conceptual Design Phase of Construction Projects：A Workshop Approach[J]. Architectural Engineering and Design Management，2010，(6)：18-30.

[96] Ballard G.，Howell G. Implementing Lean Construction：Stabilizing Workflow[A]. Proceeding IGLC-2[C]. Santiago，Chile，1994：101-110.

[97] Ballard G.，Casten M.，Howell G. PARC：A Case Study[A]. Proceeding IGLC-4[C]. Birmingham，UK，1996：1-14.

[98] Ballard G.，Howell G. Shielding Production：An Essential Step in Production Control[J]. Journal of Construction Engineering and Management，1998，124，(1)：11-17.

[99] Ballard G.，Howell G. An Update on Last Planner[A]. Proceeding IGLC-11[C]. Virginia，USA，2003：1-13.

[100] Sacks R.，Harel M. How Last Planner Motivates Subcontractors to Improve Plan Reliability：A Game Theory Model[A]. Proceeding IGLC-14[C]. Santiago，Chile，2006：443-454.

[101] Koskela L.，Stratton R.，Koskenvesa A. Last Planner and Critical Chain in Construction Management：Comparative Analysis[A]. Proceedings IGLC-18[C]. Haifa，Israel，2010：538-546.

[102] Sappannen O.，Ballard G. Pesonen S. The Combination of Last Planner System and Location-Based Management System[A]. Proceedings IGLC-18[C]. Haifa，Israel，2010：467-476.

[103] Rybkowski Z. K. Last Planner and Its Role as Conceptual Kanban[A]. Proceedings IGLC-18[C]. Haifa，Israel，2010：63-72.

[104] Koskela L. ，Laurikka P. ，Lautanala M. Rapid Construction as a Change Driver in Construction Companies[A]. Proceeding IGLC-3[C]. Albuquerque，USA，1995.

[105] Miles R. ，Ballard G. Contracting for Lean Performance：Contracts and the Lean Construction Team[A]. Proceeding IGLC-5[C]. Gold Coast，Australia，1997：103-114.

[106] Alarcón L. F. ，Mardones D. A. Improving the Design：Construction Interface[A]. Proceeding IGLC-6[C]. Guaruja，Brazil，1998：1-12.

[107] Junior J. A. ，Scola A. ，Conte A. S. I. Last Planner as a Site Operations Tool[A]. Proceeding IGLC-6[C]. Guaruja，Brazil，1998：1-7.

[108] Bertelsen S. Lean Construction as an Integrated Production[A]. Proceeding IGLC-9[C]. Singapore，2001：1-10.

[109] Alwi S. ，Hampson K. ，Mohamed S. Non Value-Adding Activities：a Comparative Study of Indonesian and Australian Construction Projects[A]. Proceeding IGLC–10[C]. Gramado，Brazil，2002：1-12.

[110] Thomassen M. A. ，Sander D. ，Barnes K. A. ，et al. Experience and Results from Implementing Lean Construction in a Large Danish Contracting Firm[A]. Proceeding IGLC-11[C]. Virginia，USA，2003：1-12.

[111] Degani C. M. ，Cardoso F. F. Environmental Performance and Lean Construction Concepts：Can We Talk About a Clean Construction?[A]. Proceeding IGLC-10[C]. Gramado，Brazil，2002：1-13.

[112] Forbes L. H. ，Ahmed S. M. Construction Integration and Innovation through Lean Methods and E-Business Applications[A]. Construction Research Congress[C]. Hawaii，USA，2003：1-10.

[113] Rischmoller L. ，Alarcón L. ，Koskela L. Improving Value Generation in the Design Process of Industrial Projects Using CAVT[J]. Journal of Management in Engineering，2006，22(2)：52-60.

[114] Sacks R. Dave B. A. Koskela，L. ，et al. Analysis Framework for the Interaction Between Lean Construction and Building Information Modeling[A]. Proceeding IGLC-17[C]. Taipei，Taiwan，2009：221-234.

[115] 朱宾梅，刘晓君，王智辉. 基于精益建造下工程项目质量、成本、工期三要素管理的新思维[J]. 建筑经济，2007，(11)：13-15.

[116] 朱蕾，杜静. 精益建设过程中持续流的应用研究[J]. 建筑管理现代化，2006，

(6)：9-12.

[117] 闵永慧，苏振民. 精益建造的优越性分析[J]. 经济师，2006，(10)：56-57.

[118] 刘玮，于庆东，吕建中. 精益施工的柔性拉动体系研究[J]. 青岛理工大学学报，2008，29(6)：110-115.

[119] 钱军. 高素质多面手员工在实现精益施工中的作用研究[J]. 建筑经济，2009，(11)：27-29.

[120] 余明，李颜娟，江波. 基于项目剩余权的动态网络组织构想——精益建造组织探讨[J]. 湖北工业大学学报，2009，24(6)：55-57.

[121] 陈熙，骆仁俊. 基于精益建造的工程项目质量控制[J]. 工程管理学报，2010，24(2)：160-163.

[122] 温海洋. 精益建设在工程项目质量管理中的应用[J]. 广东建材，2010，(2)：142-144.

[123] 李书全，朱孔国. 基于三螺旋理论的精益建设实施研究[J]. 管理现代化，2009，(5)：21-23.

[124] 赵道致，陈耕. 基于精益建筑的建筑项目计划与控制体系研究[J]. 河北建筑科技学院学报(社科版)，2006，23(2)：1-4.

[125] 赵道致，度磊桥. 精益建筑重要工具——最后计划者技术研究[J]. 河北工程大学学报(社会科学版)，2007，(3)：1-3.

[126] 赵培，苏振民，金少军. 精益建造中最后计划者体系的衡量及实践意义[J]. 商业时代，2008，(4)：48-49.

[127] 王俊松，叶艳兵. 大型土木工程项目持续计划系统应用研究[J]. 华中科技大学学报(城市科学版)，2005，22(1)：54-58.

[128] 章蓓蓓，苏振民，金少军. 精益建造体系下项目流程管理研究[J]. 工业技术经济，2008，27(3)：77-79.

[129] 熊巍. 精益建设——工程项目管理的新模式[J]. 管理观察，2009，(4)：184-185.

[130] 徐奇升，苏振民，王先华. 基于BIM的精益建造关键技术集成实现与优势分析[J]. 科技管理研究，2012，(7)：104-109.

[131] 陈军. 精益建设理论的实施与研究[J]. 山西建筑，2012，38(6)：279-280.

[132] 陈敬武，袁鹏武，苑宏宪. 供应链环境下精益建设模式的研究[J]. 工业技术经济，2008，27(11)：128-130.

[133] 何阳，陆惠民. 基于精益建造的建筑供应链管理[J]. 建筑，2009，(18)：30-33.

[134] 温承革，王勇，夏海力. 精益建筑供应链构建与管理[J]. 中国物流与采购，2009，(4)：58-59.

[135] 刘艳，陆惠民. 精益建造体系下可持续建设项目管理研究[J]. 工程管理学报，2010，24(4)：432-436.

[136] 王雪青，孟海涛，邝兴国. 在高等教育中开展精益建造教育[J]. 北京理工大学学报(社会科学版)，2008，10(6)：109-112.

[137] 蒋书鸿，苏振民. 精益建造：一种先进的建造体系[J]. 基建优化，2004，25(3)：11-14.

[138] 戴栎，黄有亮. 精益建设理论及其实施研究[J]. 建筑管理现代化，2005，(1)：33-35.

[139] 何阳，陆惠民. 精益建筑供应链下建筑企业核心竞争力分析[J]. 工程管理学报，2009，24(4)：468-471.

[140] 邱光宇，刘荣桂. 在我国建筑业推行精益建设的研究[J]. 建筑经济，2007，(1)：56-58.

[141] 闵永慧，苏振民. 精益建造体系的建筑管理模式研究[J]. 建筑经济，2007，(1)：52-55.

[142] 金昊. 浅谈精益建设在建筑工程项目管理中的应用[J]. 项目管理技术，2008，(2)：26-31.

[143] 周红波，王贵峰，叶少帅等. 绿色精益施工管理模式及2010年上海世博工程应用研究[J]. 建筑经济，2008，(6)：81-84.

[144] 曹真，苏振民. 基于案例分析的精益建造应用实践研究[J]. 建筑经济，2008，(10)：78-80.

[145] 王伟伟，叶青. 精益建造管理模式应用研究[J]. 福建建筑，2010，(3)：60-62.

[146] 黄宇，高尚. 关于中国建筑业实施精益建造的思考[J]. 施工技术，2011，40(353)：93-95.

[147] Hudson M. Managing Without Profit：the Art of Managing Third-Sector Organizations[M]. London：Directory of Social Change，2007.

[148] Kim D.，Park H-S. Innovative Construction Management Method：Assessment of Lean Construction Implementation[J]. KSCE Journal of Civil Engineering，2006，(6)：381-388.

[149] Bertelsen S.，Koskela L. Avoiding and Managing Chaos in Projects[A]. Proceeding

IGLC-11[C]. Virginia，USA，2003：1-14.

[150] Anumba C.，Baugh C.，Khalfan M. Organisational Structures to Support Concurrent Engineering in Construction[J]. Industrial Management Data Systems，2002，(6)：260-270.

[151] Alinaitwe H. M. Prioritizing Lean Construction Barriers in Uganda's Construction Industry[J]. Journal of Construction in Developing Countries，2009，(1)：15-30.

[152] Abdullah S.，Razak A. A.，Bakar A. A.，et al. Towards Producing Best Practice in the Malaysian Construction Industry：The Barriers in Implementing the Lean Construction Approach[A]. International Conference Of Construction Industry[C]. Karachi，Pakistan，2009：1-15.

[153] Mossman A. Why isn't the UK Construction Industry Going Lean with Gusto?[J]. Lean Construction Journal，2009，(1)：24-36.

[154] Common G.，Johansen D. E.，Greenwood D. A Survey of the Take Up of Lean Concepts in the UK Construction Industry[A]. Proceedings IGLC–8[C]. Brighton，UK，2000：17-19.

[155] Johansen E.，Glimmerveen H.，Vrijhoef R. Understanding Lean Construction and How it Penetrates the Industry：A Comparison of the Dissemination of Lean within the UK and the Netherlands[A]. Proceedings IGLC–10[C]. Gramado，Brazil，2002：6-8.

[156] Forbes L.，Ahmed S. Adapting Lean Construction Methods for Developing Nations[A]. 2nd Intenational Latin America and Caribbean Conference for Engineering and Technology[C]. Florida，USA，2004：2-4.

[157] Johansen E.，Walter L. Lean Construction：Prospects for the German construction industry[J]. Lean Construction Journal，2007(3)：19-32.

[158] Cua K. O.，McKone K. E.，Schroeder R. G. Relationships Between Implementation of TQM，JIT and TPM and Manufacturing Performance[J]. Journal of Operations Management，2001，(6)：675-694.

[159] Castka P.，Bamber C.，Sharp J. Benchmarking Intangible Assets：Enhancing Teamwork Performance Using Self Assessment[J]. Benchmarking，2004，(6)：571-583.

[160] Dunlop P.，Smith S. D. Planning，Estimation and Productivity in Lean Concrete Pour[J]. Engineering，Construction and Architectural Management，2004，(1)：55-64.

[161] Johansen E.，Porter G.，Greenwood D. Implementing Change：UK Culture and

System Change[A]. Proceeding IGLC-12[C]. Copenhaguen，Denmark，2004：3-5.

[162] Adriaanse A.，Voordijk H. Interorganisational Communication and ICT in Construction Projects Using Metatriangulation[J]. Construction Innovation，2005，(3)：159-177.

[163] Al-Reshaid K.，Kartam N. Improving Construction Communication：The Impact of the On-line Technology[A]. Institute for Research in Construction[C]. Ottawa，Canada，1999：2270-2276.

[164] Olatunji J. Lean-in-Nigerian Construction：State，Barriers，Strategies and "Go-to-gemba" Approach[A]. Proceeding IGLC-16[C]. Manchester，UK，2008.

[165] Thomas H. R.，Michael J. H.，Zavrski. Reducing Variability to Improve Performance as a Lean Construction Principle[J]. Journal of Construction Engineering and Management ASCE，2002，(2)：144-154.

[166] Harris F.，McCaffer R. Modern Construction Management[M]. London：Blackwell Science，1997.

[167] Koskela L. Management of Production in Construction：A Theoretical View[A]. Proceeding IGLC-7[C]. Berkeley，USA，1999：241-252.

[168] Jorgensen B.，Emmitt S. Lost in Transition：The Transfer of Lean Manufacturing to Construction[J]. Engineering，Construction and Architectural Management，2008，(4)：383-398.

[169] Barker R.，Hong-Minh S. M.，Naim M. M. Terrain Scanning Methodology for Construction Supply Chains[A]. Proceeding IGLC-7[C]. Berkeley，USA，1999：195-206.

[170] Cooper R.，Hinks J.，Allen S.，et al. Adversaries or Partners?A Case-Study of an Established Long-Term Relationship Between a Client and a Major Contractor[A]. Proceeding IGLC-4[C]. Birmingham，UK，1996：1-13.

[171] Polat G.，Arditi D. The JIT Materials Management System in Developing Countries[J]. Construction Management and Economics，2005，(7)：697-712.

[172] Cullen P. A.，Butcher B.，Hickman R.，et al. The Application of Lean Principles to In-Service Support：A Comparison Between Construction and the Aerospace and Defence Sectors[J]. Lean Construction Journal，2005，(1)：87-104.

[173] Fellows R.，Langford D.，Newcombe R.，et al. Construction Management in Practice[M]. Oxford：Blackwell Science，2002.

[174] 李瑞进. 精益建造理论及其在工程项目中的应用研究[D]. 天津大学，2006：2.

[175] Bosch G. ，Philips P. Germany-The Labor Market in The German Construction Industry[J]. Building Chaos：An international Journal，2003.

[176] Robbins S. P. Organization Behaviour[M]. 6[th]edition. NewJersey：PrenticeHall，1993：572.

[177] Beer M, et al. Human Resource Management：A General Manager's Perspective[M]. New York：Free Press，1985.

[178] Ferdinand T. ，Jack T. ，Casey G. Implementing Global Performance Measurement Systems：A Cookbook Approach[J]. 2001，40(8)：36-39.

[179] 机关事务管理局. 中央国家机关建设项目绩效评价管理办法(试行)及其规程[R]，2006.

[180] 邱光宇. 精益建设理论体系及其在我国建筑业运行的研究[D]. 江苏大学，2006.

[181] 颜艳梅. 公共工程项目绩效评价研究[D]. 湖南大学，2006.

[182] 孟宪海. 关键绩效指标KPI——国际最新的工程项目绩效评价体系[J]. 建筑经济，2007，(2)：50-52.

[183] 王婷静，赖友兵. 高速公路建设项目绩效评价指标体系研究[J]. 公路交通科技，2008，(9)：186-191.

[184] 许劲. 项目关系质量对项目绩效的影响——基于建设工程项目的实证研究[D]. 重庆大学，2010.

[185] 陈峰. 主成分与因子分析教学中的几点体会[J]. 中国卫生统计，1999，5：62-64.

[186] 吴明隆. SPSS统计应用实务[M]. 北京：科学出版社，2003.

[187] 李旭. 社会系统动力学：政策研究的原理、方法和应用[M]. 上海：复旦大学出版社，2009.

[188] 王其藩，李旭. 从系统动力学观点看社会经济系统的政策作用机制与优化[J]. 科技导报，2004，(5)：34-36.

[189] 王其藩. 系统动力学[M]. 第二版. 北京：清华大学出版社，1994.

[190] Ying Fan，Rui-Guang Yang. A System Dynamics Based Model for Coal Investment[J]. Energy，2007，32(6)：898-905.

[191] R.von Schwerin. Duality in dynamic fuzzy systems[J]. Fuzzy Sets and Systems, 1998, (95): 53-65.

[192] Sameer Kumar，Teruyuki Yamaoka. System Dynamics Study of the Japanese

Automotive Industry Closed Loop Supplychain[J]. Journal of Manufacturing Technology Management，2007，18(2)：115-138.

[193] Bingchiang Jeng，Jian-xun Chen. Applying Data Mining to Learn System Dynamicsin a Biological Model[J]. Expert Systems with Applications，2006，30(1)：50-58.

[194] Hyung Rim Choi，Byung Joo Park. Development of a Model Based on System Dynamics to Strengthen the Competitiveness of a Container Terminal[J]. WSEAS Transactions on Information Science and Applications，2007，4(5)：988-995.

[195] Zaipu Tao，Mingyu Li. System Dynamics Model of Hubbert Peak for China's Oil[J]. Energy Policy，2007，35(4)：2 281-2 286.

[196] 宋世涛，魏一鸣，范英. 中国可持续发展问题的系统动力学研究进展[J]. 中国人口、资源与环境，2004，(2).

[197] 宁钟，刘学应. 产业集群演进的系统动力学分析[J]. 预测，2004，(2)：66-69.

[198] 许长新，严以新. 基于系统动力学的港口吞吐量预测模型[J]. 水运工程，2006，(5)：31-33.

[199] 徐红罳，保继刚. 系统动力学原理和方法在旅游规划中的运用[J]. 经济地理，2003，(5)：704-709.

[200] 骆方，刘红云，黄崑. SPSS数据统计与分析[M]. 北京：清华大学出版社，2011.

[201] 金玉国. 从回归分析到结构方程模型：线性因果关系的建模方法论[J]. 山东经济，2008，(3)：19-24.

[202] Abrahamson E.，Rosenkopf L.. Institutional and Competitive Bandwagons：Using Mathematieal Modeling as a Tool to Explore Innovation Diffusion. The Acaderny of Management Review，1993，18(3)：487-517.

[203] Flanagin A. J. Social Pressure on Organnizational Website Adoption. Human Communication Research，2000，26(4)：618-646.

[204] 殷彬. 精益建造——建筑企业发展方向研究[D]. 重庆：重庆大学，2009：10-13.

[205] 吴兆明. IT企业项目管理成熟度评价模型研究[D]. 江苏：江南大学，2008：14-15.

[206] 董润涛. 房地产项目管理成熟度模型研究[D]. 陕西：太原理工大学，2011：21-44.

[207] 李强. 房地产项目管理成熟度评价模型研究[D]. 辽宁：大连理工大学，2005：25-32.

[208] 华颖. 核电工程项目管理成熟度评价模型研究[D]. 湖南：南华大学，2010：16-44.

[209] 张宪. 建设工程项目管理成熟度模型研究[D]. 河北：河北工业大学，2007：33-46.

[210] 李忠富. 建设项目管理成熟度模型OPM3的体系与结构[J]. 哈尔滨工业大学学

报，2006，(38)：1 989-1 992.

[211] 徐庆东，何志洪，郑琼芬等. 项目管理成熟度模型在政府投资项目全过程跟踪审计中的应用研究[J]. 经济师，2011，(5)：167-169.

[212] 王娟，白思俊. 基于OPM3的建设工程企业项目管理成熟度模型构建[J]. 机械制造，2008，(46)：41-44.

[213] 张根保，游懿，张湘雄等. 基于模糊群决策的性价比综合评价方法[J]. 统计与决策，2010，(15)：166-168.

[214] 周宝刚，关志民，杨锡怀等. 基于简单模糊群决策方法的供应商选择研究[J]. 科技管理研究，2011(15)：204-207.

[215] Ma Jian，Fan Zhiping，Jiang Yanping. A Method for Repairing the Inconsistency of Fuzzy Preference Relations[J]. Fuzzy Sets and Systems，2006，(157)：20-33.

[216] 吴之明. 项目管理成熟度模型与组织竞争力[J]. 工程经济，2003，(8)：9-10.

[217] 宋光兴，杨德礼. 基于决策者偏好及赋权法一致性的组合赋权法[J]. 系统工程与电子技术，2004，(9)：1 226-1 226.

[218] 刘亚铮，秦占巧. 基于灰色理论的项目管理成熟度模型探析[J]. 价值工程，2008，(12)：126-128.

[219] 胡明. 多级模糊综合评估在组织项目管理成熟度中的应用[D]. 西安电子科技大学，2007：35-48.

[220] 眭云晴. 房地产项目管理成熟度的模糊综合评价[J]. 山西科技，2011，(4)：22-24.

[221] 詹伟，邱菀华. 项目管理成熟度模型及其应用研究[J]. 北京航空航天大学学报(社会科学版)，2007，(1)：18-21.

[222] 孙宏才，徐关尧，田平. 网络层次分析法在桥梁工程招标中的应用[J]. 解放军理工大学学报(自然科学版)，2005，6(1)：58-62.